中国煤炭地质总局　中国煤炭地质总局水文地质局　组织编写

地勘单位安全管理与技术

（第二版）

主　编　蒋向明
副主编　王永全
参　编　张　凯　季学庭　李世昌
　　　　张　才　谭家政　孙　龙
　　　　刘　泽　杨永利　宋　凯

中国矿业大学出版社
·徐州·

内 容 提 要

本书第一版于 2013 年 8 月出版,以安全生产的基本概念和基本理论为引导,概括介绍了我国的安全生产法律法规,结合地勘单位安全生产的管理实践和现状,深入浅出地介绍了地勘单位安全管理制度,重点论述了煤炭地质钻探、水文地质钻探、油井钻探、煤矿井下钻探等钻探工程和物探、地调作业的危险因素和预防措施。另外,对建筑基础工程安全管理、地球物理勘探安全管理进行了较全面的论述,对泥石流、滑坡、雷电等自然灾害的有关安全知识做了简要介绍。

此次修订再版,对第一版有关内容进行了删减,增加了习近平总书记关于安全生产的重要论述以及安全生产双控机制建设、浅层地热能和污水处理工程施工与运营安全管理等方面的内容,同时,依据现行安全生产法律法规,对违反安全生产法律法规的有关处罚和安全生产管理的方针、体制等进行了修正。

本书是地勘单位安全管理人员、施工作业人员的教育培训用书,也可作为高等院校地质类专业学生的参考用书。

图书在版编目(CIP)数据

地勘单位安全管理与技术 / 蒋向明主编. -- 2 版

. -- 徐州 : 中国矿业大学出版社,2022.3

ISBN 978 - 7 - 5646 - 5298 - 2

Ⅰ. ①地… Ⅱ. ①蒋… Ⅲ. ①地质勘探－安全管理②地质勘探－安全技术 Ⅳ. ①P624.8

中国版本图书馆 CIP 数据核字(2021)第 275347 号

书　　名	地勘单位安全管理与技术(第二版)
主　　编	蒋向明
责任编辑	潘俊成　　王美柱
出版发行	中国矿业大学出版社有限责任公司
	(江苏省徐州市解放南路　邮编221008)
营销热线	(0516)83884103　83885105
出版服务	(0516)83995789　83884920
网　　址	http://www.cumtp.com　E-mail:cumtpvip@cumtp.com
印　　刷	苏州市古得堡数码印刷有限公司
开　　本	787 mm×1092 mm　1/16　印张 17　字数 424 千字
版次印次	2022 年 3 月第 2 版　2022 年 3 月第 1 次印刷
定　　价	56.00 元

(图书出现印装质量问题,本社负责调换)

本书编委会

主　　　任　　赵　平
副 主 任　　潘树仁
委　　　员　　蒋向明　　张德高　　杨光辉
　　　　　　　王永全　　林中月　　许　超
　　　　　　　张　才　　程　彦　　纪星全
　　　　　　　秦　鹏
主　　　编　　蒋向明
副 主 编　　王永全
编写人员　　张　凯　　季学庭　　李世昌
　　　　　　　张　才　　谭家政　　孙　龙
　　　　　　　刘　泽　　杨永利　　宋　凯

序　言

安全是企业实现持续高质量发展的前提和根本,也是企业管理的一项重要内容。党和国家高度重视安全生产工作,习近平总书记对安全生产工作做出了重要论述和指示,强调要坚持人民至上、生命至上,把保护人民生命安全摆在首位。

中国煤炭地质总局作为中央地勘单位,长期以来为国家煤炭能源和化工资源作出了巨大贡献。面对新时代和新要求,中国煤炭地质总局制定了"11463"总体发展战略,形成了地质业务全产业链覆盖、矿产开发全周期服务、生态建设特色化发展的产业新格局,致力投身透明地球、数字地球、美丽地球建设和提供能源资源、生态环境、生命安全保障。

迈入新时代,踏上新征程,实现高质量发展,我们必须牢固树立"安全生产红线意识",树立安全就是和谐、安全就是大局、安全就是发展的理念,始终把安全生产放在首位,切实抓好安全生产工作。遏制生产安全事故发生,必须把安全工作作为"企业生命线"工程来实施。

中国煤炭地质总局组织编写的《地勘单位安全管理与技术》,以安全生产的基本概念和基本理论为引导,概括介绍了习近平总书记关于安全生产的重要论述和我国现行的关于安全生产的法律法规,结合地勘单位安全生产的管理实践和现状,深入浅出地介绍了地勘单位安全管理制度,重点论述了钻探、物探、地调作业的危险因素和预防措施,同时对建筑基础工程、地热能与污水处理工程施工与运营安全管理进行了论述,对泥石流、滑坡、雷电等自然灾害有关安全知识也做了简明扼要的介绍。

本书具有先进性、理论性、系统性和实用性的特点,是总局各单位以及广大地勘单位安全管理人员、施工作业人员的教育培训用书,也可作为高等院校地质类专业学生的参考用书。

中国煤炭地质总局党委书记、局长　赵平

目录

第一章　安全生产基本知识

第一节　安全生产管理相关概念

一、安全、安全生产、安全生产管理

（一）安全

安全，泛指没有危险、不出事故的状态。安全是一个相对概念，世界上没有绝对安全的事物，任何事物中都包含不安全因素，都具有一定的危险性。危险性是对安全性的隶属度，当危险性低于某种程度时，人们就认为是安全的。安全性（S）与危险性（D）互为补数，即：

$$S = 1 - D$$

（二）安全生产

安全生产，是指为了使劳动过程在符合安全要求的物质条件和工作秩序下进行，使生产过程中潜在的各种事故风险和伤害因素始终处于有效控制状态，防止发生伤亡等各种事故，保障劳动者的安全健康和生产劳动过程正常而采取的各种措施和从事的一切活动。它既包括对劳动者的保护，也包括对机、物和环境的保护，使生产活动正常进行。《中国大百科全书》把安全生产定义为"保障劳动者在生产过程中安全的一项方针，企业管理必须遵循的一项原则"。

安全生产是安全与生产的统一，安全促进生产，生产必须安全。做好安全工作、改善劳动条件，可以调动职工的生产积极性，避免和减少职工伤亡，减少财产损失和环境破坏，增加企业经济效益，无疑会促进生产的发展；安全是生产的前提条件，没有安全就无法开展正常和创造价值的生产活动。

（三）安全生产管理

安全生产管理，是指通过规范化、专业化、科学化、系统化的管理制度和操作程序，对生产过程的危险因素进行辨识、评价和控制，对生产安全事故进行预测、预警、监测、预防、应急、调查和处理，从而实现安全生产保障的一系列管理活动。它是管理的重要组成部分，是安全科学的一个分支。

安全生产管理的目的是减少和控制危害影响和事故发生，尽量避免生产过程中由于事故所造成的人身伤害、财产损失、环境污染以及其他损失。安全生产管理目标包括生产安全事故控制指标（事故负伤率和各类安全生产事故发生率）、事故隐患治理目标、安全生产管理和文明施工管理目标等。安全生产管理的内容主要包括安全生产法制管理、行政管理、监督检查、工艺技术管理、设备设施管理、作业环境和条件管理等。

企业安全生产管理是风险管理,管理的内容包括危险源辨识、风险评价、危险预警与监测管理、事故预防与风险控制管理及应急管理等。安全生产管理的基本对象是企业的员工,涉及企业中的所有人员和设备设施、物料、环境、财务、信息等各个方面,以及分包商、供应商等相关人员和活动。

二、本质安全

本质安全,是指设备、设施或技术工艺其内在能够从根本上防止事故发生的功能。它是安全管理的新理念,属于安全管理上高层次的文化范畴。具体包括:① 失误—安全功能(误操作不会导致事故发生或自动阻止误操作);② 故障—安全功能(设备、设施或工艺发生故障时,仍能暂时维持正常工作或自动转变为安全状态)。本质安全主要包括四个方面的基本特征——人的安全可靠性、物的安全可靠性、系统的安全可靠性和杜绝管理失误。

(一)人的安全可靠性

人的安全可靠性,是作业人员不论在何种作业环境和条件下,都能按规程操作,杜绝“三违”,实现个体安全。人的不安全行为,包括使用不安全设备、冒险进入危险场所、有分散注意力的行为等 13 个方面,是引发事故的重要危险、危害因素。通过大量的观测、统计和分析,人员失误的规律和失误率是可以预测的。通过对劳动者的教育培训,提高劳动者的安全素质和技能,可以大大减少人的不安全行为。

(二)物的安全可靠性

物的安全可靠性,是从根本上消除危险、危害因素及其导致事故和毒害事件的发生条件。即是说,针对事故发生的主要原因采取物质措施,使危险从根本上消除,这是防止发生事故最理想的本质安全措施。物的安全主要有以下几个方面:① 以安全、无毒、低毒产品替代危险、高毒产品;② 按本质安全化要求重新设计工艺流程、设备结构、形状和选择能源;③ 消除事故可能发生的必要条件。不论是在动态过程中还是在静态过程中,物始终处在能够安全运行的状态。

(三)系统的安全可靠性

系统的安全可靠性,是设备或技术系统能自动防止操作失误、设备故障和工艺异常。操作失误、设备故障和工艺异常,是生产过程中难以避免的现象,因此设备及其系统应有自动防范措施,不因人的不安全行为或物的不安全状况而发生事故,形成“人机互补、人机制约”的安全系统。系统安全可靠主要有以下几个方面:① 用机械的程序控制代替手工操作,是保证安全、防止错误操作的根本途径;② 采用安全装置,如屏护装置、自动和联锁装置、保险装置等;③ 设置空间和时间的防护距离,尽量使人员不与具有危险性、毒害性的机器接触,即使发生事故也不能造成伤害或减缓伤害程度。

(四)杜绝管理失误

杜绝管理失误,是企业通过健全规范制度、明确和落实安全责任、加强教育培训、安全投入到位,以及强化危险因素辨识管控、事故隐患排查治理,实现生产过程零缺陷、零事故,从而基本形成无灾需救、无险需抢、无事故发生的格局。

党的十八大以来,党和政府高度重视安全生产工作。2016 年 12 月中共中央、国务院印发了《关于推进安全生产领域改革发展的意见》,2017 年 1 月国务院办公厅印发了《安全生产“十三五”规划》,2020 年 4 月国务院安委会印发了《全国安全生产专项整治三年行动计划》,安全生产法律法规更加健全,安全生产监督管理机构职能更加明确,从根本上消除事故隐患的责任链条、制度办法和工作机制正在形成。

但由于企业生产规模不断扩大,新设备、新材料、新工艺、新技术不断更新使用,特别是从业人员更迭变化比较频繁,安全事故隐患依然较多,目前还很难做到本质安全,本质安全只能作为追求的目标。

三、事故和事故隐患

(一)事故

事故是指在生产经营过程中造成人员死亡、伤害、职业病、财产损失或其他损失的意外事件。生产安全事故,是指生产经营单位在生产经营活动(包括与生产经营有关的活动)中突然发生的,伤害人身安全和健康,或者损坏设备设施,或者造成经济损失的,导致原生产经营活动(包括与生产经营有关的活动)暂时中止或永远终止的意外事件。

事故的分类方法有很多种,主要包括按事故发生过程、按事故责任、按行业类别、按事故原因性质、按事故造成的人员伤亡或者直接经济损失等进行分类。其中,按事故发生过程可分为生产安全事故和非生产安全事故;按事故责任可分为责任事故和非责任事故;按事故造成的人员伤亡或者直接经济损失,可分为特别重大事故、重大事故、较大事故和一般事故,这也是目前通用的事故分类办法。

《企业职工伤亡事故分类》(GB 6441—1986)将人身伤亡事故分为 20 类:物体打击、车辆伤害、机械伤害、起重伤害、触电、淹溺、灼烫、火灾、高处坠落、坍塌、冒顶片帮、透水、放炮、火药爆炸、瓦斯爆炸、锅炉爆炸、容器爆炸、其他爆炸、中毒和窒息、其他伤害。

(二)安全事故隐患

安全事故隐患简称事故隐患,是指生产经营单位违反安全生产法律、法规、规章、标准、规程和安全生产管理制度的规定,或者因其他因素在生产经营活动中存在可能导致事故发生的物的不安全状态、人的不安全行为和管理上的缺陷。事故隐患分为一般事故隐患和重大事故隐患。一般事故隐患,是指危害和整改难度小,发现后能够立即整改排除的隐患;重大事故隐患,是指危害和整改难度较大,应当全部或者局部停产停业并经过一定时间整改治理方能排除的隐患,或者因外部因素影响致使生产经营单位自身难以排除的隐患。

事故隐患分类非常复杂,从大的类别可分为物的不安全状态、人的不安全行为和管理上的缺陷。

四、危险、危险源(危险因素)、重大危险源和危险源辨识(危险因素辨识)

(一)危险

根据系统安全工程的观点,危险是指系统中存在的导致发生不期望后果的可能性超过了人们的承受程度。从危险的概念可以看出,危险是人们对事物的具体认识,如危险环境、危险条件、危险状态、危险物质、危险场所、危险人员、危险因素等。

一般用危险度来表示危险的程度。在安全生产管理中,危险度用生产系统中事故发生的可能性与严重性给出,即:

$$R = f(F, C)$$

式中 R——危险度;

F——发生事故的可能性；

C——发生事故的严重性。

（二）危险源（危险因素）

1. 危险源（危险因素）的概念

危险源是指可能导致事故发生的潜在的不安全因素。《职业健康安全管理体系 要求及使用指南》（GB/T 45001—2020/ISO 45001:2018）中，把其定义为可能导致伤害和健康损害的来源。关于危险源的相关概念，在日常安全管理中常常遇到危险和有害因素、危险因素、风险源等诸多名词术语，本书统一称为危险因素。危险因素等同于危险源，危险源辨识等同于危险因素辨识。

实际上，生产过程中的危险源（危险因素）种类繁多，非常复杂，从不同的角度解释主要包括以下几个方面。

（1）从安全生产角度解释，危险源是指可能造成人员伤害、疾病、财产损失、作业环境破坏或其他损失的根源或状态。从这个意义上讲，危险源可以是一次事故、一种环境、一种状态的载体，也可以是可能产生不期望后果的人或物。从本质上讲，就是存在能量、有害物质和能量、有害物质失去控制而导致的意外释放或有害物质的泄漏、散发这两个方面因素。例如，液化石油气在生产、储存、运输和使用过程中，可能发生泄漏，引起中毒、火灾或爆炸事故，因此充装了液化石油气的储罐是危险源；若原油储罐的呼吸阀已经损坏，当储罐储存了原油后，有可能因呼吸阀损坏而发生事故，因此损坏的原油储罐呼吸阀是危险源。

（2）从危险源在事故发生、发展中的作用角度解释，危险源是指一个系统中的能量源、能量载体或危险物质放在危险的、在一定的触发因素作用下可转化为事故的部位、区域、场所、空间、岗位、设备及其位置。危险源存在于确定的系统中，系统范围不同危险源的区域也不同。例如，从全国范围来说，对于危险行业（如石油、化工等）具体的一个企业（如炼油厂）就是一个危险源；从一个企业系统来说，可能某个车间、仓库就是危险源；而在一个车间系统，可能某台设备即是危险源。因此，分析危险源应按系统的不同层次进行。

（3）从危险源的组成要素的角度解释，危险源由三个要素构成，即潜在危险性、存在条件和触发因素。危险源的潜在性，是指一旦触发事故可能带来的危害程度或损失大小；危险源的存在条件，是指危险源所处的物理、化学状态和约束条件状态，例如物质的压力、温度、化学稳定性，盛装物体的坚固性等情况。同时，每一类型危险源都有相应的敏感触发因素，如热能是易燃易爆物质的敏感触发因素，因此一定的危险源总是与相应的触发因素相关联。在触发因素的作用下，危险源可以转化为危险状态，如不进行消除，可能继而转化为事故。

2. 危险源的分类

危险源（危险因素）的分类方法有很多种，大概分为以下几种。

（1）按导致事故的直接原因进行分类。根据《生产过程危险和有害因素分类与代码》（GB/T 13861—2009）的规定，将生产过程危险和有害因素共分为四大类：① 人的因素（与生产各环节有关的、来自人员自身或人为性质的危险和有害因素），主要包括心理和生理性、行为性危险和有害因素；② 物的因素（机械、设备、设施、材料等方面存在的危险和有害因素），主要包括物理性、化学性和生物性危险和有害因素；③ 环境因素（生产作业环境中的危险和有害因素），主要包括室内作业场所、室外作业场地、地下（含水下）和其他作业环境不良；④ 管理因素（管理上的失误、缺陷和管理责任所导致的危险和有害因素），主要包括职业安全卫生组织机构不健全、职业安全卫生责任制未落实、职业安全卫生管理规章制度不完善、职业安全卫生投入不足、职业健康管理不完善和其他管理因素缺陷。

（2）参照伤亡事故类型进行分类。根据《企业职工伤亡事故分类》（GB 6441—1986），综合考虑起因物、引起事故的诱导性原因、致害物、伤害方式等，可将危险、危害因素分为以下20类：物体打击、车辆伤害、机械伤害、起重伤害、触电、淹溺、灼烫、火灾、高处坠落、坍塌、冒顶片帮、透水、放炮、火药爆炸、瓦斯爆炸、锅炉爆炸、容器爆炸、其他爆炸、中毒和窒息、其他伤害。

（3）根据危险源在事故发生、发展中的作用进行分类。可把危险源划分为两大类，即第一类危险源和第二类危险源。

① 第一类危险源是指系统中存在的、可能发生意外释放的能量或危险物质。表 1-1 列举的是工业生产过程中常见的可能导致各类伤害事故的第一类危险源。

表 1-1　伤害事故类型和第一类危险源

事故类型	能量源或危险物的产生、储存	能量载体或危险物
物体打击	产生物体落下、抛出、破裂、飞散的设备、场所、操作	落下、抛出、破裂、飞散的物体
车辆伤害	车辆，使车辆移动的牵引设备、坡道	运动的车辆
机械伤害	机械的驱动装置	机械的运动部分、人体
起重伤害	起重、提升机械	被吊起的重物
触电	电源装置	带电体、高跨步电压区域
灼烫	热源设备、加热设备、炉、灶、发热体	高温物体、高温物质
火灾	可燃物	火焰、烟气
高处坠落	高差大的场所，人员借以升降的设备、装置	人体
坍塌	土石方工程的边坡、料堆、料仓、建筑物、构筑物	边坡土（岩）体、物料、建筑物、构筑物、载荷
冒顶片帮	矿山采掘空间的围岩体	顶板、两帮围岩
放炮、火药爆炸	炸药	
瓦斯爆炸	可燃性气体、可燃性粉尘	
锅炉爆炸	锅炉	蒸汽
容器爆炸	压力容器	内容物
淹溺	江、河、湖、海、池塘、洪水、储水容器	水
中毒窒息	产生、储存、聚积有毒有害物质的装置、容器、场所	有毒有害物质

• 产生、供给能量的装置、设备是典型的能量源。例如变电所、供热锅炉等，它们运转时供给或产生很高的能量。

• 能够使人体或物体具有较高势能的装置、设备、场所，也相当于能量源。如起重、提升机械以及高差较大的场所等。

- 拥有能量的载体。例如运动中的车辆、人员以及机械的运动部件、带电的导体等。
- 一旦失控可能产生巨大能量的装置、设备、场所。例如强烈放热反应的化工装置,充满爆炸性气体的空间等。
- 一旦失控可能发生能量蓄积或突然释放的装置、设备、场所。例如各种压力容器、受压设备,容易发生静电蓄积的装置、场所等。
- 危险物质,主要包括能够引起火灾或爆炸的可燃气体、可燃液体、易燃固体、可燃粉尘、易爆化合物、自燃性物质,以及直接加害于人体,造成人员中毒、致病、致畸、致癌等化学物质。
- 生产、加工、储存危险物质的装置、设备、场所,在意外情况下它们可能引起其中的危险物质起火、爆炸或泄漏。例如炸药的生产、加工、储存设施,化工、石油化工生产装置等。

② 第二类危险源是指导致约束、限制能量的屏蔽措施失效或破坏的各种不安全因素,包括人、物、管理和环境四方面因素。

人的因素问题主要是指"人的不安全行为"和"人失误"。人的不安全行为一般指明显违反安全操作规程的行为,如不断开电源就带电修理电气线路而发生触电等。人失误是指人的行为和结果偏离了预定的标准,如合错了开关使检修中的线路带电,误开阀门使有害气体泄放等。人的不安全行为和人失误可以直接破坏对第一类危险源的控制,造成能量或危险物质的意外释放,也可以造成物的因素问题并进而导致事故,如超载起吊重物造成钢丝绳断裂,发生重物坠落事故。

物的因素问题可以概括为物的不安全状态和物的故障(或失效)。物的不安全状态是指机械设备、物质等明显不符合安全要求的状态,如没有防护装置的传动齿轮、裸露的带电物体。在我国的安全管理实践中,往往把物的不安全状态称作"隐患"。物的故障(或失效)是指由于机械设备、零部件等性能低下而不能实现预定功能的现象。物的不安全状态和物的故障(或失效)可能直接使约束、限制能量或危险物质的措施失效而发生事故,如电线绝缘损坏发生漏电,管路破裂使其中的有毒有害介质泄漏等。有时一种物的故障可能导致另一种物的故障,最终造成能量或危险物质的意外释放。如压力容器的泄压装置故障,使容器内部介质压力上升,最终导致容器破裂。

物的因素问题有时会诱发人的因素问题,人的因素问题有时会造成物的因素问题,实际情况比较复杂。

(三)重大危险源

广义上说,可能导致重大事故发生的危险源就是重大危险源。《危险化学品重大危险源辨识》(GB 18218—2018)和《中华人民共和国安全生产法》(以下简称《安全生产法》)对重大危险源做出了明确的规定,重大危险源是指长期地或者临时地生产、搬运、使用或者储存危险物品,且危险物品的数量等于或者超过临界量的单元(包括场所和设施)。当生产、储存单元中的危险化学品为多品种时,按下式计算,若满足下式则定为重大危险源。

$$S = q_1/Q_1 + q_2/Q_2 + \cdots + q_n/Q_n \geqslant 1$$

式中　S——辨识指标;

$q_1, q_2, \cdots, q_n$——每种危险化学品实际存在量,t;

$Q_1, Q_2, \cdots, Q_n$——与每种危险化学品相对应的临界量,t;

n——单元中危险化学品的种类数。

不同的国家(地区)对重大危险源的定义、规定的临界量是不同的,但都是为了防止重大事故发生,在综合考虑国家的经济实力、人们对安全与健康的承受水平和安全监督管理等因素而制定的。随着人们生活水平的提高和对事故控制能力的增强,对重大危险源的有关规定也会相应改变。

《危险化学品重大危险源辨识》(GB 18218—2018)中对重大危险源范围的界定,主要包括以下 10 个方面:

(1) 储存易燃、易爆、有毒物质的贮罐区或者单个贮罐。

(2) 储存民用爆破器材、烟火剂、烟花爆竹及易燃、易爆、有毒物质的库区或单个库房。

(3) 生产、使用民用爆破器材、烟火剂、烟花爆竹及易燃、易爆、有毒物质的生产场所。

(4) 输送可燃、易爆、有毒气体的长输管道,中压以上的燃气管道,输送可燃、有毒等危险流体介质的工业管道。

(5) 蒸汽锅炉,热水锅炉。

(6) 易燃介质和介质毒性程度为中度以上的压力容器。

(7) 高瓦斯、煤与瓦斯突出、有煤尘爆炸危险、水文地质条件复杂、煤层自然发火期小于 6 个月、煤层冲击倾向为中等及以上的煤矿矿井。

(8) 金属非金属地下矿井,包括瓦斯矿井、水文地质条件复杂的矿井、有自然发火危险的矿井、有冲击地压危险的矿井。

(9) 全库容大于 100 万 m^3 或者坝高大于 30 m 的尾矿库。

(10) 国家规定的其他重大危险源。

(四)危险源辨识

危险源辨识就是对生产过程中存在的危险和有害因素进行分析和识别,即识别危险和有害因素的存在并确定其性质的过程。生产过程中危险和有害因素不仅存在而且形式多样,很多危险源不是很容易就被人们发现的,要采取一些特定的方法和技术对其进行识别。因此,危险源(危险因素)辨识工作是安全评价的基础,也是安全生产管理工作中的重点工作。危险源辨识、危险性评价、危险源控制是现代安全生产管理工作的核心。

危险源辨识要从厂址(厂区)平面布置、建筑物、生产工艺过程、生产设备、装置及其他入手,通过辨识确定出危险、有害因素的内容,危险、有害因素的分布,伤害(危害)方式,伤害途径和范围,主要危险、有害因素,重大危险、有害因素,并制定控制各类危险源的方法措施。

五、安全评价

(一)安全评价的概念

安全评价就是利用系统工程的原理和方法,识别和评价系统工程中存在的危险因素及其导致事故的危险性,并制定安全对策的过程。该过程包括四个方面的内容,即危险因素识别与分析、危险性评价、确定可接受风险和制定安全对策,如图 1-1 所示。

(1) 通过危险因素的识别与分析,找出可能存在的危险源,分析它们可能导致的事故类型以及目前采取的安全对策的有效性和实用性。

(2) 危险性评价是采用定量或定性安全评价方法,预测危险源导致事故的可能性和严重程度,进行危险性分级。

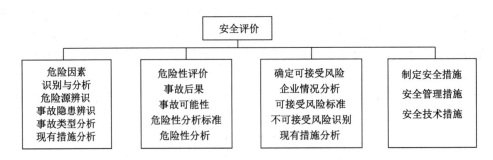

图 1-1　安全评价的基本内容

（3）根据识别出的危险因素、可能导致事故的危险性以及企业自身条件，建立可接受风险指标，确定可接受风险。

（4）根据风险的分级、确定的不可接受风险以及企业的经济条件，制定安全对策，有效地控制各类风险。

（二）安全评价的分类和内容

安全评价分为安全预评价、安全验收评价、安全现状评价三类。以安全现状评价为例，安全评价应包括如下内容。

（1）全面收集评价所需的信息资料，采用合适的安全评价方法进行危险因素识别与分析，给出安全评价所需的数据资料。

（2）对于可能造成重大后果的危险因素，特别是事故隐患，采用适应的安全评价方法，进行定量或定性安全评价，确定危险因素导致事故的可能性及其严重程度。

（3）对辨识出的危险因素，按照危险性大小进行排序，按可接受风险标准确定可接受风险和不可接受风险。对于辨识出的事故隐患，根据其事故的危险性确定整改的优先顺序。

（4）对于不可接受的安全风险和事故隐患，提出控制方法和整改措施。

（三）安全评价的程序

安全评价的程序为：① 前期准备；② 危险因素辨识与分析；③ 划分评价单元；④ 定量定性评价；⑤ 提出安全风险管理对策和建议；⑥ 形成安全评价结论；⑦ 编制安全评价报告。

六、安全生产双控机制

安全生产双控机制，是指在安全生产管理中将安全风险分级管控和事故隐患排查治理两项工作结合起来建立的双重预防机制。安全生产双控机制是从源头排查、从根源治理生产安全事故的有效手段，也是企业安全生产管理的重要内容之一，是企业自我约束、自我纠正、自我提高、全员参与的重要途径。

（一）安全风险分级管控

安全风险分级管控，是指对生产过程中的安全风险进行全面、准确、及时的辨识，根据风险类别进行分类，根据影响安全程度和可能造成的后果进行分级，制定并实施控制安全风险的有效科学措施。安全风险分级管控要做到及时辨识、全面准确、动态管理和有效管控。

（二）事故隐患排查治理

事故隐患排查治理是指运用现场安全检查、视频、通信、报告报表等手段，排查安全风险是否得到及时准确全面辨识,管控措施是否科学可行、是否得到全面落实,进而查找事故隐患。事故隐患排查要坚持谁检查谁负责、谁签字谁负责的原则,一般采取立即整改、限时整改和停工停业整改等形式进行事故隐患整改。排查事故隐患要确保治理措施、资金、时限、责任人员和应急预案"五到位",实现事故隐患的建账、整改、验收、销账的闭环动态管理。

七、安全生产"五要素"

安全生产"五要素"主要指安全文化、安全法制、安全责任、安全投入、安全科技。

(一)安全文化

围绕和坚守"发展决不能以牺牲人的生命为代价"这条安全生产红线,坚持安全第一、预防为主、综合治理的方针,内化思想、外化行为,安全生产宣传教育"进企业、进学校、进机关、进社区、进农村、进家庭、进公共场所",不断提高全体员工的安全意识和安全责任,使安全第一意识成为每个员工的自觉行为。

(二)安全法制

坚持"依法治安",健全法律法规体系,完善标准体系,用法律法规来规范约束企业安全行为,严格安全准入制度,规范监管执法行为,完善执法监督机制,健全监管执法保障体系,使安全生产工作有法可依、有章可循,建立安全生产法制秩序。

(三)安全责任

落实企业安全生产主体责任、主要负责人(实际控制人)安全生产法定责任、全员安全生产责任和安全生产监督管理责任。按照《安全生产法》规定落实企业主体责任和主要负责人(实际控制人)法定责任,企业建立健全安全生产责任制,明确全员安全生产岗位责任,坚持"党政同责、一岗双责、齐抓共管、失职追责"和"管行业必须管安全、管业务必须管安全、管生产经营必须管安全",强化目标考核和奖惩机制,严格责任追究,严格落实安全生产"一票否决"制度。

(四)安全投入

安全投入包括人才投入和资金投入。按照安全生产法律法规规定,配备数量和能力符合要求的专(兼)职安全管理人员和注册安全工程师;足额提取安全生产费用,规范有效投入使用。

(五)安全科技

加大安全科技投入,加强安全科技创新,建立健全安全技术研发体系,健全重点科技资源共享机制,提高安全生产管理的信息化、智能化水平。

八、人员失误、管理缺陷、零缺陷管理

(一)人员失误

人员失误,泛指工作人员对本职工作不认真负责,未依照规定履行自己的职责,致使产生不良后果的不安全行为。人员失误往往是非主观意愿上的违章违规行为,在一定条件下,人员失误可能引发事故发生。

我国《企业职工伤亡事故分类》(GB 6441—1986)将不安全行为归纳为13类:操作失误(忽视安全、忽视警告);造成安全装置失效;使用不安全设备;手代替工具操作;物体存放不当;冒险进入危险场所;攀坐不安全位置;在吊物下作业(停留);机器运转时加油(修理、检查、调整、清扫等);有分散注意力行为;忽视使用必须使用的个人防护用品或用具;不安全装束;对易燃易爆等物品处理错误。例如,驾驶车辆高速行驶时接听电话或其他分散注意力的行为,高空作业不系安全带或无防坠落装置,冒险进入瓦斯超限且通风不良的有毒危险区域作业,冒险进入不明水体游泳,不按规定穿工作服和戴安全帽,误合开关使检修中的线路或电气设备带电,汽车起重机吊装作业时吊臂离高压线不够安全距离,等等,这些都是人员失误形成的危险因素。

人员失误具有随机性和偶然性,往往是不可预测的意外行为,但通过采取加强教育培训、改善作业环境、完善保护设施等,可以降低人员失误。

(二)管理缺陷

管理是指对所拥有的资源进行有效的计划、组织、领导和控制,以便达成既定的组织目标的过程。管理缺陷是指管理过程中存在的不完整、不完美和欠缺,主要体现在人、物和行为三个方面。

安全生产管理缺陷主要体现在:保障体系不健全;制度办法不健全、不适用;执行制度办法和管理流程流于形式,存在疏漏;岗位责任不明确,不开展考核或考核只是走过场;管理方案有漏洞,不能及时改正;双控机制没有得到有效落实;安全防护设施不齐全、不管用,作业环境不适宜;违章行为不能得到及时纠正;责任追究不开展或不彻底;等等。

(三)零缺陷管理

零缺陷管理的基本内涵大体可概括为:基于安全生产的管理目标,通过对生产各环节的全过程全方位管理,保证生产安全管理的各环节、各层面、各要素的缺陷趋向于"零"。

(1)每个环节、每个层面都必须建立管理制度和规范,按规定程序实施管理,责任落实到位,不允许存在漏洞。

(2)每个生产环节、每个安全风险都必须得到全面及时正确的辨识评估,并进行有效管控,事故隐患必须得到全面整改和消除。

(3)以人的管理为中心,完善激励机制与约束机制,充分发挥每个员工的主观能动性,使被管理者和管理者均以零缺陷的主体行为保证安全生产的零缺陷。

九、"三违"

"三违"是指生产作业中违章指挥、违规作业、违反劳动纪律这三种现象。

(一)违章指挥

主要是指生产经营单位的生产经营管理人员违反安全生产方针政策、法律法规、规范规程以及制度办法和有关规定指挥生产的行为。违章指挥具体包括:生产经营管理人员不遵守安全生产规程、制度和安全技术措施或擅自变更安全工艺和操作程序;指挥者使用未经安全培训的劳动者或无专门资质认证的人员;指挥工人在安全防护设施或设备有缺陷、隐患未解决的条件下冒险作业;发现违章不制止;等等。

(二)违规作业

主要是指现场操作工人违反劳动生产岗位的安全规章和制度,如安全生产责任制、安全操作规程、工人安全守则、安全用电规程、交接班制度以及安全生产通知、决定等作业行为。违规作业具体包括:不遵守施工现场的安全制度,进入施工现场不戴安全帽,高处作业不系安全带和不正确使用个人防护用品,擅自动用机械、电气设备或拆改挪用设施、设备。

（三）违反劳动纪律

主要是指工人违反生产经营单位劳动纪律的行为。违反劳动纪律具体包括:不履行劳动合同及违约承担的责任,不遵守考勤与休假纪律、生产与工作纪律、奖惩制度及其他纪律等。

十、劳动保护和职业安全卫生

（一）劳动保护

劳动保护,是指国家和单位为保护劳动者在劳动生产过程中的安全和健康所采取的立法、组织和技术措施的总称。劳动保护的目的是为劳动者创造安全、卫生、舒适的劳动工作条件,消除和预防劳动生产过程中可能发生的伤亡、职业病和急性职业中毒,保障劳动者以健康的劳动力参加社会生产,促进劳动生产率的提高,保证生产经营活动顺利进行。

劳动防护用品,是指保护劳动者在生产过程中的人身安全与健康所必备的一种防御性装备,对于减少职业危害、保障从业人员人身安全与健康起着相当重要的作用。劳动防护用品按照防护部位分为九类:头部护具类、呼吸护具类、眼防护具、听力护具、防护鞋、防护手套、防护服、防坠落护具、护肤用品等。

（二）职业安全卫生

职业安全卫生,是指为了保护劳动者在劳动生产过程中的安全、健康,在改善劳动条件、预防工伤事故及职业病,实现劳逸结合和女职工、未成年工的特殊保护等方面所采取的各种组织措施和技术措施的总称。这些组织措施和技术措施包括法律法规、技术、设备与设施、组织制度、管理机制、宣传教育等。

职业安全卫生针对的对象是人的防护,而不是环境的保护。

十一、其他常用安全生产名词解释

（一）安全生产"三同时"

安全生产"三同时",是指一切新建、改建、扩建的基本建设项目(工程)、技术改造项目、引进建设项目,其劳动安全卫生设施必须符合国家规定的标准,必须与主体工程同时设计、同时施工、同时投入生产和使用。

（二）安全生产"五同时"

安全生产"五同时",是指企业主要负责人和各级职能机构部门负责人,必须在计划、布置、检查、总结、评比生产的时候,同时计划、布置、检查、总结、评比安全工作。安全生产"五同时"具体包括:生产计划有安全生产目标和措施,布置工作有安全生产要求,检查工作有安全生产项目,评比方案有安全生产条款,总结报告有安全生产内容。

（三）安全生产"四不伤害"

安全生产"四不伤害",是指在生产现场、生产过程中"不伤害自己、不伤害他人、不被他人伤害、保护他人不受伤害"。"四不伤害"蕴涵着非常深刻的安全哲理,突出了以人为本的安全工作核心,是我国为减少人为事故而采取的作业人员互相监督的原则,是"安全第一、预防为主、综合治理"安全生产方针的具体体现,是提高全员安全意识、增强安全理念的重要方面,是安全生产管理的重要的基础性工作。

（四）安全生产"四不放过"

安全生产"四不放过"，是指在调查处理生产安全事故时，必须坚持"事故原因未查清不放过、责任人员未受到处理不放过、广大职工未受教育不放过、整改措施未落实不放过"的四个原则。"四不放过"原则是调查处理生产安全事故所必须遵循的基本原则。

（五）安全生产"五落实、五到位"

安全生产"五落实、五到位"是企业安全生产主体责任的高度概括。"五落实"是指：必须落实"党政同责"要求，董事长、党组织书记、总经理对本企业安全生产工作共同承担领导责任；必须落实安全生产"一岗双责"，所有领导班子成员对分管范围内安全生产工作承担相应职责；必须落实安全生产组织领导机构，成立安全生产委员会，由董事长或总经理担任主任；必须落实安全管理力量，依法设置安全生产管理机构，配齐配强注册安全工程师等专业安全管理人员；必须落实安全生产报告制度，定期向董事会、业绩考核部门报告安全生产情况，并向社会公示。"五到位"是指：必须做到安全责任到位，安全投入到位，安全培训到位，安全管理到位，应急救援到位。

第二节　安全管理的基本原理和基本理论

一、安全管理的基本原理

安全管理是管理学的一个分支，遵循管理的一般规律和基本原理。安全管理的基本原理有系统原理、人本原理以及整分合原理、反馈原理、封闭原理、弹性原理、能级原理、动力原理、激励原理等，如图1-2所示。在这9条原理中，系统原理和人本原理是一级原理，其他原理都是隶属于它们的二级原理。

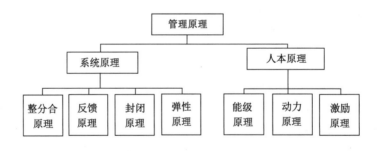

图 1-2　安全管理的基本原理

（一）系统原理

系统是由若干相互联系、相互作用、相互依赖的要素结合而成的，具有一定的结构和功能，并处在一定环境中的有机整体。系统具有整体性、相关性、目的性、阶层性、综合性、环境适应性。系统原理是指人们在从事管理工作时，运用系统的观点、理论和方法对管理活动进行充分的分析，即从系统论的角度来认识和处理企业管理中出现的问题，达到管理的优化目标。要充分发挥系统原理的作用，必须贯彻实施隶属于它的各个二级原理，即整分合原理、反馈原理、封闭原理和弹性原理。

1. 整分合原理

整分合原理是指现代高效率的管理必须充分发挥各要素的潜力,提高企业的整体功能。首先从整体功能和整体目标出发,对管理对象有一个全面的了解和谋划,其次要在整体规划下实施明确的、必要的分工或分解,最后在分工或分解的基础上建立内部横向联系或协作,使系统协调配合、综合平衡地运行。整体把握、科学分解、组织综合是整分合原理的主要含义。

2. 反馈原理

反馈原理是指成功、高效的管理离不开灵敏、准确和迅速的反馈。在实际管理工作中,要实施决策、执行、反馈、再决策、再执行、再反馈的管理程序。

3. 封闭原理

封闭原理是指任何一个系统内部,管理手段、管理过程等必须构成一个连续封闭的回路,才能形成有效的管理运动。封闭原理的基本精神是企业系统内各种管理机构之间,各种管理制度、办法之间,必须具有相互制约的管理,管理才能有效。管理系统的基本封闭回路如图 1-3 所示。

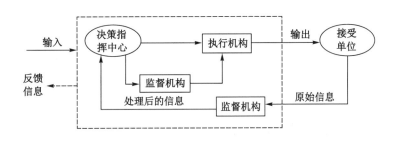

图 1-3　管理系统的基本封闭回路图

4. 弹性原理

弹性原理指系统管理是在外部环境和内部条件千变万化的形势下进行的,管理必须要有很强的适应性和灵活性,才能有效地实现动态管理。

(二)人本原理

人本原理是指管理要以人为本体,以调动人的积极性为根本。人既是安全管理的主体,同时又是安全管理的客体,安全管理的核心是调动人的积极性。要充分发挥人本原理的作用,就必须充分实施隶属于它的各个二级原理,即能级原理、动力原理和激励原理。

1. 能级原理

能级原理是指管理系统必须由若干分别具有不同能级的不同层次有规律地组合而成。在实际管理中,如决策层、管理层、执行层、操作层就体现了能级原理。常说的人尽其才、各尽所能,责、权、利的统一等,都利用了能级原理。

稳定的管理能级结构应该是一个具有适当大小顶角的正立三角形,如图 1-4 所示。

从图 1-4 可见,管理三角形一般可分为四个层次:最高能级——经营决策层;第二层次——管理层;第三层次——执行层;第四层次——操作层。

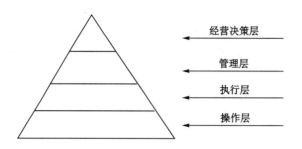

图 1-4　稳定的管理能级结构图

2. 动力原理

动力原理是指管理要有强大的动力,要正确地运用动力,使管理运动持续而有效地进行。要协调和综合使用物质动力、精神动力和信息动力等三类基本动力,并把握好适量程度。

3. 激励原理

激励原理是指用科学的手段激发人的内在潜力,充分发挥人的积极性和创造性。

研究表明,人的行为产生于动机,而动机产生于需要。当人们产生某种需要时,心理上就会产生一种不安和紧张状态,即激励状态,从而造成一种内在的驱动力,这就是动机。动机导致行动,行动指向目标,目标达到后,需要即得到满足,激励状态解除,然后又会产生新的需要,如此周而复始,直至无穷。这一行为规律如图 1-5 所示。

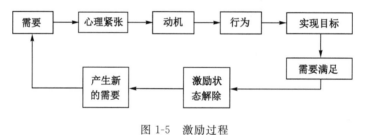

图 1-5　激励过程

(1) 需求层次论,激励过程始于人的需要。美国心理学家马斯洛(A.H.Maslow)把人类多种多样的需要,从低级到高级划分为生理需要、安全需要、社交需要、尊重需要和自我实现需要等五个层次,如图 1-6 所示。

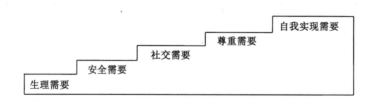

图 1-6　马斯洛的需要层次图

(2) 双因素理论,亦称激励—保健因素理论,是美国心理学家赫兹伯格(F.Herzberg)从研究人的行为动机出发而提出的。该理论认为,激发人的行为动机的因素有保健因素和激励因素两类。

双因素理论与需求层次论颇有相似之处,实际上它是从另一个角度研究了人的需要。二者的对应关系如图1-7所示。

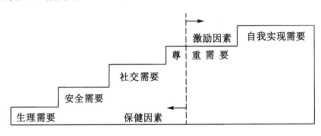

图 1-7 需求层次论与双因素理论对应关系图

以上所述的9种管理方面原理,在安全生产管理工作中经常要使用,如目标管理、事故管理、隐患管理、安全宣传教育管理等。安全管理人员要遵循和利用管理的基本原理,在实际工作中不断探索、不断创新、不断完善,建立一套行之有效的安全生产管理方法。

二、安全管理的基本理论

事故学理论对于研究事故规律、认识事故本质,从而指导预防事故有重要意义,在长期的事故预防、保障人类安全生产生活过程中起了重要作用,是人类安全活动实践的重要理论依据。基于以事故为研究对象的认识,形成和发展了事故学的理论体系。事故学系统理论主要有以下几方面:

(1)事故致因理论,主要包括事故频发倾向论、事故因果连锁论、能量意外释放论、人失误主因论、管理失误论、轨迹交叉论等。

(2)事故预防理论,主要包括线性回归理论、趋势外推理论、规范反馈理论、灾变预测法、灰色预测法。

(3)事故分析理论,主要包括系统分析理论——FTA故障树分析理论、ETA事件树分析理论、SCL安全检查表技术、FMFA故障及类型影响分析理论;风险分析理论——风险辨识理论、风险评价理论、风险控制理论;安全评价理论——安全系统综合评价理论、安全模糊综合评价理论、安全灰色系统评价理论等。

(4)事故预防理论,主要包括3E对策理论、系统可靠性理论、隐患控制理论、事后型对策等。

(一)事故致因理论

1. 海因里希法则

海因里希法则又称"海因里希安全法则""海因里希事故法则"或"海因法则",是美国著名安全工程师海因里希(W.H.Heinrich)在统计分析55万件机械事故后提出的300:29:1法则。这个法则表示在机械生产过程中,每发生330起意外事件,有300件未产生人员伤害,29件造成人员轻伤,1件导致重伤或死亡,如图1-8所示。

对于不同的生产过程和不同类型的事故,上述比例关系不一定完全相同,但这个统计规

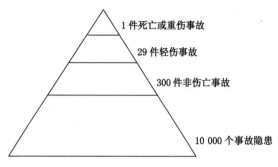

图 1-8　海因里希法则示意图

律说明了在进行同一项活动中,无数次意外事件必然导致重大伤亡事故的发生。人的不安全行为和物的不安全状态是人身伤害事故的直接原因,其中人的不安全行为占比 70% 以上。因此,企业要防止重大事故的发生,就必须消除人的不安全行为和物的不安全状态,减少和消除伤害事故,做好事故预防工作。

2. 事故因果连锁论

1931 年,海因里希提出了事故因果连锁论。该理论认为,伤害事故的发生不是一个孤立的事件,尽管伤害的发生可能发生在某个瞬间,却是一系列互为因果的原因事件相继发生的结果。

海因里希把工业伤害事故的发生、发展过程描述为具有一定因果关系的事件的连锁,认为事故因果连锁过程包括如下 5 个因素:遗传及社会环境、人的缺点(体质、性格等先天不足和安全意识、知识、能力等后天缺陷)、人的不安全行为或物的不安全状态、事故、由事故直接产生的人身伤害,如图 1-9 所示。

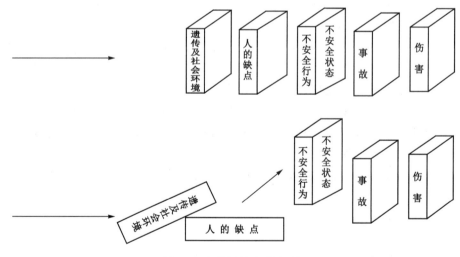

图 1-9　事故因果连锁关系图

要想防止多米诺骨牌连锁效应,避免发生事故和人身伤害,工作重心就是防止人的不安全行为、消除机械或物的不安全因素,前提是努力消除人的缺点、改善社会环境。

3. 轨迹交叉论

轨迹交叉论认为,工伤事故源于生产现场人和物两个方面的隐患。当人的因素的运动轨迹(人的不安全行为)与物的因素的运动轨迹(物的不安全状态)两个流动线路轨迹形成相交叉的"点"(同时同地出现),就是发生事故的"时空",将发生事故和伤害,如图1-10所示。

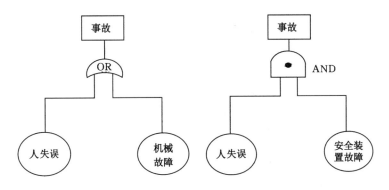

图 1-10 伤亡事故逻辑系统

应用轨迹交叉论预防事故,在实际工作中应做好以下三个方面:防止人的不安全行为和物的不安全状态在"时间和空间"同时交叉,是避免事故发生的根本出路;通过严格职业适应性选择,创造良好的行为环境和工作环境,加强教育培训进而提高职工的安全素质和能力,严格规范进行管理,达到控制人的不安全行为;严格系统的设计、制造和使用,努力创造本质安全条件或采取防护措施,使危险被控制在允许的范围之内,达到控制物的不安全状态。

4. 管理失误论

管理失误论强调管理失误是造成事故的主要原因,加强安全生产管理是预防事故发生的最有效途径。管理失误论主要以博德事故因果连锁论和亚当斯事故因果连锁论为代表。

早期的海因里希事故因果连锁论把遗传和社会环境看作事故的根本原因,博德(Frank Bird)在海因里希事故因果连锁理论的基础上,提出了现代事故因果连锁理论——博德事故因果连锁理论。该理论认为,事故的直接原因是人的不安全行为、物的不安全状态,间接原因包括个人因素及与工作有关的因素,根本原因是管理的缺陷,即管理上存在的问题或缺陷是导致间接原因存在的原因,间接原因的存在又导致直接原因存在,最终导致事故发生。博德事故因果连锁过程同样为五个因素,即管理失误、间接原因(个人原因、工作条件)、直接原因(人的不安全行为和物的不安全状态)、事故、伤亡,如图1-11所示。

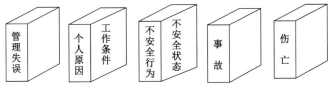

图 1-11 博德事故因果连锁理论

5. 能量意外释放理论

该理论由吉布森(Gibson)于1961年提出,认为事故是一种不正常的或不希望的能量释放,意外释放的各种形式的能量是构成伤害的直接原因,应该通过控制能量或控制能量载体(能量达及人体的媒介)来预防伤害事故。1966 年美国运输部安全局局长哈登(Haddon)又对能量意外释放理论进行了完善,认为人受伤害的原因只能是某种能量的转移,并提出了能量逆流于人体造成伤害的分类方法,将伤害分为两类:第一类伤害是由于施加了超过局部或全身性损伤阈值的能量引起的;第二类伤害是由于影响了局部或全身性能量交换引起的。该理论阐明了伤害事故发生的物理本质——事故是能量的不正常转移或意外释放所致,如图 1-12 所示。

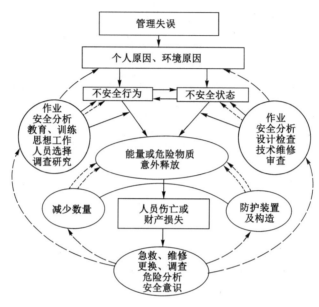

图 1-12　能量观点的事故因果连锁

在生产生活中,要准确辨识和控制各种形式的能量,如机械能、热能、电能、化学能、电离及非电离辐射、声能、生物能等,防止能量不正常转移或意外释放,防止人体接触过量能量,避免伤害事故发生。

(二)事故预防理论

1. 事故可预防性理论

该理论是指事故具有因果性、随机性、潜伏性和可预防性,做好研究分析,采取相应的方法措施,事故是可以预防的。

在事故因果性方面,应弄清发生事故的因果关系,找到事故发生的主要原因,对症下药,有效予以防范。在事故随机性方面,应对事故统计资料进行分析,找到事故发生的规律性,从而制定正确的预防措施。在事故潜伏性方面,应克服麻痹思想,从人—机—环境—管理系统角度,加强危险因素辨识,制定并落实管控措施,有效预防事故发生。在事故可预防性方面,应加强事故隐患排查治理,从根本上消除事故隐患,避免事故发生。

2. 事故的宏观战略预防对策

事故的宏观战略预防对策是指通过采取安全法制对策、安全管理对策、安全教育对策、安全工程技术对策、安全经济手段对策等,达到提高职业安全卫生素质和有效预防事故发生的目的。

安全法制对策就是利用法制的手段,对生产的建设、实施、组织以及目标、过程、结果等进行安全监督,使之符合职业安全卫生的要求。安全法制对策主要工作包括国家建立健全法律法规并强制监督执行,企业建立健全安全生产和职业安全卫生制度并有效落实执行,同时利用职工群众、新闻媒体进行有效的监督。

工程技术对策是指通过工程项目和技术措施实现生产的本质安全化,或改善劳动条件,提高生产的安全性,是治本的重要对策。在具体的工程技术对策中,可采用如下技术原则:消除潜在危险的原则、降低潜在危险因素数值的原则、冗余性原则、闭锁原则、能量屏障原则、距离防护原则、时间防护原则、薄弱环节原则、坚固性原则、个体防护原则、代替作业人员原则、警告和禁止信息原则等。

安全管理对策是指通过制定和监督实施有关安全法令、规程、规范、标准和规章制度等,规范人们在生产活动中的行为准则,实现职工在劳动中的安全和健康,是基本的、重要的、日常的对策。安全管理对策主要包括法制手段、行政手段、文化手段、经济手段和科学手段。

安全教育对策是指应用启发式教学法、发现法、讲授法、谈话法、读书指导法、参观法、访问法、宣传娱乐法等,对政府官员、社会大众、企业职工、社会公民、专职安全人员等进行意识、观念、行为、知识、技能等方面的教育。

3.人为事故的预防

人为事故在安全生产事故中占有较大的比例,有效控制人为事故,对保证安全生产作用重大。预防和控制人为事故,要通过分析人为事故的规律、强化人的安全行为和改变人的异常行为来实现。

一是要分析人为事故的规律,加强人的预防性安全管理工作。通过研究分析,人为事故的基本规律见表1-2所示。要通过做好劳动者表态安全管理、劳动者动态安全管理、劳动环境安全管理和解决好安全管理中存在的问题,来有效预防、控制人为事故。

二是要强化人的安全行为,预防事故发生。通过开展安全教育,提高人们的安全意识和预防、控制事故的自为能力,使其产生安全行为,做到自我预防事故的发生。

三是要强化人的安全行为,改变人的异常行为,控制事故的发生。主要通过自我控制、跟踪控制、安全监护、安全检查和技术控制来实现。

表1-2 人为事故的基本规律表

异常行为系列原因		内在联系	外延现象
产生异常行为的内因	表态始发致因	生理缺陷	耳聋、眼花、各种疾病、反应迟钝、性格孤僻等
		安技素质差	缺乏安全思想和安全知识,技术水平低,无应变能力等
		品德不良	意志衰退、目无法纪、自私自利、道德败坏等
	动态续发致因	违背生产规律	有章不循、执章不严、不服管理、冒险蛮干等
		身体疲劳	精神不振、神志恍惚、力不从心、打盹睡觉等
		需求改变	急于求成、图省事、心不在焉、侥幸心理等

表 1-2(续)

异常行为系列原因		内在联系	外延现象
产生异常 行为的外因	外侵导发致因	家庭社会影响	情绪反常、思想散乱、烦恼忧虑、苦闷冲动等
		环境影响	高温、严寒、噪声、异光、异物、风雨雪等
		异常突然侵入	心慌意乱、惊慌失措、恐惧胆怯、措手不及等
	管理延发致因	信息不准	指令错误、警报错误等
		设备缺陷	技术性能差、超载运行、无安技设备、非标准等
		异常失控	管理混乱、无章可循、违章不纠等

4. 设备因素导致事故的预防

设备与设施是生产的物质基础,也是发生事故的第二大要素。要运用设备事故规律和预防、控制事故原理联系生产或工艺实际,提出超前预防、控制设备导致事故的方法。

一是要分析和掌握设备事故规律。设备在整个寿命期内的故障变化规律大致分为三个阶段,即设备事故的初发期、偶发期和频发期。在初发期,设备事故多是局部的、非实质性故障,应增加设备安全检查的次数;在偶发期,要对设备进行定期试验、定期检修;在频发期,设备的检查、试验、检修周期均要相应地缩短。

二是要分析设备事故原因。发生设备事故,大体上分为设计、检查、维修等方面的内因耗损和操作使用的外因作用。要通过设备事故的原因分析,采取相应的防范措施,如建立、健全设备管理制度,改进操作方法,调整检查、试验、检修周期,加强维护保养,以及对老、旧设备进行更新、改造等,从而防止同类事故重复发生。

三是要加强设备事故的预防与控制。人与设备之间,人是主体,设备是客体,二者是主从关系。要以人为主导,运用设备事故规律和预防、控制事故原理,按照设备安全与管理的需求,做好设备选购、安装调试、教育培训、操作人员、设备环境、保养维修、安全检查、设备档案以及管理制度和操作规程等方面的工作,预防设备事故的发生。

5. 环境因素导致事故的预防

环境因素是导致安全生产事故的重要方面,要分析环境导致事故的规律,运用预防、控制事故原理,避免或减少安全生产事故的发生。

环境是指生产实践活动中占有的空间及其范围内的一切物质状态,是生产实践活动必备的条件,也是决定生产安危的一个重要因素。环境分为固定环境和流动环境两种类别。环境导致事故的危害方式,主要体现在以下 5 个方面:环境中的生产布局、地势、地形等;环境中的温度、湿度、光线等;环境中的尘、毒、噪声等;环境中的山林、河流、海洋等;环境中的雨水、冰雪、风云等。良好环境能保证安全生产,异常环境常导致事故发生。

做好环境因素管理,预防事故发生,主要应做好以下 4 个方面工作:运用安全法制手段加强环境管理,预防事故的发生;治理尘、毒危害,预防、控制职业病发生;应用劳动保护用品,预防、控制环境导致事故的发生;运用安全检查手段改变异常环境,或加强对异常环境不安全因素控制,避免事故的发生。

6. 时间因素导致事故的预防

时间变化是导致事故的一种相关因素,异常时间常常导致事故的发生。异常时间主要包括失机的时间(原定时间点发生改变)、延长的时间(超出了常规时间)、异变的时间(节假日等)和非常时间(抢险、抢任务等)。

在生产实践中,要控制异常时间产生,或出现异常时间时采取控制措施。比如合理安排劳动时间,控制或限制加班加点,做好季节性和节假日等异变时间段的安全管理,缩短非常时间并强化非常时间段的安全管理。

第二章　安全生产法律法规

第一节　安全生产法律法规体系

一、安全生产法律的概念及特点

(一)安全生产法律的概念

安全生产法律,是指调整生产过程中产生的同劳动者的安全健康以及生产资料和社会财富安全保障有关的各种社会关系的法律规范的总和。广义地说,它既包括享有国家立法权的机关制定的法律,也包括国务院及其部委颁布的行政法规、决定、规章等,以及地方性法规、规章等,还包括各种安全生产技术规程、规范和标准,是对有关生产过程中有关法律、规程、条例、规范的总称。根据安全生产法律法规体系的内容与层次,安全生产法律法规体系如图 2-1 所示。

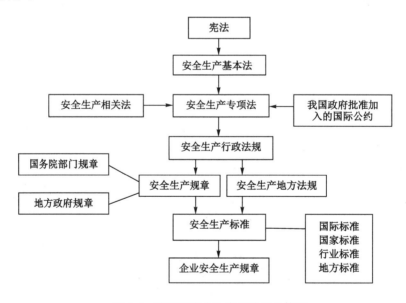

图 2-1　我国的安全生产法律法规体系

(二)安全生产法律的特点

具有中国特色的安全生产法律体系正在构建之中,这个体系具有三个特点:

(1)法律规范的调整对象和阶级意志具有统一性。我国的安全生产法律坚持以人民为中心,立法目的是为了加强安全生产工作,防止和减少生产安全事故,保障人民群众生命和财产安全,促进经济社会持续健康发展,体现了党和国家的根本意志。

(2)法律规范的内容和形式具有多样性。安全生产法律法规涉及自然科学和社会科学领域,既有政策性的特点又有科学技术的特点。

(3)法律规范的相互关系具有系统性。安全生产法律由母系统和若干个子系统组成,之间存在着相互依存、相互联系、相互衔接、相互协调的辩证统一关系。

二、安全生产法律体系

(一)安全生产法律体系的构成

我国安全生产法律体系是依据《宪法》的准则和立法原则制定的有关安全生产法律法规的集成,按照其法律地位和法律效力层级划分为法律、法规、规章及安全标准。我国安全生产法律体系由宪法、安全生产法律(基础法律、专项法律、相关法律)、安全生产法规、安全生产规章、法定安全生产标准和国际公约组成。

1. 宪法

《宪法》是安全生产法律体系框架的最高层级,"加强劳动保护,改善劳动条件"是有关安全生产方面最高法律效力的规定。

2. 安全生产法律

安全生产法律特指由全国人民代表大会及其常务委员会依照一定的立法程序制定和颁布的规范性文件。我国有关安全生产的法律包括基础法律、专门法律和相关法律等。

(1)基础法律

我国有关安全生产的法律包括《安全生产法》和与它平行的专门法律和相关法律。《安全生产法》是综合规范安全生产法律制度的法律,它适用于所有生产经营单位,是我国安全生产法律体系的核心。

(2)专项法律

专项安全生产法律是规范某一专业领域安全生产法律制度的法律。我国在专业领域的法律有《中华人民共和国矿山安全法》《中华人民共和国消防法》《中华人民共和国道路交通安全法》等。

(3)相关法律

与安全生产有关的法律是指安全生产专门法律以外的其他法律中涵盖有安全生产内容的法律,如《中华人民共和国劳动法》《中华人民共和国煤炭法》《中华人民共和国建筑法》《中华人民共和国矿产资源法》《中华人民共和国工会法》等。还有一些与安全生产监督执法工作有关的法律,如《中华人民共和国刑法》《中华人民共和国刑事诉讼法》《中华人民共和国国家赔偿法》《中华人民共和国标准化法》等。

3. 安全生产法规

我国现行的安全生产法规分为安全生产行政法规和安全生产地方性法规两种。

安全生产行政法规是由国务院组织制定并批准公布的,是为实施安全生产法律或规范安全生产监督管理制度而制定并颁布的一系列具体规定。如《国务院关于特大安全事故行政责任追究的规定》《工伤保险条例》《生产安全事故报告和调查处理条例》《安全生产许可证条例》《生产安全事故应急条例》等。

安全生产地方性法规是指由有立法权的地方权力机关——人民代表大会及其常务委员会和地方政府制定的安全生产规范性文件,是由法律授权制定的,是对国家安全生产法律、法规的补充和完善,以解决本地区某一特定的安全生产问题为目标,具有较强的针对性和可操作性。如目前我国各省(自治区、直辖市)发布的《×××安全生产条例》等。

4.安全生产规章

我国现行的安全生产规章分为安全生产部门规章和安全生产地方政府规章。

安全生产部门规章是指国家行政机关依照行政职权所制定和发布的针对某一类事件、行为或某一类人员的行政管理的规范性文件,如原国家安全生产监督管理总局颁布的《安全生产违法行为行政处罚办法》《生产经营单位安全培训规定》等。部门安全生产规章作为安全生产法律法规的重要补充,在我国安全生产监督管理工作中起着十分重要的作用。

安全生产地方政府规章是由地方政府为加强区域内安全生产工作而颁布的地方性规范性文件,如《河北省安全生产违法行为行政处罚规定》《河北省生产安全事故报告与调查处理办法》等。地方政府安全生产规章一方面从属于法律和行政法规,另一方面又从属于地方法规,并且不能与它们相抵触。

5.安全生产标准

法定安全生产标准是指强制性安全生产标准,分为国家标准和行业标准。除了法定安全生产标准外,还有地方标准和企业标准。

安全生产标准大致分为设计规范类、安全生产设备(工具)类、生产工艺安全卫生和防护用品类等四类标准。它们围绕如何消除、限制或预防劳动生产过程中的危险和有害因素,保护职工安全与健康,保障设备、生产正常运行而制定的统一规定,是安全生产管理的基础和监督执法工作的重要技术依据,是安全生产法律体系中的一个重要组成部分。如《地质勘探安全规程》《煤矿安全规程》《用人单位劳动防护用品管理规范》等。

6.国际劳工安全公约

国际劳工安全公约是国际安全生产法律规范的一种形式,它不是由国际劳工组织直接实施的法律规范,而是采用会员国批准并由会员国作为制定国内安全生产法规依据的公约文本。国际劳工组织自1919年创立以来,一共通过了185个国际公约和为数较多的建议书,这些公约和建议书统称为国际劳工标准,其中70%的公约和建议书涉及职业安全卫生问题。我国政府为安全生产工作已签订了若干国际性公约,如我国安全生产法律与国际公约有不同时,应优先采用国际公约的规定(除保留条件的条款外)。目前我国政府已批准的公约有22个,其中11个是与职业安全卫生相关的。

(二)安全生产法律法规的法律效力和相互关系

安全生产法律法规是党和国家安全生产方针政策的集中表现,是上升为国家和政府意志的一种行为准则。它以法律的形式规定人们在生产过程中的行为准则,用国家强制性的权力来维护安全生产的正常秩序。安全生产法律法规的法律效力和相互关系如下。

1.上位法优于下位法

《宪法》具有最高的法律效力,一切法律、行政法规、地方性法规、自治条例和单行条例、规章都不得同《宪法》相抵触。

安全生产法律的地位和效力次于宪法,但高于行政法规、地方性法规和规章。

安全生产行政法规的效力次于宪法和安全生产法律,但高于地方性法规和规章。

地方性法规的法律效力高于本级和下级地方政府制定的规章,省、自治区人民政府制定的规章的效力高于本行政区域内的较大的市人民政府制定的规章。部门规章之间、部门规章与地方政府规章之间具有同等效力,在各自的权限范围内施行。

2. 特别法优于一般法

同一机关制定的法律、行政法规、地方性法规、自治条例和单行条例、规章,特别规定与一般规定不一致的,适用特别规定。

3. 新法优于旧法

同一机关制定的法律、行政法规、地方性法规、自治条例和单行条例、规章,新的规定与旧的规定不一致的,适用新的规定。

4. 裁决决定原则

法律之间对同一事项的新的一般规定与旧的特别规定不一致,不能确定如何适用时,由全国人民代表大会常务委员会裁决。根据授权制定的法规与法律规定不一致,不能确定如何适用时,也由全国人民代表大会常务委员会裁决。行政法规之间对同一事项的新的一般规定与旧的特别规定不一致,不能确定如何适用时,由国务院裁决。地方性法规、规章之间不一致,由有关机关依据下列权限做出裁决:

(1)同一机关制定的新的一般规定与旧的特别规定不一致时,由制定机关裁决。

(2)地方性法规与部门规章之间对同一事项的规定不一致,不能确定如何适用时,由国务院提出意见,国务院认为应当适用地方性法规的,应当决定在该地方适用地方性法规的规定;认为应当适用部门规章的,应当提请全国人民代表大会常务委员会裁决。

(3)部门规章之间、部门规章与地方政府规章之间对同一事项的规定不一致的由国务院裁决。裁决原则只有在不能确定如何适用时,才作为解决冲突的依据。如果可以确定,则无此原则之适用。

5. 国际法优于国内法

我国与外国签订的国际条约以及我国宣布承认或参加的一些已存在的国际公约、国际公约的效力优于国内法律,但我国声明保留的条款除外。

第二节　安全生产法律法规

一、相关法律

(一)《中华人民共和国安全生产法》

《安全生产法》是综合规范安全生产法律制度的法律,它适用于所有生产经营单位,是我国安全生产法律体系的核心。

《安全生产法》于 2002 年 6 月 29 日发布,2002 年 11 月 1 日起实施。之后,分别于 2009 年、2014 年和 2021 年进行了三次修正,对预防和减少生产安全事故,保障人民群众生命财产安全发挥了重要作用。新发展阶段、新发展理念、新发展格局,对安全生产提出了更高的要求:一是习近平总书记对加强安全生产工作做出了一系列重要指示批示,2016 年 12 月,中共中央、国务院印发《关于推进安全生产领域改革发展的意见》,对安全生产工作的指导思想、基本原则、制度措施等做出新的重大部署,需要通过修法进一步贯彻落实;二是我国安全生产仍处于爬坡过坎期,过去长期积累的隐患集中暴露,新的风险不断涌现,需要通过修法进一步压实各方安全生产责任,有效防范化解重大安全风险;三是根据2018年中共中央印发的《深化党和国家机构改革方案》,原国家安全生产监督管理总局的职责划入应急管理部,其他有关部门和职责也作了调整,需要通过修法对原来的法定职责进行修改。2021年6月10日,第十三届全国人民代表大会常务委员会第二十九次会议通过《关于修改〈安全生产法〉的决定》,2021版《安全生产法》自2021年9月1日起施行。

《安全生产法》(2021版)包括总则、生产经营单位的安全生产保障、从业人员的安全生产权利义务、安全生产的监督管理、生产安全事故的应急救援与调查处理、法律责任、附则等七章一百一十九个条款,主要条款要求和精神如下。

1. 安全生产管理的宗旨、方针和机制

安全生产工作坚持中国共产党的领导。

安全生产工作应当以人为本,坚持人民至上、生命至上,把保护人民生命安全摆在首位,树牢安全发展理念,坚持安全第一、预防为主、综合治理的方针,从源头上防范化解重大安全风险。

安全生产工作实行管行业必须管安全、管业务必须管安全、管生产经营必须管安全,强化和落实生产经营单位主体责任与政府监管责任,建立生产经营单位负责、职工参与、政府监管、行业自律和社会监督的机制。

2. 生产经营单位的主要负责人安全生产地位和职责

(1)主要负责人安全生产地位

第五条 生产经营单位的主要负责人是本单位安全生产第一责任人,对本单位的安全生产工作全面负责。

(2)生产经营单位的主要负责人安全生产基本职责(七项)

第二十一条 生产经营单位的主要负责人对本单位安全生产工作负有下列职责:① 建立健全并落实本单位全员安全生产责任制,加强安全生产标准化建设;② 组织制定并实施本单位安全生产规章制度和操作规程;③ 组织制定并实施本单位安全生产教育和培训计划;④ 保证本单位安全生产投入的有效实施;⑤ 组织建立并落实安全风险分级管控和隐患排查治理双重预防工作机制,督促、检查本单位的安全生产工作,及时消除生产安全事故隐患;⑥ 组织制定并实施本单位的生产安全事故应急救援预案;⑦ 及时、如实报告生产安全事故。

增加了"加强安全生产标准化建设""组织建立并落实安全风险分级管控和隐患排查治理双重预防工作机制"等内容。

3. 增加了全员安全生产责任和新兴行业、领域的生产经营单位安全生产责任要求

第四条 生产经营单位必须遵守本法和其他有关安全生产的法律、法规,加强安全生产管理,建立健全全员安全生产责任制和安全生产规章制度,加大对安全生产资金、物资、技术、人员的投入保障力度,改善安全生产条件,加强安全生产标准化、信息化建设,构建安全风险分级管控和隐患排查治理双重预防机制,健全风险防范化解机制,提高安全生产水平,确保安全生产。

平台经济等新兴行业、领域的生产经营单位应当根据本行业、领域的特点,建立健全并落实全员安全生产责任制,加强从业人员安全生产教育和培训,履行本法和其他法律、法规

规定的有关安全生产义务。

第二十二条　生产经营单位的全员安全生产责任制应当明确各岗位的责任人员、责任范围和考核标准等内容。

生产经营单位应当建立相应的机制，加强对安全生产责任制落实情况的监督考核，保证安全生产责任制的落实。

4.安全生产管理机构以及安全生产管理人员职责

第二十五条　生产经营单位的安全生产管理机构以及安全生产管理人员履行下列职责：① 组织或者参与拟订本单位安全生产规章制度、操作规程和生产安全事故应急救援预案；② 组织或者参与本单位安全生产教育和培训，如实记录安全生产教育和培训情况；③ 组织开展危险源辨识和评估，督促落实本单位重大危险源的安全管理措施；④ 组织或者参与本单位应急救援演练；⑤ 检查本单位的安全生产状况，及时排查生产安全事故隐患，提出改进安全生产管理的建议；⑥ 制止和纠正违章指挥、强令冒险作业、违反操作规程的行为；⑦ 督促落实本单位安全生产整改措施。

生产经营单位可以设置专职安全生产分管负责人，协助本单位主要负责人履行安全生产管理职责。

5.生产经营单位的安全生产保障

（1）法定安全生产基本条件

第二十条　生产经营单位应当具备本法和有关法律、行政法规和国家标准或者行业标准规定的安全生产条件；不具备安全生产条件的，不得从事生产经营活动。

（2）安全生产资金投入的规定

第二十三条　生产经营单位应当具备的安全生产条件所必需的资金投入，由生产经营单位的决策机构、主要负责人或者个人经营的投资人予以保证，并对由于安全生产所必需的资金投入不足导致的后果承担责任。

有关生产经营单位应当按照规定提取和使用安全生产费用，专门用于改善安全生产条件。安全生产费用在成本中据实列支。安全生产费用提取、使用和监督管理的具体办法由国务院财政部门会同国务院应急管理部门征求国务院有关部门意见后制定。

第四十七条　生产经营单位应当安排用于配备劳动防护用品、进行安全生产培训的经费。

（3）安全生产管理机构和安全生产管理人员的配置

第二十四条　矿山、金属冶炼、建筑施工、运输单位和危险物品的生产、经营、储存、装卸单位，应当设置安全生产管理机构或者配备专职安全生产管理人员。

前款规定以外的其他生产经营单位，从业人员超过一百人的，应当设置安全生产管理机构或者配备专职安全生产管理人员；从业人员在一百人以下的，应当配备专职或者兼职的安全生产管理人员。

第二十七条　危险物品的生产、储存、装卸单位以及矿山、金属冶炼单位应当有注册安全工程师从事安全生产管理工作。鼓励其他生产经营单位聘用注册安全工程师从事安全生产管理工作。

（4）生产经营单位主要负责人、安全生产管理人员安全能力的规定

第二十七条　生产经营单位的主要负责人和安全生产管理人员必须具备与本单位所从

事的生产经营活动相应的安全生产知识和管理能力。

危险物品的生产、经营、储存、装卸单位以及矿山、金属冶炼、建筑施工、运输单位的主要负责人和安全生产管理人员,应当由主管的负有安全生产监督管理职责的部门对其安全生产知识和管理能力考核合格。

(5)从业人员安全生产培训的规定

第二十八条 生产经营单位应当对从业人员进行安全生产教育和培训,保证从业人员具备必要的安全生产知识,熟悉有关的安全生产规章制度和安全操作规程,掌握本岗位的安全操作技能,了解事故应急处理措施,知悉自身在安全生产方面的权利和义务。未经安全生产教育和培训合格的从业人员,不得上岗作业。

生产经营单位使用被派遣劳动者的,应当将被派遣劳动者纳入本单位从业人员统一管理,对被派遣劳动者进行岗位安全操作规程和安全操作技能的教育和培训。劳务派遣单位应当对被派遣劳动者进行必要的安全生产教育和培训。

生产经营单位应当建立安全生产教育和培训档案,如实记录安全生产教育和培训的时间、内容、参加人员以及考核结果等情况。

第二十九条 生产经营单位采用新工艺、新技术、新材料或者使用新设备,必须了解、掌握其安全技术特性,采取有效的安全防护措施,并对从业人员进行专门的安全生产教育和培训。

第三十条 生产经营单位的特种作业人员必须按照国家有关规定经专门的安全作业培训,取得相应资格,方可上岗作业。

(6)安全警示标志的规定

第三十五条 生产经营单位应当在有较大危险因素的生产经营场所和有关设施、设备上,设置明显的安全警示标志。

(7)安全设备达标和管理的规定

第三十六条 安全设备的设计、制造、安装、使用、检测、维修、改造和报废,应当符合国家标准或者行业标准。

生产经营单位必须对安全设备进行经常性维护、保养,并定期检测,保证正常运转。维护、保养、检测应当作好记录,并由有关人员签字。

生产经营单位不得关闭、破坏直接关系生产安全的监控、报警、防护、救生设备、设施,或者篡改、隐瞒、销毁其相关数据、信息。

餐饮等行业的生产经营单位使用燃气的,应当安装可燃气体报警装置,并保障其正常使用。

(8)特种设备检测、检验的规定

第三十七条 生产经营单位使用的危险物品的容器、运输工具,以及涉及人身安全、危险性较大的海洋石油开采特种设备和矿山井下特种设备,必须按照国家有关规定,由专业生产单位生产,并经具有专业资质的检测、检验机构检测、检验合格,取得安全使用证或者安全标志,方可投入使用。检测、检验机构对检测、检验结果负责。

(9)安全生产工艺和设备管理的规定

第三十八条 国家对严重危及生产安全的工艺、设备实行淘汰制度,具体目录由国务院应急管理部门会同国务院有关部门制定并公布。法律、行政法规对目录的制定另有规定的,适用其规定。

省、自治区、直辖市人民政府可以根据本地区实际情况制定并公布具体目录，对前款规定以外的危及生产安全的工艺、设备予以淘汰。

生产经营单位不得使用应当淘汰的危及生产安全的工艺、设备。

（10）危险物品管理的规定

第三十九条　生产、经营、运输、储存、使用危险物品或者处置废弃危险物品的，由有关主管部门依照有关法律、法规的规定和国家标准或者行业标准审批并实施监督管理。

生产经营单位生产、经营、运输、储存、使用危险物品或者处置废弃危险物品，必须执行有关法律、法规和国家标准或者行业标准，建立专门的安全管理制度，采取可靠的安全措施，接受有关主管部门依法实施的监督管理。

（11）重大危险源、安全风险分级管控制度和事故隐患排查治理的规定

第四十条　生产经营单位对重大危险源应当登记建档，进行定期检测、评估、监控，并制定应急预案，告知从业人员和相关人员在紧急情况下应当采取的应急措施。

生产经营单位应当按照国家有关规定将本单位重大危险源及有关安全措施、应急措施报有关地方人民政府应急管理部门和有关部门备案。有关地方人民政府应急管理部门和有关部门应当通过相关信息系统实现信息共享。

第四十一条　生产经营单位应当建立安全风险分级管控制度，按照安全风险分级采取相应的管控措施。

生产经营单位应当建立健全并落实生产安全事故隐患排查治理制度，采取技术、管理措施，及时发现并消除事故隐患。事故隐患排查治理情况应当如实记录，并通过职工大会或者职工代表大会、信息公示栏等方式向从业人员通报。其中，重大事故隐患排查治理情况应当及时向负有安全生产监督管理职责的部门和职工大会或者职工代表大会报告。

（12）危险因素告知和关爱职工心理、行为习惯

第四十四条　生产经营单位应当教育和督促从业人员严格执行本单位的安全生产规章制度和安全操作规程；并向从业人员如实告知作业场所和工作岗位存在的危险因素、防范措施以及事故应急措施。

生产经营单位应当关注从业人员的身体、心理状况和行为习惯，加强对从业人员的心理疏导、精神慰藉，严格落实岗位安全生产责任，防范从业人员行为异常导致事故发生。

（13）生产设施、场所安全距离的规定

第四十二条　生产、经营、储存、使用危险物品的车间、商店、仓库不得与员工宿舍在同一座建筑物内，并应当与员工宿舍保持安全距离。

生产经营场所和员工宿舍应当设有符合紧急疏散要求、标志明显、保持畅通的出口、疏散通道。禁止占用、锁闭、封堵生产经营场所或者员工宿舍的出口、疏散通道。

（14）危险作业管理的规定

第四十三条　生产经营单位进行爆破、吊装、动火、临时用电以及国务院应急管理部门会同国务院有关部门规定的其他危险作业，应当安排专门人员进行现场安全管理，确保操作规程的遵守和安全措施的落实。

（15）劳动保护用品的规定

第四十五条　生产经营单位必须为从业人员提供符合国家标准或者行业标准的劳动防

护用品,并监督、教育从业人员按照使用规则佩戴、使用。

(16)安全检查的规定

第四十六条 生产经营单位的安全生产管理人员应当根据本单位的生产经营特点,对安全生产状况进行经常性检查;对检查中发现的安全问题,应当立即处理;不能处理的,应当及时报告本单位有关负责人,有关负责人应当及时处理。检查及处理情况应当如实记录在案。

生产经营单位的安全生产管理人员在检查中发现重大事故隐患,依照前款规定向本单位有关负责人报告,有关负责人不及时处理的,安全生产管理人员可以向主管的负有安全生产监督管理职责的部门报告,接到报告的部门应当依法及时处理。

(17)交叉作业的安全管理

第四十八条 两个以上生产经营单位在同一作业区域内进行生产经营活动,可能危及对方生产安全的,应当签订安全生产管理协议,明确各自的安全生产管理职责和应当采取的安全措施,并指定专职安全生产管理人员进行安全检查与协调。

(18)生产经营项目、场所、设备发包或出租的安全管理

第四十九条 生产经营单位不得将生产经营项目、场所、设备发包或者出租给不具备安全生产条件或者相应资质的单位或者个人。

生产经营项目、场所发包或者出租给其他单位的,生产经营单位应当与承包单位、承租单位签订专门的安全生产管理协议,或者在承包合同、租赁合同中约定各自的安全生产管理职责;生产经营单位对承包单位、承租单位的安全生产工作统一协调、管理,定期进行安全检查,发现安全问题的,应当及时督促整改。

矿山、金属冶炼建设项目和用于生产、储存、装卸危险物品的建设项目的施工单位应当加强对施工项目的安全管理,不得倒卖、出租、出借、挂靠或者以其他形式非法转让施工资质,不得将其承包的全部建设工程转包给第三人或者将其承包的全部建设工程肢解以后以分包的名义分别转包给第三人,不得将工程分包给不具备相应资质条件的单位。

(19)保险

第五十一条 生产经营单位必须依法参加工伤保险,为从业人员缴纳保险费。

国家鼓励生产经营单位投保安全生产责任保险;属于国家规定的高危行业、领域的生产经营单位,应当投保安全生产责任保险。

(20)提供安全生产的技术、管理服务

第十五条 依法设立的为安全生产提供技术、管理服务的机构,依照法律、行政法规和执业准则,接受生产经营单位的委托为其安全生产工作提供技术、管理服务。

生产经营单位委托前款规定的机构提供安全生产技术、管理服务的,保证安全生产的责任仍由本单位负责。

6.从业人员的权利、义务和责任

(1)权利

第五十二条 生产经营单位与从业人员订立的劳动合同,应当载明有关保障从业人员劳动安全、防止职业危害的事项,以及依法为从业人员办理工伤保险的事项。

生产经营单位不得以任何形式与从业人员订立协议,免除或者减轻其对从业人员因生产安全事故伤亡依法应承担的责任。

第五十三条　生产经营单位的从业人员有权了解其作业场所和工作岗位存在的危险因素、防范措施及事故应急措施,有权对本单位的安全生产工作提出建议。

第五十四条　从业人员有权对本单位安全生产工作中存在的问题提出批评、检举、控告;有权拒绝违章指挥和强令冒险作业。

生产经营单位不得因从业人员对本单位安全生产工作提出批评、检举、控告或者拒绝违章指挥、强令冒险作业而降低其工资、福利等待遇或者解除与其订立的劳动合同。

第五十五条　从业人员发现直接危及人身安全的紧急情况时,有权停止作业或者在采取可能的应急措施后撤离作业场所。

生产经营单位不得因从业人员在前款紧急情况下停止作业或者采取紧急撤离措施而降低其工资、福利等待遇或者解除与其订立的劳动合同。

第五十六条　生产经营单位发生生产安全事故后,应当及时采取措施救治有关人员。

因生产安全事故受到损害的从业人员,除依法享有工伤保险外,依照有关民事法律尚有获得赔偿的权利的,有权提出赔偿要求。

（2）义务

第五十七条　从业人员在作业过程中,应当严格落实岗位安全责任,遵守本单位的安全生产规章制度和操作规程,服从管理,正确佩戴和使用劳动防护用品。

第五十八条　从业人员应当接受安全生产教育和培训,掌握本职工作所需的安全生产知识,提高安全生产技能,增强事故预防和应急处理能力。

第五十九条　从业人员发现事故隐患或者其他不安全因素,应当立即向现场安全生产管理人员或者本单位负责人报告;接到报告的人员应当及时予以处理。

第六十一条　生产经营单位使用被派遣劳动者的,被派遣劳动者享有本法规定的从业人员的权利,并应当履行本法规定的从业人员的义务。

（3）责任

第一百零七条　生产经营单位的从业人员不落实岗位安全责任,不服从管理,违反安全生产规章制度或者操作规程的,由生产经营单位给予批评教育,依照有关规章制度给予处分;构成犯罪的,依照刑法有关规定追究刑事责任。

7.生产经营单位生产安全事故的应急救援

（1）应急救援预案和应急救援组织

第八十一条　生产经营单位应当制定本单位生产安全事故应急救援预案,与所在地县级以上地方人民政府组织制定的生产安全事故应急救援预案相衔接,并定期组织演练。

第八十二条　危险物品的生产、经营、储存单位以及矿山、金属冶炼、城市轨道交通运营、建筑施工单位应当建立应急救援组织;生产经营规模较小的,可以不建立应急救援组织,但应当指定兼职的应急救援人员。

危险物品的生产、经营、储存、运输单位以及矿山、金属冶炼、城市轨道交通运营、建筑施工单位应当配备必要的应急救援器材、设备和物资,并进行经常性维护、保养,保证正常运转。

（2）生产安全事故的报告

第八十三条　生产经营单位发生生产安全事故后,事故现场有关人员应当立即报告本单位负责人。

单位负责人接到事故报告后,应当迅速采取有效措施,组织抢救,防止事故扩大,减少人员伤亡和财产损失,并按照国家有关规定立即如实报告当地负有安全生产监督管理职责的部门,不得隐瞒不报、谎报或者迟报,不得故意破坏事故现场、毁灭有关证据。

(二)《中华人民共和国消防法》

《中华人民共和国消防法》简称《消防法》,于1998年4月29日通过,1998年9月1日起实施。之后,分别于2008年10月28日、2019年4月23日、2021年4月29日进行了三次修改。

《消防法》与安全生产相关的内容主要包括:

(1)消防工作贯彻预防为主、防消结合的方针,按照政府统一领导、部门依法监管、单位全面负责、公民积极参与的原则,实行消防安全责任制,建立健全社会化的消防工作网络。

(2)机关、团体、企业、事业等单位应当履行下列消防安全职责:

① 落实消防安全责任制,制定本单位的消防安全制度、消防安全操作规程,制定灭火和应急疏散预案。

② 按照国家标准、行业标准配置消防设施、器材,设置消防安全标志,并定期组织检验、维修,确保完好有效。

③ 对建筑消防设施每年至少进行一次全面检测,确保完好有效,检测记录应当完整准确,存档备查。

④ 保障疏散通道、安全出口、消防车通道畅通,保证防火防烟分区、防火间距符合消防技术标准。

⑤ 组织防火检查,及时消除火灾隐患。

⑥ 组织进行有针对性的消防演练。

⑦ 法律、法规规定的其他消防安全职责。

单位的主要负责人是本单位的消防安全责任人。

(3)生产、储存、经营易燃易爆危险品的场所不得与居住场所设置在同一建筑物内,并应当与居住场所保持安全距离。

生产、储存、经营其他物品的场所与居住场所设置在同一建筑物内的,应当符合国家工程建设消防技术标准。

(4)禁止在具有火灾、爆炸危险的场所吸烟、使用明火。因施工等特殊情况需要使用明火作业的,应当按照规定事先办理审批手续,采取相应的消防安全措施;作业人员应当遵守消防安全规定。

进行电焊、气焊等具有火灾危险作业的人员和自动消防系统的操作人员,必须持证上岗,并遵守消防安全操作规程。

(三)《中华人民共和国道路交通安全法》

《中华人民共和国道路交通安全法》简称《交通法》,于2003年10月28日通过,2004年5月1日起实施。之后,分别于2007年12月29日、2011年4月22日、2021年4月29日进行了三次修改。

《交通法》与安全生产联系比较密切,修改后的《交通法》规定实行第三者责任强制保险制度,对饮酒驾车、醉酒驾车和危险品运输等做出了严格规定。

（四）《中华人民共和国劳动法》

《中华人民共和国劳动法》简称《劳动法》，它是调整劳动关系以及与劳动关系密切联系的其他关系的法律规范。该法于1994年7月5日通过，1995年1月1日起实施。之后，分别于2009年8月27日和2018年12月29日进行了两次修改。

《劳动法》第五十二条规定："用人单位必须建立、健全劳动安全卫生制度，严格执行国家劳动安全卫生规程和标准，对劳动者进行劳动安全卫生教育，防止劳动过程中的事故，减少职业危害。"根据本条款的法律规定，劳动安全卫生制度包括以下几项内容：

（1）用人单位必须建立、健全劳动安全卫生制度。

（2）用人单位必须执行国家劳动安全卫生规程和标准。

（3）用人单位必须对劳动者进行劳动安全卫生教育。

（五）《中华人民共和国职业病防治法》

《中华人民共和国职业病防治法》简称《职业病防治法》，于2001年10月27日通过，2002年5月1日起实施。之后分别于2011年12月31日、2016年7月2日、2017年11月4日和2018年12月29日进行了四次修改。

《职业病防治法》是为了预防、控制和消除职业病危害，防治职业病，保护劳动者健康及其相关权益，促进经济发展，根据宪法而制定的。

（1）职业病防治工作坚持预防为主、防治结合的方针，建立用人单位负责、行政机关监管、行业自律、职工参与和社会监督的机制，实行分类管理、综合治理。

（2）用人单位应当建立、健全职业病防治责任制，加强对职业病防治的管理，提高职业病防治水平，对本单位产生的职业病危害承担责任。

用人单位的主要负责人对本单位的职业病防治工作全面负责。

（3）用人单位应当依照法律、法规要求，严格遵守国家职业卫生标准，落实职业病预防措施，从源头上控制和消除职业病危害。

（4）新建、扩建、改建建设项目和技术改造、技术引进项目（以下统称建设项目）可能产生职业病危害的，建设单位在可行性论证阶段应当进行职业病危害预评价。

（5）用人单位应当采取下列职业病防治管理措施：

① 设置或者指定职业卫生管理机构或者组织，配备专职或者兼职的职业卫生管理人员，负责本单位的职业病防治工作。

② 制定职业病防治计划和实施方案。

③ 建立、健全职业卫生管理制度和操作规程。

④ 建立、健全职业卫生档案和劳动者健康监护档案。

⑤ 建立、健全工作场所职业病危害因素监测及评价制度。

⑥ 建立、健全职业病危害事故应急救援预案。

（6）用人单位应当保障职业病防治所需的资金投入，不得挤占、挪用，并对因资金投入不足导致的后果承担责任。

（7）用人单位必须采用有效的职业病防护设施，并为劳动者提供符合要求的个人使用的职业病防护用品。

（8）产生职业病危害的用人单位，应当在醒目位置设置公告栏，公布有关职业病防治的规章制度、操作规程、职业病危害事故应急救援措施和工作场所职业病危害因素检测结果。

（9）用人单位应当按照国务院卫生行政部门的规定,定期对工作场所进行职业病危害因素检测、评价。

二、行政法规

（一）《安全生产许可证条例》

《安全生产许可证条例》于 2004 年 1 月 13 日以中华人民共和国国务院令第 397 号公布,自公布之日起施行。其后,分别于 2013 年 7 月 18 日（国务院令第 638 号）、2014 年 7 月 29 日（国务院令第 653 号）进行了两次修正。

《安全生产许可证条例》是为了严格规范安全生产条件,进一步加强安全生产监督管理,防止和减少生产安全事故,根据《安全生产法》的有关规定制定的条例。《安全生产许可证条例》规定：

（1）国家对矿山企业、建筑施工企业和危险化学品、烟花爆竹、民用爆炸物品生产企业（以下统称企业）实行安全生产许可制度。

企业未取得安全生产许可证的,不得从事生产活动。

（2）企业取得安全生产许可证,应当具备建立、健全安全生产责任制,制定完备的安全生产规章制度和操作规程；安全投入符合安全生产要求；设置安全生产管理机构,配备专职安全生产管理人员；主要负责人和安全生产管理人员经考核合格；特种作业人员经有关业务主管部门考核合格,取得特种作业操作资格证书等十三种安全生产条件。

（3）安全生产许可证的有效期为 3 年。安全生产许可证有效期满需要延期的,企业应当于期满前 3 个月向原安全生产许可证颁发管理机关办理延期手续。

企业在安全生产许可证有效期内,严格遵守有关安全生产的法律法规,未发生死亡事故的,安全生产许可证有效期届满时,经原安全生产许可证颁发管理机关同意,不再审查,安全生产许可证有效期延期 3 年。

（4）企业不得转让、冒用安全生产许可证或者使用伪造的安全生产许可证。

（5）明确了违反本条例规定,给予责令停止生产、没收违法所得、处以罚款、依法追究刑事责任等情形。

（二）《生产安全事故应急条例》

《生产安全事故应急条例》于 2019 年 2 月 17 日以国务院令第 708 号发布,自 2019 年 4 月 1 日起施行。

《生产安全事故应急条例》是为了规范生产安全事故应急工作,保障人民群众生命和财产安全,根据《安全生产法》和《中华人民共和国突发事件应对法》而制定的法规。《生产安全事故应急条例》规定：

（1）国务院统一领导全国的生产安全事故应急工作,县级以上地方人民政府统一领导本行政区域内的生产安全事故应急工作。

（2）生产经营单位应当加强生产安全事故应急工作,建立、健全生产安全事故应急工作责任制,其主要负责人对本单位的生产安全事故应急工作全面负责。

（3）生产经营单位应当针对本单位可能发生的生产安全事故的特点和危害,进行风险辨识和评估,制定相应的生产安全事故应急救援预案,并向本单位从业人员公布。

（4）易燃易爆物品、危险化学品等危险物品的生产、经营、储存、运输单位,矿山、金属冶炼、城市轨道交通运营、建筑施工单位,以及宾馆、商场、娱乐场所、旅游景区等人员密集场所经营单位,应当将其制定的生产安全事故应急救援预案按照国家有关规定报送县级以上人民政府负有安全生产监督管理职责的部门备案,并依法向社会公布。应当至少每半年组织1次生产安全事故应急救援预案演练,并将演练情况报送所在地县级以上地方人民政府负有安全生产监督管理职责的部门。

(5) 易燃易爆物品、危险化学品等危险物品的生产、经营、储存、运输单位,矿山、金属冶炼、城市轨道交通运营、建筑施工单位,以及宾馆、商场、娱乐场所、旅游景区等人员密集场所经营单位,应当建立应急救援队伍,根据本单位可能发生的生产安全事故的特点和危害,配备必要的灭火、排水、通风以及危险物品稀释、掩埋、收集等应急救援器材、设备和物资,并进行经常性维护、保养,保证正常运转。其中,小型企业或者微型企业等规模较小的生产经营单位,可以不建立应急救援队伍,但应当指定兼职的应急救援人员,并且可以与邻近的应急救援队伍签订应急救援协议。

工业园区、开发区等产业聚集区域内的生产经营单位,可以联合建立应急救援队伍。

(6) 发生生产安全事故后,生产经营单位应当立即启动生产安全事故应急救援预案,采取下列一项或者多项应急救援措施,并按照国家有关规定报告事故情况:

① 迅速控制危险源,组织抢救遇险人员。

② 根据事故危害程度,组织现场人员撤离或者采取可能的应急措施后撤离。

③ 及时通知可能受到事故影响的单位和人员。

④ 采取必要措施,防止事故危害扩大和次生、衍生灾害发生。

⑤ 根据需要请求邻近的应急救援队伍参加救援,并向参加救援的应急救援队伍提供相关技术资料、信息和处置方法。

⑥ 维护事故现场秩序,保护事故现场和相关证据。

⑦ 法律、法规规定的其他应急救援措施。

(7)《生产安全事故应急条例》对生产经营单位未制定生产安全事故应急救援预案、未定期组织应急救援预案演练、未对从业人员进行应急教育和培训,未对应急救援器材、设备和物资进行经常性维护、保养,导致发生严重生产安全事故或者生产安全事故危害扩大,或者在本单位发生生产安全事故后未立即采取相应的应急救援措施,造成严重后果的,未将生产安全事故应急救援预案报送备案、未建立应急值班制度或者配备应急值班人员的,生产经营单位的主要负责人在本单位发生生产安全事故时不立即组织抢救的,明确由县级以上人民政府负有安全生产监督管理职责的部门责令限期改正、处以罚款、追究法律责任。

(三)《生产安全事故报告和调查处理条例》

为了规范生产安全事故的报告和调查处理,落实生产安全事故责任追究制度,防止和减少生产安全事故,根据《安全生产法》和有关法律,国务院第172次常务会议于2007年3月28日通过《生产安全事故报告和调查处理条例》,2007年4月9日以国务院令第493号发布,自2007年6月1日起施行。

《生产安全事故报告和调查处理条例》对生产安全事故等级划分、报告、调查、调查报告批复,以及对事故发生单位及其有关责任人员处罚等,做出了具体规定。

三、安全生产规章

安全生产规章是安全生产法律体系中的一个重要组成部分,也是安全生产管理的基础和监督执法工作的重要依据。

（一）《非煤矿矿山企业安全生产许可证实施办法》

《非煤矿矿山企业安全生产许可证实施办法》于 2004 年 5 月 17 日以国家安全生产监督管理局、国家煤矿安全监察局令（第 9 号）发布并施行。之后,分别于 2009 年 6 月 8 日以国家安全生产监督管理总局令（第 20 号）、2015 年 5 月 26 日以国家安全生产监督管理总局令（第 78 号）修改。新的《非煤矿矿山企业安全生产许可证实施办法》自 2015 年 7 月 1 日起施行,其中规定:

（1）中央管理企业所属非煤矿矿山的安全生产许可证颁发管理工作由省、自治区、直辖市人民政府安全生产监督管理部门负责。

（2）非煤矿矿山企业包括金属非金属矿山企业及其尾矿库、地质勘探单位、采掘施工企业、石油天然气企业。

（3）安全生产许可证的有效期为 3 年。安全生产许可证有效期满后需要延期的,非煤矿矿山企业应当在安全生产许可证有效期届满前 3 个月向原安全生产许可证颁发管理机关申请办理延期手续,并提交有关文件、资料。

（4）非煤矿矿山企业在安全生产许可证有效期内有下列情形之一的,应当自工商营业执照变更之日起 30 个工作日内向原安全生产许可证颁发管理机关申请变更安全生产许可证:变更单位名称的;变更主要负责人的;变更单位地址的;变更经济类型的;变更许可范围的。

（5）地质勘探单位、采掘施工单位在登记注册的省、自治区、直辖市以外从事作业的,应当向作业所在地县级以上安全生产监督管理部门书面报告。

未按规定书面报告的,责令限期办理书面报告手续,并处 1 万元以上 3 万元以下的罚款。

（6）取得安全生产许可证的非煤矿矿山企业有下列行为之一的,吊销其安全生产许可证:

① 倒卖、出租、出借或者以其他形式非法转让安全生产许可证的。

② 暂扣安全生产许可证后未按期整改或者整改后仍不具备安全生产条件的。

（二）《生产经营单位安全培训规定》

《生产经营单位安全培训规定》于 2006 年 1 月 17 日以国家安全生产监督管理总局令（第 3 号）发布,自 2006 年 3 月 1 日起施行。之后,于 2013 年 8 月 29 日以国家安全生产监督管理总局令（第 63 号）、2015 年 5 月 29 日以国家安全生产监督管理总局令（第 80 号）进行了两次修改。新的《生产经营单位安全培训规定》自 2015 年 7 月 1 日起施行,其中规定:

（1）生产经营单位负责本单位从业人员安全培训工作。

（2）生产经营单位应当进行安全培训的从业人员包括主要负责人、安全生产管理人员、特种作业人员和其他从业人员。

其他从业人员是指除主要负责人、安全生产管理人员和特种作业人员以外,该单位从事生产经营活动的所有人员,包括其他负责人、其他管理人员、技术人员和各岗位的工人以及临时聘用的人员。

（3）生产经营单位使用被派遣劳动者的,应当将被派遣劳动者纳入本单位从业人员统一管理,对被派遣劳动者进行岗位安全操作规程和安全操作技能的教育和培训。劳务派遣单位应当对被派遣劳动者进行必要的安全生产教育和培训。

生产经营单位接收中等职业学校、高等学校学生实习的,应当对实习学生进行相应的安全生产教育和培训,提供必要的劳动防护用品。学校应当协助生产经营单位对实习学生进行安全生产教育和培训。

未经安全培训合格的从业人员,不得上岗作业。

（4）生产经营单位主要负责人安全培训应当包括:国家安全生产方针、政策和有关安全生产的法律、法规、规章及标准;安全生产管理基本知识、安全生产技术、安全生产专业知识;重大危险源管理、重大事故防范、应急管理和救援组织以及事故调查处理的有关规定;职业危害及其预防措施;国内外先进的安全生产管理经验;典型事故和应急救援案例分析;其他需要培训的内容。

（5）生产经营单位安全生产管理人员安全培训应当包括:国家安全生产方针、政策和有关安全生产的法律、法规、规章及标准;安全生产管理、安全生产技术、职业卫生等知识;伤亡事故统计、报告及职业危害的调查处理方法;应急管理、应急预案编制以及应急处置的内容和要求;国内外先进的安全生产管理经验;典型事故和应急救援案例分析;其他需要培训的内容。

（6）生产经营单位主要负责人和安全生产管理人员初次安全培训时间不得少于 32 学时。每年再培训时间不得少于 12 学时。

（7）生产经营单位应当根据工作性质对其他从业人员进行安全培训,熟悉有关安全生产规章制度和安全操作规程,具备必要的安全生产知识,掌握本岗位的安全操作技能,了解事故应急处理措施,知悉自身在安全生产方面的权利和义务。

生产经营单位新上岗的从业人员,岗前安全培训时间不得少于 24 学时。

（8）从业人员在本生产经营单位内调整工作岗位或离岗一年以上重新上岗时,应当重新接受车间（工段、区、队）和班组级的安全培训。

生产经营单位采用新工艺、新技术、新材料或者使用新设备时,应当对有关从业人员重新进行有针对性的安全培训。

（9）生产经营单位的特种作业人员,必须按照国家有关法律、法规的规定接受专门的安全培训,经考核合格,取得特种作业操作资格证书后,方可上岗作业。

（10）生产经营单位应当建立健全从业人员安全生产教育和培训档案,由生产经营单位的安全生产管理机构以及安全生产管理人员详细、准确记录培训的时间、内容、参加人员以及考核结果等情况。

（三）《特种作业人员安全技术培训考核管理规定》

《特种作业人员安全技术培训考核管理规定》于 2010 年 5 月 24 日以国家安全生产监督管理总局令（第 30 号）发布,自 2010 年 7 月 1 日起施行。之后,于 2015 年 5 月 29 日以国家安全生产监督管理总局令（第 80 号）发布修正,自 2015 年 7 月 1 日起施行。《特种作业人员安全技术培训考核管理规定》明确:

（1）特种作业是指容易发生事故,对操作者本人、他人的安全健康及设备、设施的安全可能造成重大危害的作业。特种作业的范围由特种作业目录规定。特种作业人员是指直接从事特种作业的从业人员。

（2）特种作业人员必须经专门的安全技术培训并考核合格，取得《中华人民共和国特种作业操作证》（以下简称特种作业操作证）后，方可上岗作业。

（3）特种作业操作证有效期为6年，在全国范围内有效。特种作业操作证由安全监管总局统一式样、标准及编号。

（4）特种作业操作证每3年复审1次。

特种作业人员在特种作业操作证有效期内，连续从事本工种10年以上，严格遵守有关安全生产法律法规的，经原考核发证机关或者从业所在地考核发证机关同意，特种作业操作证的复审时间可以延长至每6年1次。

（5）离开特种作业岗位6个月以上的特种作业人员，应当重新进行实际操作考试，经确认合格后方可上岗作业。

（6）生产经营单位使用未取得特种作业操作证的特种作业人员上岗作业的，责令限期改正，可以处以5万元以下的罚款；逾期未改正的，责令停产停业整顿，并处以5万元以上10万元以下的罚款，对直接负责的主管人员和其他直接责任人员处以1万元以上2万元以下的罚款。

（7）特种作业类别：

① 电工作业：指对电气设备进行运行、维护、安装、检修、改造、施工、调试等作业（不含电力系统进网作业），包括高压电工作业、低压电工作业、防爆电气作业。

② 焊接与热切割作业：指运用焊接或者热切割方法对材料进行加工的作业（不含《特种设备安全监察条例》规定的有关作业），包括熔化焊接与热切割作业、压力焊作业、钎焊作业。

③ 高处作业：指专门或经常在坠落高度基准面2 m及以上有可能坠落的高处进行的作业，包括登高架设作业和高处安装、维护、拆除作业。

④ 制冷与空调作业：指对大中型制冷与空调设备运行操作、安装与修理的作业，包括制冷与空调设备运行操作作业、制冷与空调设备安装修理作业。

⑤ 煤矿安全作业：包括煤矿井下电气作业、煤矿井下爆破作业、煤矿安全监测监控作业、煤矿瓦斯检查作业、煤矿安全检查作业、煤矿提升机操作作业、煤矿采煤机（掘进机）操作作业、煤矿瓦斯抽采作业、煤矿防突作业、煤矿探放水作业。

⑥ 金属非金属矿山安全作业：包括金属非金属矿井通风作业、尾矿作业、金属非金属矿山安全检查作业、金属非金属矿山提升机操作作业、金属非金属矿山支柱作业、金属非金属矿山井下电气作业、金属非金属矿山排水作业、金属非金属矿山爆破作业。

⑦ 石油天然气安全作业：包括司钻作业。

⑧ 冶金（有色）生产安全作业。

⑨ 危险化学品安全作业。

⑩ 烟花爆竹安全作业。

⑪ 安全监管总局认定的其他作业。

（四）《生产安全事故信息报告和处置办法》

《生产安全事故信息报告和处置办法》于2009年6月16日以国家安全生产监督管理总局令（第21号）发布，自2009年7月1日起施行。《生产安全事故信息报告和处置办法》

规定：

（1）生产经营单位发生生产安全事故或者较大涉险事故，其单位负责人接到事故信息报告后应当于1小时内报告事故发生地县级安全生产监督管理部门、煤矿安全监察分局。

发生较大以上生产安全事故的，事故发生单位在依照第一款规定报告的同时，应当在1小时内报告省级安全生产监督管理部门、省级煤矿安全监察机构。

发生重大、特别重大生产安全事故的，事故发生单位在依照本条第一款、第二款规定报告的同时，可以立即报告国家安全生产监督管理总局、国家煤矿安全监察局。

（2）报告事故信息，应当包括下列内容：

① 事故发生单位的名称、地址、性质、产能等基本情况。

② 事故发生的时间、地点以及事故现场情况。

③ 事故的简要经过（包括应急救援情况）。

④ 事故已经造成或者可能造成的伤亡人数（包括下落不明、涉险的人数）和初步估计的直接经济损失。

⑤ 已经采取的措施。

⑥ 其他应当报告的情况。

使用电话快报，应当包括下列内容：

① 事故发生单位的名称、地址、性质。

② 事故发生的时间、地点。

③ 事故已经造成或者可能造成的伤亡人数（包括下落不明、涉险的人数）。

（3）自事故发生之日起30日内（道路交通、火灾事故自发生之日起7日内），事故造成的伤亡人数发生变化的，应于当日续报。

（4）生产经营单位及其有关人员对生产安全事故迟报、漏报、谎报或者瞒报的，依照有关规定予以处罚。

（5）生产经营单位对较大涉险事故迟报、漏报、谎报或者瞒报的，给予警告，并处3万元以下的罚款。

（五）《生产安全事故罚款处罚规定（试行）》

《〈生产安全事故报告和调查处理条例〉罚款处罚暂行规定》于2007年7月12日以国家安全生产监督管理总局令（第13号）公布，自公布之日起施行。之后，分别于2011年9月1日以国家安全生产监督管理总局令第42号、2015年4月2日以国家安全生产监督管理总局令第77号进行了两次修正。《生产安全事故罚款处理规定（试行）》自2015年5月1日起施行，明确了对生产安全事故责任单位以及相关责任人员的处罚。

（1）处罚对象为对事故发生负有责任的生产经营单位及其主要负责人、直接负责的主管人员和其他责任人员等有关责任人员。

（2）对迟报、漏报、谎报和瞒报等情形进行了规定：

① 报告事故的时间超过规定时限的，属于迟报。

② 因过失对应当上报的事故或者事故发生的时间、地点、类别、伤亡人数、直接经济损失等内容遗漏未报的，属于漏报。

③ 故意不如实报告事故发生的时间、地点、类别、伤亡人数、直接经济损失等有关内容的，属于谎报。

④ 故意隐瞒已经发生的事故,并经有关部门查证属实的,属于瞒报。

(3) 对事故发生单位及主要负责人、直接负责的主管人员和其他直接责任人员的责任情形和罚款数额做了具体规定。

(六)《生产安全事故应急预案管理办法》

《生产安全事故应急预案管理办法》于 2009 年 4 月 1 日经国家安全生产监督管理总局局长办公会议审议通过、公布,自 2009 年 5 月 1 日起施行。之后,于 2016 年 6 月 3 日以国家安全生产监督管理总局令第 88 号、2019 年 7 月 11 日以应急管理部令第 2 号进行了两次修正。新《生产安全事故应急预案管理办法》自 2019 年 9 月 1 日起施行,其中规定:

(1) 应急预案的管理实行属地为主、分级负责、分类指导、综合协调、动态管理的原则。应急管理部负责全国应急预案的综合协调管理工作。

(2) 生产经营单位主要负责人负责组织编制和实施本单位的应急预案,并对应急预案的真实性和实用性负责;各分管负责人应当按照职责分工落实应急预案规定的职责。

(3) 生产经营单位应急预案分为综合应急预案、专项应急预案和现场处置方案。

(4) 编制应急预案应当成立编制工作小组,由本单位有关负责人任组长,吸收与应急预案有关的职能部门和单位的人员,以及有现场处置经验的人员参加。

(5) 编制应急预案前,编制单位应当进行事故风险辨识、评估和应急资源调查。

(6) 生产经营单位应当根据有关法律、法规、规章和相关标准,结合本单位组织管理体系、生产规模和可能发生的事故特点,与相关预案保持衔接,确立本单位的应急预案体系,编制相应的应急预案,并体现自救互救和先期处置等特点。

生产经营单位风险种类多、可能发生多种类型事故的,应当组织编制综合应急预案。

(七)《金属与非金属矿产资源地质勘探安全生产监督管理暂行规定》

《金属与非金属矿产资源地质勘探安全生产监督管理暂行规定》于 2010 年 12 月 3 日以国家安全生产监督管理总局令(第 35 号)公布,自 2011 年 1 月 1 日起施行。之后,于 2015 年 5 月 26 日以国家安全生产监督管理总局令(第 78 号)对其进行了修正。《金属与非金属矿产资源地质勘探安全生产监督管理暂行规定》明确了矿产资源地质勘探作业安全生产以及监督管理要求:

(1) 从事钻探工程、坑探工程施工的地质勘探单位应当取得安全生产许可证。

(2) 地质勘探单位从事地质勘探活动,应当持本单位地质勘查资质证书和地质勘探项目任务批准文件或者合同书,向工作区域所在地县级安全生产监督管理部门书面报告,并接受其监督检查。

(3) 地质勘探单位应当建立健全安全生产责任制度、现场安全生产检查制度、安全生产教育培训制度等 11 种安全生产制度和规程。

(4) 对地质勘探单位及其主管单位设置安全生产管理机构或者配备专职安全生产管理人员进行了规定。

(5) 对特种作业人员、教育培训、安全生产费用、施工设计、项目转包、劳动防护用品、隐患排查治理、应急救援演练等进行了规定。

(6) 对地质勘探单位未按照本规定设立安全生产管理机构或者配备专职安全生产管理人员的,特种作业人员未持证上岗作业的,未按照本规定建立有关安全生产制度和规程的,未按照规定提取和使用安全生产费用的,未按照规定向工作区域所在地县级安全生产监督管理部门书面报告的,项目转包给不具备安全生产条件或者相应资质的地质勘探单位的等行为,进行处罚。

四、安全生产标准

(一)《地质勘探安全规程》(AQ 2004—2005)

《地质勘探安全规程》由原国家安全生产监督管理局于 2005 年 2 月 21 日以 2005 年第 1 号公告形式公布,自 2005 年 5 月 1 日起施行。

《地质勘探安全规程》是地质勘探行业的第一部行业安全生产技术标准,同时,地质勘探安全生产技术标准也是首次以国家安全生产行业标准名义发布实施。

《地质勘探安全规程》规定了地质勘探工作野外作业、地质测绘、地球物理勘探、地球化学探矿、地质遥感、水文地质、环境地质、工程地质、海洋地质和钻探工程、坑探工程、地质实验测试等方面的安全要求以及职业健康要求,适用于在中华人民共和国领域内的地质勘探工作设计、生产和安全评价、管理。但不适用于使用地质勘探技术手段和方法从事其延伸业的设计、生产和安全评价、管理。

(二)《用人单位劳动防护用品管理规范》

为加强用人单位劳动防护用品的管理,保护劳动者的生命安全和职业健康,国家安全生产监督管理总局办公厅于 2015 年 12 月 29 日以安监总厅安健〔2015〕124 号发布了《用人单位劳动防护用品管理规范》。之后,于 2018 年 1 月 15 日以安监总厅安健〔2018〕3 号对其进行了修改,并于同日起实施。

《用人单位劳动防护用品管理规范》包括总则,劳动防护用品选择,劳动防护用品采购、发放、培训及使用,劳动防护用品维护、更换及报废,附则等五个章节,以及四个附录。

《用人单位劳动防护用品管理规范》明确规定,用人单位应当为劳动者提供符合国家标准或者行业标准的劳动防护用品;应当安排专项经费用于配备劳动防护用品,不得以货币或者其他物品替代;使用的劳务派遣工、接纳的实习学生应当纳入本单位人员统一管理,并配备相应的劳动防护用品;应当对劳动者进行劳动防护用品的使用、维护等专业知识的培训,确保正确佩戴和使用劳动防护用品。

第三节　生产安全事故调查处理

国务院于 2007 年 4 月 9 日发布了《生产安全事故报告和调查处理条例》(以下简称《条例》),自 2007 年 6 月 1 日起施行。《条例》对事故发生单位主要负责人、有关人员、事故发生单位、有关地方政府、安全生产监督管理部门和负有安全生产监督管理职责的有关部门、事故调查人员等人员的违法行为均做了详细的规定。

一、事故等级的划分

根据生产安全事故(以下简称事故)造成的人员伤亡或者直接经济损失,事故分为以下四个等级。

(1) 特别重大事故,是指一次造成 30 人以上死亡,或者 100 人以上重伤(包括急性工业中毒,下同),或者 1 亿元以上直接经济损失的事故。

（2）重大事故，是指一次造成 10 人以上 30 人以下死亡，或者 50 人以上 100 人以下重伤，或者 5 000 万元以上 1 亿元以下直接经济损失的事故。

（3）较大事故，是指一次造成 3 人以上 10 人以下死亡，或者 10 人以上 50 人以下重伤，或者 1 000 万元以上 5 000 万元以下直接经济损失的事故。

（4）一般事故，是指一次造成 3 人以下死亡，或者 10 人以下重伤，或者 1 000 万元以下直接经济损失的事故。

上述所称的"以上"包括本数，所称的"以下"不包括本数。

二、事故报告的要求

事故报告应当及时、准确、完整，任何单位和个人对事故不得迟报、漏报、谎报或者瞒报。

（一）报告事故的时间要求

安全生产监督管理部门和负有安全生产监督管理职责的有关部门接到事故报告后，应当依照下列规定上报事故情况，并通知公安机关、劳动保障行政部门、工会和人民检察院。

（1）特别重大事故、重大事故逐级上报至国务院安全生产监督管理部门和负有安全生产监督管理职责的有关部门。

（2）较大事故逐级上报至省、自治区、直辖市人民政府安全生产监督管理部门和负有安全生产监督管理职责的有关部门。

（3）一般事故上报至设区的市级人民政府安全生产监督管理部门和负有安全生产监督管理职责的有关部门。

（4）安全生产监督管理部门和负有安全生产监督管理职责的有关部门逐级上报事故情况，每级上报的时间不得超过 2 小时。

必要时，安全生产监督管理部门和负有安全生产监督管理职责的有关部门可以越级上报事故情况。

（二）报告事故的主要内容

（1）事故发生单位概况。

（2）事故发生的时间、地点以及事故现场情况。

（3）事故的简要经过。

（4）事故已经造成或者可能造成的伤亡人数（包括下落不明的人数）和初步估计的直接经济损失。

（5）已经采取的措施。

（6）其他应当报告的情况。

（7）事故报告后出现新情况的应当及时补报。自事故发生之日起 30 日内，事故造成的伤亡人数发生变化的应当及时补报。道路交通事故、火灾事故自发生之日起 7 日内，事故造成的伤亡人数发生变化的，应当及时补报。

三、事故调查的要求

（一）事故调查组的组成

特别重大事故由国务院或者国务院授权有关部门组织事故调查组进行调查。重大事故、较大事故、一般事故分别由事故发生地省级人民政府、设区的市级人民政府、县级人民政府负责调查。省级人民政府、设区的市级人民政府、县级人民政府可以直接组织事故调查组进行调查,也可以授权或者委托有关部门组织事故调查组进行调查。

未造成人员伤亡的一般事故,县级人民政府也可以委托事故发生单位组织事故调查组进行调查。

（二）事故调查报告的时限

事故调查组应当自事故发生之日起60日内提交事故调查报告;特殊情况下,经负责事故调查的人民政府批准,提交事故调查报告的期限可以适当延长,但延长的期限最长不超过60日。

（三）事故调查报告的内容

（1）事故发生单位概况。

（2）事故发生经过和事故救援情况。

（3）事故造成的人员伤亡和直接经济损失。

（4）事故发生的原因和事故性质。

（5）事故责任的认定以及对事故责任者的处理建议。

（6）事故防范和整改措施。

事故调查报告应当附具有关证据材料。事故调查组成员应当在事故调查报告上签名。

（四）事故调查报告的批复

重大事故、较大事故、一般事故,负责事故调查的人民政府应当自收到事故调查报告之日起15日内做出批复;特别重大事故,30日内做出批复,特殊情况下,批复时间可以适当延长,但延长的时间最长不超过30日。

第四节　违反安全生产法律法规的处罚规定

一、安全生产法律责任形式

追究安全生产违法行为法律责任的形式有3种,即行政责任、民事责任和刑事责任。

（一）行政责任

由有关人民政府和安全生产监督管理部门、公安机关依法对责任主体实施行政处罚的一种法律责任。《安全生产法》针对安全生产违法行为设定了11种形式的行政处罚:责令改正、责令限期改正、责令停产停业整顿、责令停止建设、责令停止使用、责令停止违法行为、罚款、没收违法所得、吊销证照、行政拘留、关闭。

（二）民事责任

由人民法院依照民事法律强制责任主体对造成民事损害的一方进行民事赔偿的一种法律责任。

（三）刑事责任

责任主体违反安全生产法律规定构成犯罪,由司法机关依照刑事法律给予刑罚的一种法律责任,是三种法律责任中最严厉的。

二、安全生产违法行为行政处罚的决定机关

（一）县级以上人民政府负责安全生产监督管理职责的部门

县级以上人民政府负责安全生产监督管理职责的部门是《安全生产法》主要的行政执法主体，除了法律特别规定之外的行政处罚，安全生产监督管理部门均有权决定。

（二）县级以上人民政府

经停产整顿仍不具备安全生产条件的生产经营单位，由负责安全生产监督管理的部门报请县级以上人民政府按照国务院规定的权限决定予以关闭。关闭的行政处罚，其执法主体只能是县级以上人民政府，其他部门无权决定此项行政处罚。

（三）公安机关

需要对责任主体采取拘留行政处罚，由公安机关依照治安管理处罚条例的规定进行处罚。

（四）法定规定的其他行政机关

主要是指公安、工商、铁路、交通、民航、质检和煤矿安全监察等专项安全生产监管部门和机构，它们在有关法律、行政法规授权的范围内，有权决定相应的行政处罚。

三、安全生产违法行为的责任主体

安全生产违法行为的责任主体，是指依照安全生产法律的规定享有安全生产权利、负有相应安全生产义务和承担相应责任的社会组织和公民。责任主体主要包括以下四种：

（一）有关人民政府和负有安全生产监督管理职责的部门及领导人、负责人

《安全生产法》明确规定了各级地方人民政府和负有安全生产监督管理职责的部门对其管辖行政区域和职权范围内的安全生产工作进行监督管理。监督管理既是法定职权，又是法定义务。如果由于有关地方人民政府和负有安全生产监督管理职责的部门的领导人和负责人违反法律规定而导致重大、特大事故，执法机关将依法追究其因失职、渎职和负有领导责任的行为所应承担的法律责任。

（二）生产单位及其主要负责人、安全生产管理机构和安全生产管理人员

安全生产法律对生产经营单位及其主要负责人、安全生产管理机构和安全生产管理人员的安全生产行为做出了法律规范，生产经营单位必须依法从事生产经营活动，主要负责人、安全生产管理机构和安全生产管理人员必须依法履行安全生产责任，否则将承担法律责任。

（三）生产经营单位的从业人员

从业人员直接从事生产经营活动，他们往往是各种事故隐患和不安全因素的第一知情者和直接受害者，从业人员的安全素质高低，对安全生产至关重要。所以，安全生产法律赋予他们必要的安全生产权利的同时，也规定了他们必须履行的安全生产义务。如果因从业人员违反安全生产规章制度、操作规程或者冒险作业的，构成犯罪的，将受到刑法等有关规定的法律责任追究。

（四）安全生产中介服务机构和安全生产中介服务人员

依法设立的为安全生产提供技术服务的中介机构，依照法律、行政法规和职业准则，接受生产经营单位的委托为其安全生产工作提供技术、管理服务。如中介服务机构或人员出

具虚假证明等违法行为,将承担没收违法所得、罚款、连带赔偿责任直至追究刑事责任等法律责任。

四、生产经营单位的法律责任

（1）责令限期改正,逾期未改正的,责令停产停业整顿。

（2）责令限期改正,逾期未改正的,责令停止建设或者停业停产整顿,可以并处罚款。

（3）责令限期改正,没收违法所得,并处罚款。

（4）予以关闭。

（5）赔偿和连带赔偿。

五、对负有安全生产责任主体的处罚规定

依据《安全生产法》《生产安全事故报告和调查处理条例》和《生产安全事故罚款处罚规定（试行）》,事故发生单位及主要负责人、相关责任人员要承担相应的法律责任。

（一）事故发生单位主要负责人

（1）生产经营单位的决策机构、主要负责人或者个人经营的投资人不依照《安全生产法》规定保证安全生产所必需的资金投入,致使生产经营单位不具备安全生产条件,导致发生生产安全事故的,对生产经营单位的主要负责人给予撤职处分,对个人经营的投资人处2万元以上20万元以下的罚款。

（2）生产经营单位的主要负责人未履行《安全生产法》规定的安全生产管理职责的,责令限期改正,处2万元以上5万元以下的罚款;逾期未改正的,处5万元以上10万元以下的罚款,责令生产经营单位停产停业整顿。

生产经营单位的主要负责人有前款违法行为,导致发生生产安全事故的,给予撤职处分;构成犯罪的,依照刑法有关规定追究刑事责任。

生产经营单位的主要负责人依照前款规定受刑事处罚或者撤职处分的,自刑罚执行完毕或者受处分之日起,五年内不得担任任何生产经营单位的主要负责人;对重大、特别重大生产安全事故负有责任的,终身不得担任本行业生产经营单位的主要负责人。

（3）生产经营单位的主要负责人未履行《安全生产法》规定的安全生产管理职责,导致发生生产安全事故的,由应急管理部门依照下列规定处以罚款:① 发生一般事故的,处上一年年收入40%的罚款;② 发生较大事故的,处上一年年收入60%的罚款;③ 发生重大事故的,处上一年年收入80%的罚款;④ 发生特别重大事故的,处上一年年收入100%的罚款。

（4）生产经营单位的主要负责人在本单位发生生产安全事故时,不立即组织抢救或者在事故调查处理期间擅离职守或者逃匿的,给予降级、撤职的处分,并由应急管理部门处上一年年收入60%～100%的罚款;对逃匿的处十五日以下拘留;构成犯罪的,依照刑法有关规定追究刑事责任。

生产经营单位的主要负责人对生产安全事故隐瞒不报、谎报或者迟报的,依照前款规定处罚。

（5）生产经营单位存在下列情形之一的,负有安全生产监督管理职责的部门应当提请地方人民政府予以关闭,有关部门应当依法吊销其有关证照。生产经营单位主要负责人五年内不得担任任何生产经营单位的主要负责人;情节严重的,终身不得担任本行业生产经营

单位的主要负责人:① 存在重大事故隐患,一百八十日内三次或者一年内四次受到本法规定的行政处罚的;② 经停产停业整顿,仍不具备法律、行政法规和国家标准或者行业标准规定的安全生产条件的;③ 不具备法律、行政法规和国家标准或者行业标准规定的安全生产条件,导致发生重大、特别重大生产安全事故的;④ 拒不执行负有安全生产监督管理职责的部门作出的停产停业整顿决定的。

(6) 生产经营单位与从业人员订立协议,免除或者减轻其对从业人员因生产安全事故伤亡依法应承担的责任的,该协议无效;对生产经营单位的主要负责人、个人经营的投资人处 2 万元以上 10 万元以下的罚款。

(二)事故发生单位的其他负责人和安全生产管理人员

(1) 生产经营单位的其他负责人和安全生产管理人员未履行本法规定的安全生产管理职责的,责令限期改正,处 1 万元以上 3 万元以下的罚款;导致发生生产安全事故的,暂停或者吊销其与安全生产有关的资格,并处上一年年收入 20%～50%的罚款;构成犯罪的,依照刑法有关规定追究刑事责任。

(2) 有下列行为之一的,对直接负责的主管人员和其他直接责任人员处以上一年年收入 60%～100%罚款;构成违反治安管理行为的,由公安机关依法给予治安管理处罚;构成犯罪的,依法追究刑事责任:① 谎报或者瞒报事故的;② 伪造或者故意破坏事故现场的;③ 转移、隐匿资金、财产,或者销毁有关证据、资料的;④ 拒绝接受调查或者拒绝提供有关情况和资料的;⑤ 在事故调查中作伪证或者指使他人作伪证的;⑥ 事故发生后逃匿的。

(三)事故发生单位和直接负责的主管人员、其他直接责任人员

(1) 生产经营单位违反《安全生产法》规定,被责令改正且受到罚款处罚,拒不改正的,负有安全生产监督管理职责的部门可以自作出责令改正之日的次日起,按照原处罚数额按日连续处罚。

(2) 生产经营单位有下列行为之一的,责令限期改正,处 10 万元以下的罚款;逾期未改正的,责令停产停业整顿,并处 10 万元以上 20 万元以下的罚款,对其直接负责的主管人员和其他直接责任人员处 2 万元以上 5 万元以下的罚款:① 未按照规定设置安全生产管理机构或者配备安全生产管理人员、注册安全工程师的;② 危险物品的生产、经营、储存、装卸单位以及矿山、金属冶炼、建筑施工、运输单位的主要负责人和安全生产管理人员未按照规定经考核合格的;③ 未按照规定对从业人员、被派遣劳动者、实习学生进行安全生产教育和培训,或者未按照规定如实告知有关的安全生产事项的;④ 未如实记录安全生产教育和培训情况的;⑤ 未将事故隐患排查治理情况如实记录或者未向从业人员通报的;⑥ 未按照规定制定生产安全事故应急救援预案或者未定期组织演练的;⑦ 特种作业人员未按照规定经专门的安全作业培训并取得相应资格,上岗作业的。

(3) 生产经营单位有下列行为之一的,责令停止建设或者停产停业整顿,限期改正,并处 10 万元以上 50 万元以下的罚款,对其直接负责的主管人员和其他直接责任人员处 2 万元以上 5 万元以下的罚款;逾期未改正的,处 50 万元以上 100 万元以下的罚款,对其直接负责的主管人员和其他直接责任人员处 5 万元以上 10 万元以下的罚款;构成犯罪的,依照刑法有关规定追究刑事责任:① 未按照规定对矿山、金属冶炼建设项目或者用于生产、储存、装卸危险物品的建设项目进行安全评价的;② 矿山、金属冶炼建设项目或者用于生产、储存、装卸危险物品的建设项目没有安全设施设计或者安全设施设计未按照规定报经有关部

门审查同意的;③ 矿山、金属冶炼建设项目或者用于生产、储存、装卸危险物品的建设项目的施工单位未按照批准的安全设施设计施工的;④ 矿山、金属冶炼建设项目或者用于生产、储存、装卸危险物品的建设项目竣工投入生产或者使用前,安全设施未经验收合格的。

(4)生产经营单位有下列行为之一的,责令限期改正,处5万元以下的罚款;逾期未改正的,处5万元以上20万元以下的罚款,对其直接负责的主管人员和其他直接责任人员处1万元以上2万元以下的罚款;情节严重的,责令停产停业整顿;构成犯罪的,依照刑法有关规定追究刑事责任:① 未在有较大危险因素的生产经营场所和有关设施、设备上设置明显的安全警示标志的;② 安全设备的安装、使用、检测、改造和报废不符合国家标准或者行业标准的;③ 未对安全设备进行经常性维护、保养和定期检测的;④ 关闭、破坏直接关系生产安全的监控、报警、防护、救生设备、设施,或者篡改、隐瞒、销毁其相关数据、信息的;⑤ 未为从业人员提供符合国家标准或者行业标准的劳动防护用品的;⑥ 危险物品的容器、运输工具,以及涉及人身安全、危险性较大的海洋石油开采特种设备和矿山井下特种设备未经具有专业资质的机构检测、检验合格,取得安全使用证或者安全标志,投入使用的;⑦ 使用应当淘汰的危及生产安全的工艺、设备的;⑧ 餐饮等行业的生产经营单位使用燃气未安装可燃气体报警装置的。

(5)生产经营单位有下列行为之一的,责令限期改正,处10万元以下的罚款;逾期未改正的,责令停产停业整顿,并处10万元以上20万元以下的罚款,对其直接负责的主管人员和其他直接责任人员处2万元以上5万元以下的罚款;构成犯罪的,依照刑法有关规定追究刑事责任:① 生产、经营、运输、储存、使用危险物品或者处置废弃危险物品,未建立专门安全管理制度、未采取可靠的安全措施的;② 对重大危险源未登记建档,未进行定期检测、评估、监控,未制定应急预案,或者未告知应急措施的;③ 进行爆破、吊装、动火、临时用电以及国务院应急管理部门会同国务院有关部门规定的其他危险作业,未安排专门人员进行现场安全管理的;④ 未建立安全风险分级管控制度或者未按照安全风险分级采取相应管控措施的;⑤ 未建立事故隐患排查治理制度,或者重大事故隐患排查治理情况未按照规定报告的。

(6)生产经营单位未采取措施消除事故隐患的,责令立即消除或者限期消除,处5万元以下的罚款;生产经营单位拒不执行的,责令停产停业整顿,对其直接负责的主管人员和其他直接责任人员处5万元以上10万元以下的罚款;构成犯罪的,依照刑法有关规定追究刑事责任。

(7)生产经营单位将生产经营项目、场所、设备发包或者出租给不具备安全生产条件或者相应资质的单位或者个人的,责令限期改正,没收违法所得;违法所得10万元以上的,并处违法所得2倍以上5倍以下的罚款;没有违法所得或者违法所得不足10万元的,单处或者并处10万元以上20万元以下的罚款;对其直接负责的主管人员和其他直接责任人员处1万元以上2万元以下的罚款;导致发生生产安全事故给他人造成损害的,与承包方、承租方承担连带赔偿责任。

(8)生产经营单位未与承包单位、承租单位签订专门的安全生产管理协议或者未在承包合同、租赁合同中明确各自的安全生产管理职责,或者未对承包单位、承租单位的安全生产统一协调、管理的,责令限期改正,处5万元以下的罚款,对其直接负责的主管人员和其他直接责任人员处1万元以下的罚款;逾期未改正的,责令停产停业整顿。

(9)矿山、金属冶炼建设项目和用于生产、储存、装卸危险物品的建设项目的施工单位未按照规定对施工项目进行安全管理的,责令限期改正,处 10 万元以下的罚款,对其直接负责的主管人员和其他直接责任人员处 2 万元以下的罚款;逾期未改正的,责令停产停业整顿。以上施工单位倒卖、出租、出借、挂靠或者以其他形式非法转让施工资质的,责令停产停业整顿,吊销资质证书,没收违法所得;违法所得 10 万元以上的,并处违法所得 2 倍以上 5 倍以下的罚款,没有违法所得或者违法所得不足 10 万元的,单处或者并处 10 万元以上 20 万元以下的罚款;对其直接负责的主管人员和其他直接责任人员处 5 万元以上 10 万元以下的罚款;构成犯罪的,依照刑法有关规定追究刑事责任。

(10) 两个以上生产经营单位在同一作业区域内进行可能危及对方安全生产的生产经营活动,未签订安全生产管理协议或者未指定专职安全生产管理人员进行安全检查与协调的,责令限期改正,处 5 万元以下的罚款,对其直接负责的主管人员和其他直接责任人员处 1 万元以下的罚款;逾期未改正的,责令停产停业。

(11) 生产经营单位有下列行为之一的,责令限期改正,处 5 万元以下的罚款,对其直接负责的主管人员和其他直接责任人员处 1 万元以下的罚款;逾期未改正的,责令停产停业整顿;构成犯罪的,依照刑法有关规定追究刑事责任:① 生产、经营、储存、使用危险物品的车间、商店、仓库与员工宿舍在同一座建筑内,或者与员工宿舍的距离不符合安全要求的;② 生产经营场所和员工宿舍未设有符合紧急疏散需要、标志明显、保持畅通的出口、疏散通道口,或者占用、锁闭、封堵生产经营场所或者员工宿舍出口、疏散通道的。

(12) 违反《安全生产法》规定,生产经营单位拒绝、阻碍负有安全生产监督管理职责的部门依法实施监督检查的,责令改正;拒不改正的,处 2 万元以上 20 万元以下的罚款;对其直接负责的主管人员和其他直接责任人员处 1 万元以上 2 万元以下的罚款;构成犯罪的,依照刑法有关规定追究刑事责任。

(13) 高危行业、领域的生产经营单位未按照国家规定投保安全生产责任保险的,责令限期改正,处 5 万元以上 10 万元以下的罚款;逾期未改正的,处 10 万元以上 20 万元以下的罚款。

(14) 发生生产安全事故,对负有责任的生产经营单位除要求其依法承担相应的赔偿等责任外,由应急管理部门依照下列规定处以罚款:① 发生一般事故的,处 30 万元以上 100 万元以下的罚款;② 发生较大事故的,处 100 万元以上 200 万元以下的罚款;③ 发生重大事故的,处 200 万元以上 1 000 万元以下的罚款;④ 发生特别重大事故的,处 1 000 万元以上 2 000 万元以下的罚款。

发生生产安全事故,情节特别严重、影响特别恶劣的,应急管理部门可以按照前款罚款数额的二倍以上五倍以下对负有责任的生产经营单位处以罚款。

(15) 发生生产安全事故,对负有责任的生产经营单位,没有贻误事故抢救的,处 100 万元以上 200 万元以下的罚款;贻误事故抢救或者造成事故扩大或者影响事故调查的,处 200 万元以上 300 万元以下的罚款;贻误事故抢救或者造成事故扩大或者影响事故调查,手段恶劣,情节严重的,处 300 万元以上 500 万元以下的罚款。

生产经营单位发生生产安全事故造成人员伤亡、他人财产损失的,应当依法承担赔偿责任;拒不承担或者其负责人逃匿的,由人民法院依法强制执行。

生产安全事故的责任人未依法承担赔偿责任,经人民法院依法采取执行措施后,仍不能对受害人给予足额赔偿的,应当继续履行赔偿义务;受害人发现责任人有其他财产的,可以随时请求人民法院执行。

六、安全生产责任主体的刑事责任

刑事责任是指责任主体违反安全生产法律规定构成犯罪,由司法机关依照刑事法律给予刑罚的一种法律责任。刑事责任是行政责任、民事责任、刑事责任等三种法律责任中最严厉的。为了制裁那些严重的安全生产违法犯罪分子,《安全生产法》设定了刑事责任。

《刑法》有关安全生产违法行为的罪名,主要是重大责任事故罪、工程重大安全事故罪、强令违章冒险作业罪、消防责任事故罪、重大劳动安全事故罪、不报谎报安全事故罪、危险物品肇事罪等。

第一百三十一条 【重大飞行事故罪】航空人员违反规章制度,致使发生重大飞行事故,造成严重后果的,处三年以下有期徒刑或者拘役;造成飞机坠毁或者人员死亡的,处三年以上七年以下有期徒刑。

第一百三十二条 【铁路运营安全事故罪】铁路职工违反规章制度,致使发生铁路运营安全事故,造成严重后果的,处三年以下有期徒刑或者拘役;造成特别严重后果的,处三年以上七年以下有期徒刑。

第一百三十三条 【交通肇事罪】违反交通运输管理法规,因而发生重大事故,致人重伤、死亡或者使公私财产遭受重大损失的,处三年以下有期徒刑或者拘役;交通运输肇事后逃逸或者有其他特别恶劣情节的,处三年以上七年以下有期徒刑;因逃逸致人死亡的,处七年以上有期徒刑。

【危险驾驶罪】在道路上驾驶机动车,有下列情形之一的,处拘役,并处罚金:

(1)追逐竞驶,情节恶劣的;

(2)醉酒驾驶机动车的;

(3)从事校车业务或者旅客运输,严重超过额定乘员载客,或者严重超过规定时速行驶的;

(4)违反危险化学品安全管理规定运输危险化学品,危及公共安全的。

机动车所有人、管理人对前款第三项、第四项行为负有直接责任的,依照前款的规定处罚。

有前两款行为,同时构成其他犯罪的,依照处罚较重的规定定罪处罚。

第一百三十四条 【重大责任事故罪】在生产、作业中违反有关安全管理的规定,因而发生重大伤亡事故或者造成其他严重后果的,处三年以下有期徒刑或者拘役;情节特别恶劣的,处三年以上七年以下有期徒刑。

【强令违章冒险作业罪】强令他人违章冒险作业,因而发生重大伤亡事故或者造成其他严重后果的,处五年以下有期徒刑或者拘役;情节特别恶劣的,处五年以上有期徒刑。

第一百三十五条 【重大劳动安全事故罪】安全生产设施或者安全生产条件不符合国家规定,因而发生重大伤亡事故或者造成其他严重后果的,对直接负责的主管人员和其他直接责任人员,处三年以下有期徒刑或者拘役;情节特别恶劣的,处三年以上七年以下有期徒刑。

【大型群众性活动重大安全事故罪】举办大型群众性活动违反安全管理规定,因而发生重大伤亡事故或者造成其他严重后果的,对直接负责的主管人员和其他直接责任人员,处三年以下有期徒刑或者拘役;情节特别恶劣的,处三年以上七年以下有期徒刑。

第一百三十六条 【危险物品肇事罪】违反爆炸性、易燃性、放射性、毒害性、腐蚀性物品的管理规定,在生产、储存、运输、使用中发生重大事故,造成严重后果的,处三年以下有期徒刑或者拘役;后果特别严重的,处三年以上七年以下有期徒刑。

第一百三十七条 【工程重大安全事故罪】建设单位、设计单位、施工单位、工程监理单位违反国家规定,降低工程质量标准,造成重大安全事故的,对直接责任人员,处五年以下有期徒刑或者拘役,并处罚金;后果特别严重的,处五年以上十年以下有期徒刑,并处罚金。

第一百三十八条 【教育设施重大安全事故罪】明知校舍或者教育教学设施有危险,而不采取措施或者不及时报告,致使发生重大伤亡事故的,对直接责任人员,处三年以下有期徒刑或者拘役;后果特别严重的,处三年以上七年以下有期徒刑。

第一百三十九条 【消防责任事故罪】违反消防管理法规,经消防监督机构通知采取改正措施而拒绝执行,造成严重后果的,对直接责任人员,处三年以下有期徒刑或者拘役;后果特别严重的,处三年以上七年以下有期徒刑。

【不报、谎报安全事故罪】在安全事故发生后,负有报告职责的人员不报或者谎报事故情况,贻误事故抢救,情节严重的,处三年以下有期徒刑或者拘役;情节特别严重的,处三年以上七年以下有期徒刑。

第五节　从业人员安全生产的权利与义务

从业人员既是生产经营单位各项生产经营活动的执行者,又是各项法定安全生产权利和义务的承担者。安全生产法律法规在规定从业人员依法享有获得安全技能和安全保障权利的同时,也规定了从业人员必须履行的安全义务。安全生产的权利和义务在工作实践中达到了统一。

一、从业人员安全生产的权利

(一)享受工伤保险和伤亡求偿权

从业人员依法享有工伤保险和伤亡求偿的权利。生产经营单位不得以任何形式与从业人员订立协议,免除或者减轻其对从业人员因生产安全事故伤亡依法应承担的责任。

生产经营单位必须依法为从业人员缴纳工伤社会保险费和给予民事赔偿,这项权利必须以劳动合同必要条款的书面形式来确认。从业人员不必缴纳工伤社会保险费,如果企业采取用抵押金、担保金等名义强制从业人员缴纳工伤社会保险费,是违法行为。没有依法载明或者免除或者减轻生产经营单位对从业人员因生产安全事故伤亡应依法承担的责任,是非法的、无效的。从业人员也可以向有关部门举报,或在发生劳动争议时指出合同中的违法内容无效,以维护自身权益。

(二)危险因素和应急措施的知情权

生产经营单位的从业人员有权了解其作业场所和工作岗位存在的危险因素、防范措施及事故应急措施。

生产经营单位应该如实地将生产工作过程中存在的危害从业人员生命健康安全的危险因素,如接触粉尘、高处坠落、触电、燃爆、火灾、有毒有害等场所等,以及应急措施通过适当的程序、方法告诉从业人员,使他们知道并掌握有关安全知识和处理办法,从而消除不安全因素和事故隐患,避免事故发生。否则,从业人员可以向上级领导提出意见和建议直至检举、控告。

（三）安全管理的批评检控权

从业人员有权对本单位的安全生产工作提出建议,有权对本单位安全生产工作中存在的问题提出批评、检举、控告。生产经营单位不得因从业人员对本单位安全生产工作提出批评、检举、控告而降低其工资、福利等待遇或者解除与其订立的劳动合同。

从业人员在生产一线,对安全管理中的问题和事故隐患最了解,因此从业人员的批评和监督更具有针对性,能及时发现生产作业过程中的危险因素,以便有关部门或人员及时解决,从而消除隐患。对于安全生产中存在的问题,从业人员有权向基层单位领导、安全管理部门、单位领导提出意见或建议,可向工会等组织反映,也可向有关安全监督管理机关和主管部门检举、控告。

（四）拒绝违章指挥、强令冒险作业权

从业人员有权拒绝违章指挥和强令冒险作业。生产经营单位不得因从业人员对本单位安全生产工作提出批评、检举、控告或者拒绝违章指挥、强令冒险作业而降低其工资、福利等待遇或者解除与其订立的劳动合同。

在生产经营活动中,因单位负责人或管理人员违章指挥和强令冒险作业而造成事故的现象是比较常见的,从业人员享有拒绝违章指挥、强令冒险作业的权利,不仅能够保护从业人员自身安全,也可约束企业负责人或管理人员必须照章指挥,以确保安全生产。从业人员在行使权利时,不能为了逃避工作,对于正常的工作安排故意找借口不服从指挥。

（五）紧急情况下的停止作业和紧急撤离权

从业人员发现直接危及人身安全的紧急情况时,有权停止作业或者在采取可能的应急措施后撤离作业场所。生产经营单位不得因从业人员在前款紧急情况下停止作业或者采取紧急撤离措施而降低其工资、福利等待遇或者解除与其订立的劳动合同。

从业人员在行使这项权利的时候,应当明确四点:一是危及从业人员人身安全的紧急情况必须有确实可靠的直接根据,凭借个人猜测或者误判而实际并不属于危及人身安全的紧急情况除外,该项权利也不能滥用。二是紧急情况必须直接危及人身安全,间接或者可能危及人身安全的情况不应撤离,而应采取有效的处理措施。三是出现危及人身安全的紧急情况时,首先是停止作业,然后要采取可能的应急措施;采取应急措施无效时,再撤离作业场所。四是该项权利不适用于某些从事特殊职业的从业人员,比如飞行人员、船舶驾驶人员、车辆驾驶人员等,在发生危及人身安全的紧急情况下,他们不能或者不能先行撤离从业场所或者岗位。

二、从业人员安全生产的义务

（一）遵章守规,服从管理的义务

从业人员在作业过程中,应当严格遵守本单位的安全生产规章制度和操作规程,服从管理。

从业人员遵章守纪、服从管理,是防止事故发生的重要手段。企业管理人员在日常管理中依据规章制度和操作规程对从业人员进行安全管理,监督检查从业人员遵章守规的情况,从业人员必须接受并服从管理,这是基本的要求。从业人员不服从管理,违反安全生产规章制度和操作规程的,由生产经营单位给予批评教育,依照有关规章制度给予处分;造成重大事故,构成犯罪的,依照刑法有关规定追究刑事责任。

（二）佩戴和使用劳动防护用品的义务

从业人员在作业过程中,要正确佩戴和使用劳动防护用品。

劳动防护用品是保护从业人员在劳动过程中的安全与健康的一种防御性装备。为保护从业人员在作业过程中的安全和健康,单位应为劳动者免费提供符合国家规定的劳动防护用品,不得以货币或其他物品替代应当配备的劳动防护用品,并教育从业人员按照劳动防护用品使用规则和防护要求正确使用劳动防护用品。从业人员在作业过程中必须提高安全意识,按照规则和要求正确佩戴和使用劳动防护用品,如果不会使用,就应该及时地向有关领导或安全员提出,要求他们给予指导和帮助。如果从业人员不正确佩戴和使用劳动防护用品,从业人员的身体或健康就有可能受到伤害。

（三）接受安全生产培训,掌握安全生产技能的义务

从业人员应当接受安全生产教育和培训,掌握本职工作所需的安全生产知识,提高安全生产技能,增强事故预防和应急处理能力。

从业人员的安全意识和安全技能的高低,直接关系到生产经营活动是否安全可靠。从业人员应当自觉地、积极地接受单位有关安全生产的培训,增强安全生产意识,掌握安全知识和技能,熟悉安全风险和管控,正确进行应急情况处置。

（四）发现事故隐患及时报告的义务

从业人员发现事故隐患或者其他不安全因素,应当立即向现场安全生产管理人员或者本单位负责人报告。

从业人员直接承担具体的作业活动,更容易发现事故隐患或者其他不安全因素。因此,从业人员要增强安全生产意识和责任心,发现事故隐患或者其他不安全因素要及时向班组长、安全员、基层单位领导或安全管理部门汇报,确保不安全因素和事故隐患能够及时得到控制和消除,从而防止和减少事故。从业人员在汇报事故隐患或者其他不安全因素时,应当将有关情况如实报告,既不能夸大事实,也不能大事化小,以免影响对事故隐患或者其他不安全因素的正确处置。

第三章　安全生产管理

第一节　我国安全生产管理总体情况

安全生产是社会文明和进步的重要标志,是国民经济健康稳定发展的重要保障,是坚持以人民为中心理念的必然要求。新中国成立 70 多年来,是我国社会发展不平凡的 70 多年,也是安全生产发展不平凡的 70 多年。

一、安全生产发展史

新中国安全生产大致经历了七个曲折的发展阶段。

(一)第一阶段:新中国成立初期(1949～1957 年)——安全生产管理基础工作阶段

从 1949 年 10 月到 1957 年,我国正处在新中国成立初期的经济建设时期,出台了一些职业安全健康的新政策、新法规,对安全生产的一些基本问题做了规定,颁布了著名的"三大规程"(《工厂安全卫生规程》《建筑安装工程安全技术规程》《工人职员伤亡事故报告规程》),提出了"安全第一"方针。这一时期的安全生产工作步入了良性发展阶段,国家也拨付了大量改善劳动条件的经费,生产环境得到改善,职工伤亡事故显著减少。

(二)第二阶段:调整时期(1958～1965 年)——安全生产管理出现反复阶段

从 1958 年下半年开始的"大跃进"时期,各项工作脱离实际,冒险蛮干,重生产、轻安全,大量削减安全设施,一些行之有效的安全规章制度受到破坏,安全伤亡事故频发。如 1960 年发生的山西大同老白洞煤矿瓦斯事故死亡 684 人,是新中国成立以来伤亡事故的第一个高峰。1961 年开展安全生产整顿,先后颁布了《关于加强企业生产中安全工作的几项规定》《国营企业职工个人防护用品发放标准》等一系列安全生产法规标准,开展了机械防护、防尘防毒、锅炉安全、防暑降温等立法工作,安全生产工作向制度化、规范化迈进,安全生产工作有所恢复。

(三)第三阶段:"文化大革命"时期(1966～1978 年)——安全生产管理受破坏和倒退阶段

1966 年开始的 10 年"文化大革命"时期,安全生产工作被认为是"活命哲学"而受批判,安全生产立法停滞,工业秩序混乱,劳动纪律涣散,使安全生产整顿的成果丧失殆尽,安全生产管理工作出现倒退,伤亡事故骤然增多,形成新中国成立以来的第二个事故高峰。虽然文革于 1976 年 10 月结束,但"左倾"思想严重,安全生产工作更加脱离实际、急躁冒进,在 1976～1978 这两年间,安全生产局面继续恶化,生产安全事故频发。

（四）第四阶段：改革开放初期（1978～1990年）——安全生产管理恢复发展阶段

党的十一届三中全会确立了改革开放的方针，党中央、国务院非常重视安全生产工作，先后下发有关做好劳动保护工作、加强厂矿生产经营单位防尘防毒工作的通知，1979年《中华人民共和国刑法》对安全生产方面的犯罪行为做了规定，颁布了《矿山安全条例》《矿山安全监察条例》《职业病范围和职业病患者处理办法的规定》等安全生产法规，严肃处理了"渤海二号平台"等事故，确定了"安全生产，预防为主"方针，初步建立了职业安全法规体系、安全监察体系和检测检验体系，安全生产责任制得以逐步落实，职业安全健康的科研、教育工作也得到长足发展，加强劳动保护、安全生产方面的国际合作与交流，安全生产工作迎来了第二个春天。

（五）第五阶段：改革开放深化期（1991～2001年）——安全生产工作逐步完善阶段

随着改革开放的不断深入和社会主义市场经济体制的建立与完善，我国的安全生产法制建设也加快了进程。这一时期，相继颁布实施了《矿山安全法》《消防法》《生产经营单位职工伤亡事故报告和处理规程》等一系列安全生产法律法规，审批和发布了一批安全生产和劳动安全健康标准，2001年组建了国家安全生产监督管理局，推动了我国的安全生产工作。在这一时期，由于矿业秩序的混乱，乡镇生产经营单位"三来一补"和私营生产经营单位等对职业安全健康工作的忽视，也造成了严重的伤亡事故，但总的来看，这一时期我国的伤亡事故稳中有降，安全生产工作属于逐步完善阶段。

（六）第六阶段：法制建设加快时期（2002～2012年）——安全管理法律法规健全完善阶段

这一时期，随着我国经济建设持续高速发展，安全生产也出现了新情况新问题，为此，党和政府采取了一系列强有力的法制建设措施。一是加快了安全生产立法工作，先后颁布实施了《安全生产法》《道路交通安全法》《安全生产许可证条例》《生产安全事故报告和调查处理条例》等一系列安全生产法律法规，对《消防法》《职业病防治法》等法律法规进行了修改。二是强化安全生产监督执法管理，2005年国家安全生产监督管理局升格为正部级，在重点行业和领域集中开展了一系列专项治理，严肃事故查处。三是政府高度重视安全生产工作，国务院专门就加强安全生产工作于2004年、2010年印发了决定通知，制定实施了一些有利安全生产的经济政策。四是行业安全生产规定规程规范更加完善，如《金属与非金属矿产资源地质勘探安全生产监督管理暂行规定》《地质勘探安全规程》等相继制定。在这一时期，安全生产法律法规从比较缺失到法律法规标准体系比较健全，安全生产责任从相对模糊到更加清晰，企业从重效益轻安全向保安全抓发展转变。

（七）第七阶段：安全生产管理系统化规范化科学化时期（2012年至今）——形成新时代安全生产与应急管理新格局

这个阶段安全生产形势主要体现在安全生产发生了新进展、新挑战、新机遇三个方面。党的十八大以来，党和政府高度重视、大力加强和改进安全生产工作，推动经济社会科学发展、安全发展。习近平总书记做出了一系列重要指示，深刻阐述了安全生产的重要意义、思想理念、方针政策和工作要求，强调必须坚守"发展决不能以牺牲人的生命为代价"这条不可逾越的红线，明确要求"党政同责、一岗双责、齐抓共管、失职追责"。2016年，中共中央、国务院印发了《关于推进安全生产领域改革发展的意见》，明确了"坚持安全发展、坚持改革创新、坚持依法监管、坚持源头防范、坚持系统治理"的安全生产管理基本原则，明确了"健全落实安全生产责任制、改革安全监管监察体制、大力推进依法治理、建立安全预防控制体系、加强安全基础保障能力建设"的安全生产管理基本方针,逐步形成了"党政统一领导、部门依法监管、企业全面负责、群众参与监督、全社会广泛支持"的安全生产管理新格局,安全生产理论体系更加完善,安全生产责任体系更加严密,安全监管体制机制基本成熟,安全生产法律法规标准体系更加健全,全社会安全文明程度明显提升,事故总量显著减少,重特大事故得到有效遏制,职业病危害防治取得积极进展,安全生产总体水平与全面建成小康社会目标相适应,安全生产事业进入了新的时期。

一是推进安全生产战略,准确把握国家安全形势变化新特点新趋势,形成总体国家安全观,以人民安全为宗旨,以政治安全为根本,以经济安全为基础,以军事、文化、社会安全为保障,以促进国际安全为依托,维护各领域国家安全,构建国家安全体系。

二是强化党对安全生产工作的领导,把安全生产工作纳入党中央和各级党委的重要工作之中。《关于推进安全生产领域改革发展的意见》是第一份以中共中央和国务院联合印发的安全生产文件,《地方党政领导干部安全生产责任制规定》《中国共产党地方委员会工作条例》《中国共产党问责条例》等明确了各级党组织对安全生产的领导责任。

三是贯彻以人民为中心的发展思想,坚持把人的生命安全放在首位,确立了"发展决不能以牺牲人的生命为代价"这条不可逾越的红线。

四是加强安全生产法制建设,加强涉及安全生产相关法规一致性审查,增强安全生产法制建设的系统性、可操作性,制定了《生产安全事故应急条例》《生产安全事故应急预案管理办法》《安全生产培训管理办法》和《生产经营单位安全培训规定》等法规条例,加大了对《中华人民共和国安全生产法》《中华人民共和国劳动法》《中华人民共和国消防法》和《中华人民共和国刑法修正案》等安全生产法律的修订工作。

五是加强安全生产监督执法和应急救援能力建设,为防范化解重特大安全风险,健全公共安全体系,整合优化应急管理力量和资源,推动形成统一指挥、专常兼备、反应灵敏、上下联动、平战结合的中国特色应急管理体制,提高防灾减灾救灾能力,确保人民群众生命财产安全和社会稳定。2018年在国家安全生产监督管理总局职责的基础上,整合多个部委的相关职责,组建了应急管理部。

六是强化落实企业安全生产主体责任和政府部门监管责任,坚持标本兼治、综合治理,把安全风险管控挺在隐患前面,把隐患排查治理挺在事故前面,推动危险因素辨识管控和隐患排查治理的安全"双控"机制的构建和完善。

在这一时期,党对安全生产工作的领导更加明确,确立了安全生产红线,安全生产战略进行构建,安全生产法律法规更加系统、配套和可操作,国家和各级地方政府层面建立了包含安全事故在内的各种事故灾害的预防和应急处置的体系和部门,安全"双控"机制得到深入构建和完善。

二、我国安全管理现状及存在的主要问题

新中国成立70多年来,特别是党的十八大以来,我国安全生产、防灾减灾救灾、抢险救援等各项应急管理事业取得了长足发展,应急管理事业迈入了新的历史发展阶段。目前,我国已基本形成了中国特色应急管理体系,累计颁布实施了《安全生产法》《突发事件应对法》等70多部法律法规;党中央、国务院印发了《关于推进安全生产领域改革发展的意见》《关于推进防灾减灾救灾体制机制改革的意见》;制定了 550 余万件应急预案;形成了应对特别重大灾害"1 个响应总册、15 个分灾种手册和 7 个保障机制"的应急工作体系,探索形成了"扁平化"组织指挥体系、防范救援救灾"一体化"运作体系。

改革开放以来,中国经济保持了连续 40 多年的高速、中高速增长,已经成为世界经济增长的主要引擎之一、世界第二大经济体。据国家统计局 2020 年 1 月 17 日发布的消息,2019 年全年国内生产总值为 990 865 亿元,人均国内生产总值(GDP)达到 1 万美元,按可比价格计算,比上年增长 6.1%,增速在 1 万亿美元以上的经济体中是位居第一的。根据国民经济和社会发展统计公报(2006 年以后)以及其他数据来源,2002 年以来全国历年安全生产事故统计情况,如表 3-1 所示。

表 3-1　2002～2019 年安全生产事故统计表

年份	GDP /亿元	按可比价格同比 /%	死亡人数 /人	同比 /%	亿元 GDP 死亡人数 /人	同比 /%	工矿商贸企业 10 万人死亡人数 /人	同比 /%	百万吨煤死亡人数/人	同比 /%	道路交通事故	
											起数 /万	死亡人数 /万人
2002	102 398	↑8.0	139 393		1.361		—	—	—		77.31	10.94
2003	116 694	↑9.1	137 070	↓1.7	1.174	↓13.74	—	—	—		66.75	10.44
2004	136 515	↑9.5	136 755	↓0.23	1.002	↓14.65	—	—	—	—	51.79	10.71
2005	182 321	↑9.9	126 760	↓7.1	0.696	↓30.54	3.85	—	2.81	—	45.03	9.87
2006	209 407	↑10.7	112 822	↓11.2	0.535	↓23.13	3.33	↓13.5	2.04	↓27.4	37.88	8.95
2007	246 619	↑11.4	101 480	↓10.1	0.413	↓22.80	3.05	↓8.4	1.485	↓27.2	32.72	8.17
2008	300 670	↑9.0	91 172	↓10.2	0.312	↓24.46	2.82	↓7.5	1.182	↓20.4	26.52	7.35
2009	335 353	↑8.7	83 196	↓8.8	0.248	↓20.51	2.40	↓14.9	0.892	↓24.5	23.84	6.78
2010	397 983	↑10.3	79 552	↓4.4	0.201	↓18.95	2.13	↓11.3	0.749	↓16.0	21.95	6.52
2011	471 564	↑9.2	75 572	↓5.0	0.173	↓13.93	1.88	↓11.7	0.564	↓24.7	21.08	6.24
2012	519 322	↑7.8	71 983	↓4.7	0.142	↓17.92	1.64	↓12.8	0.374	↓33.7	20.42	6.00
2013	568 845	↑7.7	69 434	↓3.54	0.124	↓12.68	1.52	↓7.3	0.288	↓23.0	19.48	5.85
2014	636 463	↑7.4	68 061	↓1.98	0.107	↓13.71	1.328	↓12.9	0.255	↓11.5	19.68	5.85
2015	676 708	↑6.9	66 182	↓2.76	0.098	↓8.41	1.071	↓19.4	0.162	↓36.5	18.87	5.80
2016	744 127	↑6.7	43 062	↓34.9	0.058	↓40.82	1.702	↓2.3	0.156	↓3.7	21.28	6.31
2017	827 122	↑6.9	37 852	↓12.1	0.045	↓22.41	1.639	↓3.7	0.106	↓32.1	20.31	6.38
2018	900 309	↑6.6	34 046	↓10.1	0.038	↓15.56	1.547	↓5.6	0.093	↓12.3	24.49	6.32
2019	990 865	↑6.1	28 225	↓17.1	0.028	↓26.32			0.083	↓10.7		

备注:2016 年起,国家安全生产监督管理总局对生产安全事故统计制度进行改革,由于排除了非生产经营领域的事故,事故统计口径发生变化,数据同比按照可比口径计算。

可以看出,随着我国经济建设快速增长,安全生产取得显著成效,安全生产形势总体保持稳定态势,安全生产状况逐年好转。但我国安全生产形势与人民群众的期盼相比还有较大差距,死亡人数还比较大,尤其是随着一些新产业、新领域的发展,安全生产产生了一些新隐患、新风险,给安全生产工作带来了新问题、新挑战。

（一）我国安全生产形势及主要特点

1. 多年保持事故总量、较大事故和重特大事故"三个继续下降"

生产安全事故起数和死亡人数连续 17 年（2003～2019 年）、较大事故连续 15 年（2005～2019 年）、重大事故连续 9 年（2011～2019 年）实现"双下降"。重特大事故起数从 2001 年最多的 140 起下降到 2018 年的 19 起、2019 年的 13 起,特别重大事故得到有效遏制,如表 3-2 所示。

表 3-2　近年来特别重大事故简表

类别	年　份							
	2001～2005 年		2006～2010 年		2011～2015 年		2016～2019 年	
	累计	年均	累计	年均	累计	年均	累计	年均
特别重大事故 /起	73	14.6	23	4.6	20	4	7	1.75

2. 近 10 年来危化品、道路交通运输特别重大事故占比增加

近 10 年来,煤矿特别重大事故死亡人数占比呈下降趋势,危化品（生产、储存、运输）和道路交通运输特别重大事故死亡人数占比呈快速上升趋势,如表 3-3 所示。

表 3-3　近 10 年煤矿、危化品和道路交通运输特别重大事故简表

年份	类　别						
	特别重大事故 死亡人数 /人	其中					
		煤矿特别 重大事故 死亡人数/人	占比 /%	危化品特别 重大事故 死亡人数/人	占比 /%	道路交通运输 特别重大事故 死亡人数/人	占比 /%
2002～2019 年	4 140	2 399	57.94	656	15.85	361	8.72
2002～2010 年	2 695	2 186	81.11	68	2.52	63	2.34
2011～2019 年	1 445	213	14.74	588	40.69	298	20.62

3. 近 17 年来事故死亡人数呈逐年下降趋势

1996～2002 年,各类事故死亡人数持续上升,年平均增长为 5.1%,从 1996 年的 10.3 万人上升到 2002 年的 13.9 万人。2002～2019 年,在 GDP 快速增长的情况下（2003 年为 116 694 亿元,2019 年为 990 865 亿元）,安全生产事故死亡人数、亿元 GDP 死亡人数、工矿商贸企业生产安全 10 万人死亡人数、百万吨煤死亡人数、道路交通事故万车死亡人数连续 16 年下降,安全生产形势连年趋好,各类事故死亡人数年平均下降为 5.8%,特别是 2016～2019 年的四年间,各类事故死亡人数年平均下降为 14.3%,2016 年小于 5 万人,2019 年小于 3 万人。但安全生产形势依然不容乐观,2019 年还有近 3 万人因生产安全事故死亡,相

当于有 12 万人因此失去了亲人。

4. 职业病危害严重

我国将职业性病分为 10 大类、132 种,将职业病危害因素分为 6 类、459 种。我国高度重视职业病防治工作,制定和修订了《职业病防治法》,制定发布了《国家职业病防治规划》,发布了 11 个部门规章、700 余项职业卫生标准,职业卫生技术服务能力大幅提升。2018 年将职业安全健康监管职责整合到国家卫生健康委,整合了监管力量,优化了工作机制。

据统计,自 20 世纪 50 年代以来,截至 2018 年年底,全国累计报告职业病 97 万余例,其中约 90% 为职业性尘肺病。2010～2017 年,每年新增尘肺病患者 2.5 万人,并呈现年轻化趋势。表 3-4 列出了 2005 年以来全国历年职业病统计数据。

表 3-4 2005～2018 年历年职业病统计表

年份	职业病诊断数量/人	主要职业病诊断								
		尘肺病/人	占比	同比	急性职业中毒/人	占比	慢性职业中毒/人	占比	其他/人	占比
2005	12 212	9 173	75.11%		613	5.02%	779	6.38%	1 647	13.49%
2006	11 519	8 783	76.25%	-4.25%	467	4.05%	1 083	9.40%	1 186	10.30%
2007	14 296	10 963	76.69%	24.82%	600	4.20%	1 638	11.46%	1 095	7.66%
2008	13 744	10 829	78.79%	-1.22%						
2009	18 128	14 495	79.96%	33.85%	552	3.05%	1 912	10.55%	1 169	6.45%
2010	27 240	23 812	87.42%	64.28%	617	2.27%	1 417	5.20%	1 394	5.12%
2011	29 879	26 401	88.36%	10.87%	590	1.97%	1 541	5.16%	1 347	4.51%
2012	27 420	24 206	88.28%	-8.31%	601	2.19%	1 040	3.79%	1 573	5.74%
2013	26 393	23 152	87.72%	-4.35%	637	2.41%	904	3.43%	1 700	6.44%
2014	29 972	26 873	89.66%	16.07%	486	1.62%	795	2.65%	1 818	6.07%
2015	29 180	26 081	89.38%	-2.95%	931			3.19%	2 168	7.43%
2016	31 789	28 088	88.36%	7.70%	1 212			3.81%	2 489	7.83%
2017	26 756	22 701	84.84%	-19.18%	295	1.10%	726	2.71%	3 034	11.34%
2018	23 497	19 468	82.85%	-14.24%	1 333			5.67%	2 696	11.47%

当前,我国职业病危害依然严重,主要呈现以下几个特点。

(1) 职业病危害分布行业广,病例数列居前面的行业依次为煤炭开采和洗选业、有色金属矿采选业以及开采辅助活动等行业和建筑行业。接触职业病危害因素人群多,总人数近 2 亿人。

(2) 职业病种类多,以尘肺病、职业性化学中毒、职业性噪声聋、职业性放射性疾病等为主。尘肺病仍是我国最严重的职业病,半数以上为煤工尘肺,其次为矽肺。

(3) 职业病发病形势严峻。发病人数从 20 世纪 90 年代初逐年下降,1997 年降至最低后又呈反弹趋势,2016 年全国职业病报告病例数首次超过 3 万,尘肺病检出率显著回升。

(4)近 20 年来,我国每年因职业病和工伤事故的直接经济损失达 1 000 亿元。职业病影响劳动者健康,造成劳动者过早失去劳动能力,所波及的后果往往导致恶劣的社会影响。

(5)职业卫生机构、队伍和职业卫生等投入自 1999 年起呈逐年增加的趋势,但人均职业卫生投入明显不足,与经济发展水平极不适应。

(6)职业病危害性往往被忽视,社会对职业病危害性的认识和重视程度还不够。

5. 与发达国家相比差距大

虽然我国近年来安全生产形势连年趋好,但安全生产形势依然严峻。近 10 年来,重特大事故起数、死亡人数以及接触职业危害人数、职业病患者累积数量、死亡数量和新发病人数量,仍是比较严重的国家之一,安全生产状况与发达国家相比差距较大,主要体现在以下几个方面:

(1)道路交通事故死亡方面:近 5 年来,道路交通万车死亡率约在 2.0 以上,仍是发达国家平均水平的 1.5 倍。

(2)煤矿百万吨死亡率方面:近 30 年来中国一直是世界上最大的产煤国,2019 年原煤产量达 39.7 亿 t。随着国家煤炭开采政策转变和安全生产投入加大,煤矿百万吨死亡率自 2005 年的 2.81 逐年以两位数速率下降,2013 年为 0.288(首次降到 0.3 以下),2015 年为 0.162(首次降到 0.2 以下),2018 年为 0.093(首次降到 0.1 以下)。2019 年,全国煤矿发生死亡事故 170 起,死亡 316 人,分别下降 24.1% 和 5.1%,已连续 3 年多没有发生特别重大事故,百万吨死亡率为 0.083,取得了巨大进步。但煤矿百万吨死亡率 0.1 也只是世界产煤中等发达国家水平,与美国等先进产煤国家相比仍有差距。

(3)安全生产法制建设存在滞后和不足:欧洲等工业发达国家安全生产程度之所以高,主要手段之一是采用法律手段管理安全生产,安全生产法律法规和标准体系比较完善有效、细致具体。如德国在 13 世纪就颁布了《矿工保护法》,目前其安全生产法律体系包括欧盟法律规定、基本法相关条文、国家劳动法体系和社会法体系等方面有 10 余部法律。

从以上 5 个方面可以看出,我国安全生产形势自 2003 年以来逐年好转,特别是党的十八大以来,坚持以人民为中心,坚持法制建设、队伍建设和系统管理,安全生产形势发生了根本性好转,但与人民日益增长的美好生活需要、与"两个一百年"奋斗目标要求,我国的安全生产形势依然比较严峻。

(二)安全生产形势比较严峻的主要原因

造成安全生产形势比较严峻的原因,有深层次的原因,也有浅层次的原因,有历史的原因,也有发展中的原因,概括起来有以下几个方面。

1. GDP 快速增长和产业结构亟须调整

我国 GDP 在短短的 20 年时间里,从 1997 年世界占比的 3.06%(世界排名第七)到 2010 年的 9.27%(世界排名第二)再到 2019 年的 16.59%(世界排名第二),实现了经济快速增长,成了名副其实的制造大国,很多第二产业总量是世界第一或名列前茅,但这是靠前十几年的高能耗、高污染、高投入、高排放的经济增长方式换来的,依靠文化素质不高的 3 亿多劳动力的艰辛付出,安全生产很难得到保证。近几年来,尤其是党的十八大以来,我国坚定不移地走产业结构调整之路,落实不要带血 GDP 经济发展之策,加大法制建设、监管力度和责任落实,推动科技进步和提高人的素质,安全生产形势取得了很大改观。

2. 安全生产法制建设特别是监管力量需要加强

新中国成立以来,党和政府十分重视安全生产工作,但安全生产法制建设在较长时间内存在不健全有空缺、重复交叉、可操作性较差和执法不严等缺失,直至 2002 年颁布实施了《安全生产法》以及《道路交通安全法》等安全生产专项法律和相关法律,标志着我国安全生产法律、法规和标准体系逐步走向健全严密,但安全生产法律、法规和标准体系仍需进一步完善和细化。2018 年国家组建应急管理部,随着国家治理体系和治理能力现代化建设,进一步推进"党政统一领导、部门依法监管、企业全面负责、群众参与监督、全社会广泛支持"安全生产管理新格局,但安全监察队伍人员数量、知识、素质和能力仍亟须加强,执法仍需严格,形成有法必依、依法治安、严格执法的局面。

3. 企业安全生产主体责任仍需全面落实

安全生产内在规律,要求政府是安全生产的监管主体,企业是安全生产的责任主体。从历年来较大以上生产安全事故归类分析来看,事故发生主要原因是管理缺陷,主要还是企业安全生产主体责任落实不到位。为贯彻落实习近平总书记关于安全生产工作重要指示批示精神和新《安全生产法》要求,原国家安全生产监督管理总局于 2015 年印发了《企业安全生产责任体系五落实五到位规定》(安监总办〔2015〕27 号)。在此之后,包括企业安全生产主体责任、主要负责人安全生产第一责任、全员安全生产责任等得到了较好的明确和落实,但仍有待进一步提高。

4. 煤炭等矿山地质条件复杂、安全生产任务繁重

中国是近 30 年来世界上最大的产煤国,也是最大的煤炭消费国。我国的煤炭等矿山地质条件复杂,基本特征是"贫、散、杂",煤矿地质条件与其他国家不同,露天矿极少,井下开采占 95%,曾经的小型矿山居多,少量的先进现代化矿山与大多数的低水平落后矿山并存。20 世纪初期,我国相继发生了贵州水城木冲沟矿难、陕西陈家山矿难、黑龙江东风矿难、山西王家岭矿难等特别重大事故,凸显了我国矿山特别是煤矿安全生产的严重性和复杂性。

随着国家煤炭开采政策转变和安全生产投入加大,自 2017 年开始,我国百万吨煤死亡率达到 0.1 及以下,2019 年百万吨煤死亡率为 0.083,取得了巨大进步。但我国煤炭产量占世界 30% 以上的庞大基数,煤矿致灾因素还很多,许多矿井存在瓦斯、突水、冲击地压等煤矿开采的重大安全隐患,使得当前煤矿安全生产仍处于爬坡过坎期,保持煤矿安全持续稳定的压力在加大、难度在增加,防范遏制重特大事故的把握性还需加强,稍有不慎就有可能发生惊天动地的事故,安全生产事故还有反复性、长期性的问题。

5. 一线从业人员的知识、能力、素质亟须提高

改革开放尤其是 20 世纪 90 年代末期以来,有至少近 2 亿的农村劳动力转移到各类工矿建筑交通商贸等领域就业,主要是从事一些苦、脏、累、险的工作,其中相当一部分从事高危行业。这个群体大多文化水平偏低、安全知识缺乏、安全意识不强、安全技能较差,但对他们没有强化安全知识和操作技能培训,致使工人安全风险意识很低,不安全行为频繁出现,是这一时期安全生产事故频发的主要原因之一。目前,随着一线从业人员队伍结构发生变化,企业主体责任的落实和政府监管执法的加强,一线从业人员安全生产意识和素质能力有了较大提高,但其安全生产知识、能力、素质仍需再提高。

6. 安全生产社会化服务机构和科技服务水平存在较大差距

安全生产社会化服务机构是社会主义市场经济条件下参与和推进安全生产工作的重要

力量。长期以来,安全生产社会化服务工作仍存在力量不足、能力不强、行为不规范、机制不完善、管理不严格等突出问题。自2002年开始了注册安全工程师考试,但注册安全工程师管理制度需要加快健全,注册安全工程师继续教育机制、高危行业强制配备和使用管理制度都需要加快完善。科技创新驱动安全生产的服务模式需要创新,安全生产和职业健康先进技术装备的推广应用需要加快,安全生产科技服务的政策需要完善,科技兴安路艰途远。

第二节　我国安全生产管理的方针和体制

一、我国安全生产方针

安全生产方针,是指政府对安全生产工作总的要求,它是安全生产工作的方向。随着对安全生产规律认识的不断深化和长期实践经验总结,我国安全生产方针大体可以归纳为三次变化——"安全生产"方针、"安全第一,预防为主"方针和"安全第一,预防为主,综合治理"方针。

（一）"安全生产"方针

1949年11月召开的第一次全国煤炭工作会议提出"煤矿生产,安全第一"。1952年第二次全国劳动保护工作会议首先提出劳动保护工作必须贯彻"安全生产"和"管生产必须管安全"的原则。1957年1月5日,周恩来总理在民航局"关于中缅航线通航情况的报告"上作出"保证安全第一,改善服务工作,争取飞行正常"批示后,"安全第一"成了各行各业安全生产工作的指导方针。

（二）"安全第一,预防为主"方针

1986年3月15日,国务院办公厅批转全国安全生产委员会《关于重视安全生产控制伤亡事故恶化的意见》时,确认"各级领导必须认真贯彻落实'安全第一、预防为主'的方针"。至此,"安全第一,预防为主"的方针已经明确。1987年全国劳动安全监察工作会议正式提出安全生产工作必须做到"安全第一,预防为主",并作为劳动保护工作方针写进了我国第一部《劳动法（草案）》。2002年《中华人民共和国安全生产法》以法律形式规定安全生产管理坚持"安全生产,预防为主"的方针。

（三）"安全第一,预防为主,综合治理"方针

2005年发布的《中共中央关于制定国民经济和社会发展第十一个五年规划的建议》中,提出"保障人民群众生命财产安全,要坚持安全第一,预防为主,综合治理"。2014年修订的《安全生产法》第三条明确:安全生产工作应当以人为本,坚持安全发展,坚持"安全第一,预防为主,综合治理"的方针,强化和落实生产经营单位的主体责任,建立生产经营单位负责、职工参与、政府监管、行业自律和社会监督的机制。《安全生产法》明确,安全生产工作坚持中国共产党的领导。安全生产工作应当以人为本,坚持人民至上、生命至上,把保护人民生命安全摆在首位,树牢安全发展理念,坚持安全第一、预防为主、综合治理的方针,从源头上防范化解重大安全风险。

"安全第一",就是生产经营单位作为市场主体,在生产经营活动中,在处理保证安全与生产、效益和其他经营活动的关系上,始终要把安全放在首要位置,优先考虑从业人员和其他人员人身安全,把安全生产工作同其他经营工作同布置、同安排,当安全工作与其他经营

活动发生冲突和矛盾时,要实行"安全优先"的原则,其他活动要服从安全,绝不能以牺牲人的生命、健康、财产损失为代价换取发展和效益。

"预防为主",就是对安全第一思想的深化,就是按照系统化、科学化的管理思想,按照事故发生的规律和特点,分析辨识安全生产风险因素,制定风险管控措施,通过安全检查等方式,查找每一项生产过程中的隐患、问题,对安全隐患问题进行整改治理,加强源头管控,做到防患于未然,将事故消灭在萌芽状态,千方百计预防事故的发生。

"综合治理"标志着对安全生产认识升到新的高度,要综合运用法律手段、经济手段和必要的行政手段,行业自律、企业自身管理、政府法律监督、法律责任追究、科技进步防控等多管齐下,充分发挥社会、职工和舆论的监督作用,从安全责任、制度、培训、投入、激励等多方面着力,解决影响制约安全生产的历史性、深层次问题,做到思想认识上警钟长鸣,制度保证上严格有效,技术支撑上坚强有力,监督检查上严格细致,事故处理上严肃认真。把"综合治理"充实到安全生产方针之中,是分析把握我国安全生产工作面临的形势和规律特点,加快形成标本兼治、齐抓共管的安全生产工作新局面。

2016年12月9日,《中共中央国务院关于推进安全生产领域改革发展的意见》明确指出,安全生产基本原则是坚持安全发展、坚持改革创新、坚持依法监管、坚持源头防范、坚持系统治理。

坚持安全发展:贯彻以人民为中心的发展思想,始终把人的生命安全放在首位,正确处理安全与发展的关系,大力实施安全发展战略,为经济社会发展提供强有力的安全保障。

坚持改革创新:不断推进安全生产理论创新、制度创新、体制机制创新、科技创新和文化创新,增强企业内生动力,激发全社会创新活力,破解安全生产难题,推动安全生产与经济社会协调发展。

坚持依法监管:大力弘扬社会主义法治精神,运用法治思维和法治方式,深化安全生产监管执法体制改革,完善安全生产法律法规和标准体系,严格规范公正文明执法,增强监管执法效能,提高安全生产法治化水平。

坚持源头防范:严格安全生产市场准入,经济社会发展要以安全为前提,把安全生产贯穿城乡规划布局、设计、建设、管理和企业生产经营活动全过程。构建风险分级管控和隐患排查治理双重预防工作机制,严防风险演变、隐患升级导致生产安全事故发生。

坚持系统治理:严密层级治理和行业治理、政府治理、社会治理相结合的安全生产治理体系,组织动员各方面力量实施社会共治。综合运用法律、行政、经济、市场等手段,落实人防、技防、物防措施,提升全社会安全生产治理能力。

2017年1月12日,国务院印发《安全生产"十三五"规划》,明确指出,安全生产基本原则是:改革引领、创新驱动,依法治理、系统建设,预防为主、源头管控,社会协同、齐抓共管。

改革引领,创新驱动:坚持目标导向和问题导向,全面推进安全生产领域改革发展,加快安全生产理论创新、制度创新、体制创新、机制创新、科技创新和文化创新,推动安全生产与经济社会协调发展。

依法治理,系统建设:弘扬社会主义法治精神,坚持运用法治思维和法治方式,完善安全生产法律法规标准体系,强化执法的严肃性、权威性,发挥科学技术的保障作用,推进科技支撑、应急救援和宣教培训等体系建设。

预防为主,源头管控:实施安全发展战略,把安全生产贯穿于规划、设计、建设、管理、生产、经营等各环节,严格安全生产市场准入,不断完善风险分级管控和隐患排查治理双重预防机制,有效控制事故风险。

社会协同,齐抓共管:完善"党政统一领导、部门依法监管、企业全面负责、群众参与监督、全社会广泛支持"的安全生产工作格局,综合运用法律、行政、经济、市场等手段,不断提升安全生产社会共治的能力与水平。

二、我国安全生产管理体制

随着我国社会经济从计划经济的管理体制到有计划的市场商品经济体制再到社会主义市场经济体制的过渡,我国安全生产管理体制经历了一个复杂的发展变化过程,逐步形成了"党政统一领导、部门依法监管、企业全面负责、群众参与监督、全社会广泛支持"的安全生产管理新格局,几个层面互相关联、互相作用,共同构筑成市场经济条件下安全生产工作的监督体系,对安全生产的监督管理更加规范化。

"党政统一领导",是指安全生产工作必须在党中央、国务院和地方各级党委、人民政府的领导下,依据国家法律法规开展安全生产工作,是各级党委、政府加强安全生产组织领导、完善体制机制的具体体现,是落实"党政同责、一岗双责、齐抓共管、失职追责""管行业必须管安全,管业务必须管安全、管生产经营必须管安全"的具体要求,强化地方各级党委、政府对安全生产工作的领导,把安全生产列入重要议事日程,纳入本地区经济社会发展总体规划,推动安全生产与经济社会协调发展,推动落实"促一方发展、保一方平安"的政治责任。

"部门依法监管",是指安全生产监督管理部门和其他负有安全生产监督管理职责的部门,依照有关法律、法规的规定,履行安全生产事项的审查批准、行政执法、受理有关安全生产举报等方面的综合监督管理和相关方面的监督管理职责,依法惩治安全生产领域的违法行为。目前在安全生产监督管理中处于核心地位的是应急管理部和各级应急管理职能部门。

"企业全面负责",是指企业是生产经营活动的主体,是安全生产工作责任的直接承担主体,是安全生产中不容置疑的责任主体。无论何种所有制形式或经营方式的企业,在生产经营活动全过程中要依照法律、法规规定,建立健全自我约束、持续改进的内生机制,必须履行物质保障责任、资金投入责任、机构设置和人员配备责任、规章制度制定责任、教育培训责任、安全管理责任、事故报告和应急救援责任以及法律、法规、规章规定的其他安全生产责任等安全生产法定职责和义务,接受未尽责的责任追究。

"群众参与监督",是指要发动职工群众积极参与隐患排查治理,深入开展群众安全技术革新,加强班组安全建设,认真组织开展群众性安全文化建设,扩宽、公开安全生产信息下达上传渠道,定期向社会公开发布安全生产相关法律法规、政策标准、安全执法、应急管理以及有关地区、行业和企业存在的危险源以及排查治理情况、安全生产工作进展情况等信息,广泛收集群众对安全生产违法行为、安全隐患、安全事故的信息反映和举报,及时公布非法违法生产经营建设行为及事故查处情况,依靠广大职工和社会群众的参与监督,防止和减少安全生产事故发生。"群众参与监督"是我国安全生产工作格局的重要组成部分,是强化安全生产工作的重要举措,是维护人民群众安全健康权益的重要途径。

"全社会广泛支持",是指要发挥全社会各方面的作用,强化舆论宣传引导,坚持正确舆论导向,鼓励各种媒介开办安全生产节目、栏目,加大安全生产公益宣传、知识技能培训、案例警示教育、安全生产新闻宣传等工作力度。鼓励和引导社会力量参与安全文化产品创作和推广,广泛开展面向群众的安全教育活动,强化公共场所的安全文化建设,推动安全文化设施向社会公众开放。凝聚和弘扬以人民为中心的安全发展理念,动员全社会积极参与、广泛支持安全生产工作,在全社会形成关爱生命、关注安全的舆论氛围。

2021年修订的《安全生产法》明确,安全生产工作实行管行业必须管安全、管业务必须管安全、管生产经营必须管安全,强化和落实生产经营单位主体责任与政府监管责任,建立生产经营单位负责、职工参与、政府监管、行业自律和社会监督的机制。

三、国家安全生产监督管理职能分工

根据十三届全国人大一次会议批准的国务院机构改革方案,将国家安全生产监督管理总局的职责、国务院办公厅的应急管理职责、公安部的消防管理职责等十几个部委(局)有关安全生产和应急救援等相关职责进行整合,组建应急管理部,作为国务院组成部门。2018年4月16日,中华人民共和国应急管理部正式挂牌。应急管理部内设22个司局级部门,管理中国地震局、国家矿山安全监察局、消防救援局、森林消防局、国家安全生产应急救援中心、中国消防救援学院招生就业网等六个部属单位。

应急管理部主要是把自然灾害和事故灾难处置的职能整合在一起,按照分级、属地负责的原则,一般性灾害由地方各级政府负责,应急管理部代表中央统一响应支援;发生特别重大灾害时,应急管理部作为指挥部,协助中央指定的负责同志组织应急处置工作,保证政令畅通、指挥有效。

依据《应急管理部职能配置、内设机构和人员编制规定》,国家安全生产监督管理职能大致如下。

(一)关于工矿商贸企业的安全生产监督管理

应急管理部负责全国安全生产综合监督管理。工矿商贸企业的安全生产监督管理实行分级、属地原则,应急管理部负责监督管理工矿商贸行业中央企业安全生产工作,地方各级人民政府应急管理部门负责本地区工矿商贸企业的安全生产监督管理并承担相应的行政监管责任。依法监督检查工矿商贸生产经营单位贯彻执行安全生产法律法规情况及其安全生产条件和有关设备(特种设备除外)、材料、劳动防护用品的安全生产管理工作。依法组织并指导监督实施安全生产准入制度。负责危险化学品安全监督管理综合工作和烟花爆竹安全生产监督管理工作。

(二)关于消防工作

应急管理部负责消防管理工作,负责管理消防救援队伍、森林消防队伍两支国家综合性应急救援队伍,承担相关火灾防范、火灾扑救、抢险救援等工作,组织拟订消防法规和技术标准并监督实施,指导城镇、农村、森林、草原消防工作规划编制并推进落实,指导消防监督、火灾预防、火灾扑救工作,负责森林和草原火情监测预警工作,发布森林和草原火险、火灾信息。

国家林业和草原局负责落实综合防灾减灾规划相关要求,组织编制森林和草原火灾防治规划和防护标准并指导实施;指导开展防火巡护、火源管理、防火设施建设等工作;组织指导国有林场林区和草原开展防火宣传教育、监测预警、督促检查等工作。

（三）关于应急救援

应急管理部组织指导协调安全生产类、自然灾害类等突发事件应急救援,承担国家应对特别重大灾害指挥部工作。负责消防、森林和草原火灾扑救、抗洪抢险、地震和地质灾害救援、生产安全事故救援等专业应急救援力量建设,管理国家综合性应急救援队伍,指导地方及社会应急救援力量建设。

（四）关于安全生产事故调查处理

应急管理部门依法组织指导生产安全事故调查处理,监督事故查处和责任追究落实情况。

（五）关于职业卫生监督管理

职业卫生监督管理的所有职能全部由国家卫健委和地方各级人民政府卫生健康管理部门负责。

（六）关于危化品安全监督管理

应急管理部负责化工(含石油化工)、医药、危险化学品和烟花爆竹安全生产监督管理工作,依法监督检查相关行业生产经营单位贯彻落实安全生产法律法规和标准情况,承担危险化学品安全监督管理综合工作,组织指导危险化学品目录编制和国内危险化学品登记,指导非药品类易制毒化学品生产经营监督管理工作。

公安部负责烟花爆竹运输通行证发放、烟花爆竹运输路线确定工作,管理烟花爆竹禁放工作,实施烟花爆竹厂点四邻安全距离等公共安全管理,侦查非法生产、买卖、储存、运输、邮寄烟花爆竹的刑事案件;国家发展和改革委员会负责拟定烟花爆竹行业规划、产业政策和有关标准、规范。

（七）其他

公安、交通、铁路、民航、水利、建筑、国防科技、邮政、信息产业、旅游、质检、环保等国务院部门具体负责本行业或领域内的安全生产监督管理工作,并承担相应的行政监管职责。应急管理部从综合监督管理全国安全生产工作的角度,指导、协调和监督上述部门的安全生产监督管理工作。

特种设备的目录、安全技术规范以及检查特种设备的生产、经营、使用、检验检测机构、检验检测人员、作业人员事故调查处理等安全监督管理职责由国家市场监督管理总局负责。

第三节 习近平总书记关于安全生产的重要论述

习近平总书记对安全生产极为重视,多次主持召开中央政治局常委会会议,听取安全生产工作汇报,发表安全生产重要讲话论述,对安全生产工作作出重要指示批示。习近平总书记关于安全生产的重要论述思想深邃、内涵丰富,是习近平新时代中国特色社会主义思想的重要组成部分。它系统回答了如何认识安全生产工作、如何做好安全生产工作等重大理论和现实问题,是安全生产经验教训的科学总结,是我们开展安全生产工作的根本遵循和行动指南。图3-1从十个方面归纳了习近平关于安全生产的重要论述。

一、必须牢固树立安全发展理念

"人命关天,发展决不能以牺牲人的生命为代价。这必须作为一条不可逾越的红线,要

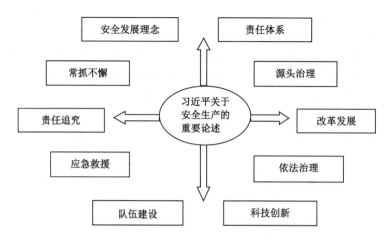

图 3-1　习近平关于安全生产的重要论述

时刻把保护人的生命放到首位。"

"不能要带血的生产总值。"

"各级党委和政府、各级领导干部要牢固树立安全发展理念,始终把人民群众生命安全放在第一位,牢牢树立发展不能以牺牲人的生命为代价这个观念。这个观念一定要非常明确、非常强烈、非常坚定。"

"要始终把人民生命安全放在首位,以对党和人民高度负责的精神,完善制度、强化责任、加强管理、严格监管,把安全生产责任制落到实处,切实防范重特大安全生产事故的发生。"

总书记的重要论述,要求我们必须始终坚持以人民为中心,坚持生命至上、安全第一,切实把安全作为发展的前提、基础和保障。

二、必须建立健全最严格的安全生产责任体系

"所有企业都必须认真履行安全生产主体责任,善于发现问题、解决问题,采取有力措施,做到安全投入到位、安全培训到位、基础管理到位、应急救援到位,把问题解决在基层,把隐患消灭在萌芽状态。中央企业要带好头做表率,中央企业一定要提高管理水平,给全国企业做标杆。"

"落实安全生产责任制,要落实行业主管部门直接监管、安全监管部门综合监管、地方政府属地监管,坚持管行业必须管安全,管业务必须管安全,管生产必须管安全,而且要健全党政同责、一岗双责、齐抓共管、失职追责的安全生产责任体系。"

"安全生产工作,不仅政府要抓,党委也要抓,党政一把手要亲力亲为、亲自动手抓。"

"坚持最严格的安全生产制度,什么是最严格?就是要落实责任。要把安全责任落实到岗位、落实到人头。"

"当干部不要当得那么潇洒,要经常临事而惧,这是一种负责任的态度。要经常有睡不着觉、半夜惊醒的情况,当官当得太潇洒,准要出事。"

总书记的重要论述,要求无论是地方党委还是政府,无论是综合监管部门还是行业主管部门,无论是中央企业还是其他生产经营单位,都必须把安全生产责任牢牢扛在肩上,丝毫不动摇、一刻不放松。要构建全方位的安全生产责任体系，坚持"党政同责、一岗双责、齐抓共管、失职追责""管行业必须管安全、管业务必须管安全、管生产经营必须管安全"和"一岗双责、谁主管、谁负责"要求，使领导责任、监管责任、主体责任明确到位，从不同角度抓严抓实。

三、必须警钟长鸣、常抓不懈

"安全生产必须警钟长鸣、常抓不懈，丝毫放松不得，每一个方面、每一个部门、每一个企业都放松不得，否则就会给国家和人民带来不可挽回的损失。"

"对安全生产工作，有的东一榔头西一棒子，想抓就抓，高兴了就抓一下，紧锣密鼓。过些日子，又三天打鱼两天晒网，一曝十寒。这样是不行的。要建立长效机制，坚持常、长二字，经常、长期抓下去。"

"一厂出事故，万厂受教育，一地有隐患，全国受警示。"

总书记的重要论述，要求我们必须充分认识安全生产工作的艰巨性、复杂性、突发性、长期性，任何时候都不能掉以轻心，兢兢业业做好安全生产各项工作。

四、必须加强安全生产源头治理

"对易发重特大事故的行业领域采取风险分级管控、隐患排查治理双重预防性工作机制，推动安全生产关口前移，加强应急救援工作，最大限度减少人员伤亡和财产损失。"

"要吸取血的教训，痛定思痛，举一反三，开展一次彻底的安全生产大检查，坚决堵塞漏洞、排除隐患。"

"宁防十次空，不放一次松。"

"不放过任何一个漏洞，不丢掉任何一个盲点，不留下任何一个隐患。"

"安全生产，要坚持防患于未然。要继续开展安全生产大检查，做到全覆盖、零容忍、严执法、重实效。"

"要站在人民群众的角度想问题，把重大风险隐患当成事故来对待……"

"要采用不发通知、不打招呼、不听汇报、不用陪同和接待，直奔基层、直插现场，暗查暗访。要加大隐患整改治理力度，建立安全生产检查责任制，实行谁检查、谁签字、谁负责，做到不打折扣、不留死角、不走过场，务必见到成效。"

总书记的重要论述，深刻指示了安全生产的内在规律，要求我们必须从源头上管控风险、消除隐患，防止风险演变、隐患升级，导致事故发生。

五、必须强化安全生产责任追究

"追责不要姑息迁就。一个领导干部失职追责，撤了职，看来可惜，但我们更要珍惜的是不幸遇难的几十条、几百条活生生的生命！"

"对责任单位和责任人要打到疼处、打到痛处，让他们真正痛定思痛、痛改前非，有效防止悲剧重演。造成重大损失，如果责任人照样拿高薪，拿高额奖金，还分红，这是不合理的。"

总书记的重要论述振聋发聩，警示我们各级领导干部一定要以对党和人民高度负责的态度，时刻把人民群众生命财产放在第一位，对发生的事故要汲取血的教训，及时改进制度措施，毫不松懈，一抓到底。

六、必须深化安全生产领域改革

"推进安全生产领域改革发展,关键是要作出制度性安排,依靠严密的责任体系、严格的法治措施、有效的体制机制、有力的基础保障和完善的系统治理,解决好安全生产领域的突出问题,确保人民群众生命财产安全。"

"这涉及安全生产理念、制度、体制、机制、管理手段改革创新。"

总书记的重要论述,既有安全生产改革总体要求,也有具体化针对性要求,各地区、各部门都要从安全监管最薄弱环节着手,查漏洞、补短板,不断推进安全生产创新发展。

七、必须完善安全生产应急救援体系

"要认真组织研究应急救援规律。"

"提高应急处置能力,强化处突力量建设,确保一旦有事,能够拉得出、用得上、控得住。"

"最大限度减少人员伤亡和财产损失。"

总书记的重要论述,要求我们必须始终把做好应急救援工作作为安全生产工作的重要内容,持之以恒加强应急能力建设,为人民生命财产安全把好最后一道防线。

八、必须强化依法治理安全生产

"必须强化依法治理,用法治思维和法治手段解决安全生产问题,加快安全生产相关法律法规制定修订,加强安全生产监管执法,强化基层监管力量,着力提高安全生产法治化水平。这是最根本的举措。"

总书记的重要论述,要求建立完善的安全生产法治体系,严格的法治措施,从根本上消除对安全生产造成重大影响的非法违法行为等顽症痼疾,真正实现安全生产形势的持续稳定好转,实现安全生产治理体系和治理能力的现代化。

九、必须加强安全监管监察干部队伍建设

"党的十八大以来,安全监管监察部门广大干部职工贯彻安全发展理念,甘于奉献、扎实工作,为预防生产安全事故作出了重要贡献。"

"加强基层安全监管执法队伍建设,制定权力清单和责任清单,督促落实到位。"

总书记的重要论述,充分肯定了安全监管监察干部队伍付出的艰辛努力,同时要求我们进一步加强干部队伍建设,规范执法行为,强化责任担当。

十、必须依靠科技创新提升安全生产水平

"解决深层次矛盾和问题,根本出路就在于创新,关键要靠科技力量。"

"在煤矿、危化品、道路运输等方面抓紧规划实施一批生命防护工程,积极研发应用一批先进安防技术,切实提高安全发展水平。"

总书记重要论述,要求我们必须把科技兴安摆在更加重要位置,大力提高科技创新能力,提高安全生产本质化水平。

我们要深入学习宣传贯彻习近平总书记关于安全生产的重要论述,树牢安全发展理念,强化底线思维和红线意识,坚持问题导向、目标导向和结果导向,深化源头治理、系统治理和

综合治理;抓紧建立健全安全生产责任体系,完善和落实安全生产责任和管理制度,健全落实党政同责、一岗双责、齐抓共管、失职追责的安全生产责任制,强化企业主体责任落实;切实在转变理念、狠抓治本上下功夫,完善和落实"从根本上消除事故隐患"的责任链条、制度成果、管理办法、重点工程和工作机制,针对安全生产工作实际,扎实抓好安全生产各项工作,扎实推进安全生产治理体系和治理能力现代化。

第四节 地勘单位安全生产管理

依据《非煤矿矿山企业安全生产许可证实施办法》(国家安全生产监督管理总局令第20号,2015年修订),地勘单位安全生产管理划归非煤矿山的管理序列,属于二类高危企业。

一、目前地勘单位安全生产管理的特点和难点

(一)施工项目类型增多,生产规模逐渐扩大,施工安全风险越来越大

进入21世纪后,随着地勘市场形势好转和社会国民经济发展需要,大部分地勘单位从单纯的矿产地质勘探主业延伸到矿产地质勘探、地质灾害治理、矿山环境恢复治理、煤层气勘探、地热资源勘探、城市地质勘察、岩土工程施工、环境工程施工等领域。随着施工项目类型和数量的增多,生产施工规模逐渐扩大,一线作业工人数量急剧增多,但素质技能良莠不齐,作业设备也呈现大型化、自动化、尖端化的特点,施工安全风险越来越大。

(二)项目施工地域扩大、分散,施工环境安全条件较差

除了一些属地化管理的公益性地勘单位外,许多地勘单位的施工地域从原来勘探程度高的地域向勘探程度低的地域转移,从分布在2~3个省份拓展到几个到十几个省份,由原来的点多线长转变为点更多线更长。随着国家对地勘资金投入的急剧减少,商业地勘越来越萎靡不振,单个项目金额规模很难超过1 000万元,并且要求工期短。许多地勘项目分布于新疆、内蒙古、宁夏、青海、云南等边远地区,施工地区自然条件比较恶劣。一些地质钻探类项目往往又处在勘探空白区,许多都是"遭遇战",钻探施工安全风险不可控程度显著增高。

(三)队伍规模萎缩,各类管理人员缺乏

近几年来,一些属地化地勘单位已开始或完成事业单位属性改革,但由于地勘单位长期以来的事业单位属性,使得各类人员难进、队伍萎缩的情况日益加剧。虽然农民工(劳务工)做了相当大的人数补充,但其存在着的"三低一差"(文化低、素质低、能力低、安全意识差)特性和临时心态,使得队伍整体能力大打折扣。多数地勘单位的薪金收入与其工作条件不相匹配,使得地勘专业生源难招、毕业生难留的现象愈加突出。很多地勘单位人员急剧萎缩,各类管理人员缺乏,安全生产管理人员亟缺的现象更加突出。

(四)钻探施工设备基本实现了更新换代

钻探施工是地质勘探的主要手段,钻探设备也是地勘设备的主要组成。随着资源勘探深度逐步增大,钻探设备如钻机、钻塔(井架)、泥浆泵等更新换代加快,更多地呈现能力大型化、操作自动化、性能尖端化的特点。

(五)外协队伍已成为项目施工的主力

近年来,随着地勘市场的快速发展,由于地勘单位自有设备和人力资源有限,其生产经

营规模的扩大主要是靠大量的外协队伍。许多地勘队伍外协钻机规模占比达80%及以上，地质灾害治理、矿山环境恢复、基础基坑等项目的作业施工，甚至全部交由外协队伍承担。但外协队伍的设备装备、管理水平及职工素质差别较大，有的外协队伍管理制度不健全、安全设施不完善，大部分都是凑合施工，更谈不上文明施工和本质安全管理。尤其是有的外协队伍承担施工的项目，由于环境条件较差、施工工艺复杂、施工难度大，使得安全生产形势严峻而又复杂。

（六）项目的生产安全管理难度加大

项目部管理是许多钻探类项目常见的管理模式，小型项目部管理几台钻机，大型项目部管理十几台甚至几十台钻机，而项目部管理人员的数量和素质能力往往不满足法规条例要求和项目管理需要，生产安全管理存在隐患。许多勘探项目，简化勘探程序，缩短勘探周期，钻探施工要求"大干快上"和"规模作战"，短时间内调集几台、几十台甚至上百台钻机进行同时施工，设备配套、人员组织和工艺技术等方面都存在凑合施工和随意管理的状况，给安全生产带来较大隐患。而规模较小的地勘项目，只有一两台钻机施工，单机作业又地处偏远的山区，交通不便，后勤供应难以保障，增大了生产安全管理的难度。民营地勘队伍是地勘作业的主力，但多数规模不大、管理松散，安全管理存在较大随意性，增加了生产安全的风险隐患。

二、地勘单位安全管理存在的主要问题

多数地勘单位在生产经营快速发展的同时，积极适应新形势新发展要求，安全生产管理更加制度化、系统化和规范化，企业安全生产主体责任和全员安全生产责任得到较好落实，安全生产管理水平得到长足进步。但也存在一些问题和不足，有的更加凸现，主要表现在以下几个方面。

（一）企业安全生产主体责任还没有完全落实到位

有相当比例的地勘单位，在落实八个方面的企业安全生产主体责任方面存在不全面、不到位的情形，如机构设置和人员配备方面，很多地勘单位没有专职安全管理部门，专兼职安全管理人员数量也不够；安全生产管理制度比较健全，但执行起来较差，有时还存在"说起来重要，做起来次要，忙起来不要"的现象；对外协队伍安全生产管理有时还存在"以包代管"的现象。

（二）外协队伍安全生产的管理和能力存在严重不足

许多外协队伍规模不大、管理松散，无安全生产许可证，安全管理体系缺失，安全生产制度不健全或流于形式甚至没有。不重视甚至不开展职工安全教育培训，从业人员特别是一线工人安全意识差、能力低，作业行为不规范，"三违"现象时有发生，特种作业人员缺失现象比较严重。存在安全生产资金投入方面明显不足、安全设施缺失的现象；作业人员配备不足，"二班倒"疲劳作业现象较普遍。

（三）安全生产制度方面存在问题和不足

大部分地勘单位本部的安全生产管理制度比较健全，但有的还是流于形式，指导意义和可操作性不强；项目部和钻机的安全生产管理制度办法，存在着内容不齐全、重点不突出、可操作性不强的现象。在制度办法的执行方面，也存在着选择性执行、执行不到位甚至不执行的情形。

（四）安全生产管理人员的素质和能力有待提高

安全生产管理具有很强的实践性和知识性，要求安全生产管理人员要熟悉安全生产法律法规，具备扎实的专业知识、丰富的实践经验和高度的敬业精神。但多数安全管理人员要么文化水平不高、要么知识能力欠缺、要么一线实践经验不足，有的履职担当意识不够，缺乏敬业精神，在安全生产的管理、监督、指导和服务等方面存在明显不足。

（五）安全标准化建设存在较大差距

很多地勘单位开展了标准化工地建设，但有的只是注重于外表的"形"，缺乏内在的"实"。多数地勘单位还未开展企业安全标准化建设和认证工作。

（六）安全生产教育培训的效果有待提高

《生产经营单位安全培训规定》对主要负责人、安全生产管理人员、从业人员和特种作业人员安全培训的内容、时间、考核、建档等方面做了明确规定，但多数地勘单位对一线工人的安全培训，还存在着时间不太够、内容不太符的情况，存在安全培训没有建立档案或建档不全的现象。

三、地勘单位安全生产管理

地勘单位发生的生产安全事故，主要原因是人的不安全行为和物的不安全状态，根本原因是管理上的缺陷，是制度办法方面的缺失。做好地勘单位安全生产管理，必须严格依据国家法律法规和技术规范，结合本单位实际情况建立健全和完善安全生产管理制度，并认真落实执行。

这些安全生产管理制度概括起来主要体现在21个方面：各级安全生产责任制度；安全生产会议制度；安全生产教育培训制度；安全生产投入保障制度；外协队伍及临时劳务员工安全管理制度；危大项目、重点工程项目的安全评估制度；项目分级管理制度；安全风险（危险源）辨识与管控制度；安全设施、设备综合管理制度；劳动防护用品配备、使用和管理制度；特种作业人员管理制度；危险物品、易燃易爆用品的使用与管理制度；标准化工地建设管理制度；交通运输安全管理制度；承包和发包项目安全管理规定；应急预案管理和演练制度；岗位作业安全规程和工种安全操作规程；安全生产检查及事故隐患排查治理制度；生产安全事故信息报告和调查处理制度；安全生产考核和奖惩制度；安全生产档案（台账）管理制度；其他必须建立的安全生产制度。

（一）安全生产责任制度

根据《安全生产法》第四条之规定，生产经营单位必须遵守本法和其他有关安全生产的法律、法规，加强安全生产管理，建立健全全员安全生产责任制和安全生产规章制度。

1. 安全生产目标责任制

安全生产目标责任制是安全生产目标与安全生产责任的管理的综合。安全生产目标是生产经营单位确定的、在一定时期内应达到的安全生产总目标，安全生产责任是生产经营单位各级领导、各个部门、各类人员各自职责范围内对安全生产应负的责任，安全生产目标只有通过落实安全生产责任才能完成，落实安全生产责任是为了完成各项安全生产目标。

为了保证生产经营活动的正常进行，生产经营单位必须加强安全生产责任目标管理。制订自上而下、切实可行的安全生产目标，形成以总目标为中心、全体人员参与的安全生产目标体系。

（1）安全生产目标的确定

根据生产经营单位的生产经营类型和规模大小，以及安全管理的难易程度等因素确定安全生产目标，并签订《安全生产责任书》。其主要指标有：① 工伤事故——杜绝因工伤亡事故，重伤率不大于 0.5‰，轻伤率不大于 6‰；② 施工事故——杜绝直接经济损失超过30 万元的施工责任事故，孔故率不大于 4%；③ 交通、火灾、机械设备等事故——杜绝直接经济损失超过 20 万元的交通、火灾、机械设备等责任事故，机故率不大于 2%；④ 安全生产管理机构——按法律法规要求设置；⑤ 安全教育培训——安全管理人员和特种作业持证上岗率、新工人上岗前"三级教育"率、职工再教育率达到 100%；⑥ 事故隐患——重大事故隐患排查治理率达到 100%；⑦ 日常安全管理工作。

（2）安全生产目标体系的建立

安全生产目标体系就是将安全生产目标网络化、细分化的体系。安全生产目标责任展开要做到横向到边，纵向到底，纵横连锁形成网络。横向到边就是把生产经营单位的总目标分解到各个部门；纵向到底就是把单位的总目标由上而下一层一层分解，明确落实到各级干部及职工。把安全生产目标有效明确展开，是确保体系建立的重要环节。

（3）安全生产目标措施体系

安全生产目标措施体系是安全生产目标落实的保证，它是安全措施（包括组织保证措施、技术保证措施、管理保证措施等）的具体化、系统化，是安全责任目标管理的关键部分。

根据目标层层分解的原则，保证措施也要层层落实，做到目标和保证措施相对应，使每个目标值都有具体保证措施。就目前地勘单位安全管理来看，保证措施就是以签订《安全生产责任书》为中心的各项安全生产责任制的落实。比如提高各级领导干部的安全生产意识，加强全员安全培训，提高全员安全技术素质；增强安全生产的责任感，编制和修订各类安全管理制度；积极推进标准化工地（项目部和钻机）建设，加强安全生产检查力度，通过安全生产的精细化检查来促进安全生产目标的实现。加强施工现场危险因素（危险源）辨识管控和文明施工管理工作，及时消除事故隐患，开展事故预测预防，提高预防事故发生能力。

安全生产目标体系与措施体系的关系，就是所制定的目标要有具体的安全措施来保证，并做到目标自上而下层层分解，措施要自上而下层层保证。

2. 安全生产管理责任纵向到底的管理

地勘单位安全生产管理责任制，是一个管理体系，主要是指对本单位安全生产管理工作负有主要责任的各级管理者责任制度。从单位的主要负责人到钻机的机班长，每个管理者在自身岗位上都要对安全生产管理工作负有相应的责任，安全生产管理责任要层层落实、纵向到底。当某单位发生安全事故需要追究责任的时候，往往不是追究某个领导的责任，而是追究与事故相关的、负有相应责任的一部分人的责任。对事故查明原因后，如果在某个环节上没有尽到安全生产管理责任的，那么相应负责人就要承担主要责任，其他有关人员承担相应责任。

（1）主要负责人安全生产责任

地勘单位具有时代的特殊性，目前，有的地勘单位是公益性的事业单位，有的是"事业单位帽子、企业单位管理""一套人马，两块牌子"的公益性企业，有的是完全企业化身份、实行企业化管理。

单位主要负责人，事业单位主要是指局长（所长）、队长（院长）；非公司制的企业或单位

（公益性企业）是指企业或单位的队长、院长、厂长、经理等法定代表人，法定代表人与对生产经营活动有决策权的实际控制人不一致的，包括实际控制人；有限责任公司和股份有限公司是指公司董事长和经理（总经理、首席执行官或其他对生产经营活动有决策权的实际控制人）等；不具有法人资格的单位，是指其主要负责人和实际控制人。

各单位主要负责人是本单位安全生产第一责任人，承担本单位安全生产全面领导责任。对本单位安全生产工作负有下列主要责任：① 建立健全并落实本单位全员安全生产责任制，加强安全生产标准化建设；② 组织制定并实施本单位安全生产规章制度和操作规程；③ 组织制定并实施本单位安全生产教育和培训计划；④ 保证本单位安全生产投入的有效实施；⑤ 组织建立并落实安全风险分级管控和隐患排查治理双重预防工作机制，督促、检查本单位的安全生产工作，及时消除生产安全事故隐患；⑥ 组织制定并实施本单位的生产安全事故应急救援预案；⑦ 及时、如实报告生产安全事故。

主要负责人除履行上述安全生产工作责任外，还应落实下列安全生产事项：① 定期主持召开安全生产例会，听取工作汇报，协调解决重大问题，形成会议纪要；② 每季度至少组织一次安全生产全面检查，研究分析安全生产存在的问题；③ 每年至少组织并参与一次生产安全事故应急救援演练；④ 发生生产安全事故时迅速组织抢救，做好善后处理工作，配合调查处理；⑤ 每年向职工大会或者职工代表大会报告安全生产工作和个人履行安全生产管理职责的情况；⑥ 与下属单位签订年度安全生产目标责任书。

（2）党委（党支部）书记安全生产责任

按照"党政同责，一岗双责"要求，各单位党委（党支部）书记与主要负责人共同承担本单位安全生产全面领导责任。对本单位安全生产工作负有下列主要职责：① 负责组织宣传和贯彻落实党和国家安全生产方针、政策、法律、法规，领导和组织政工部门、党团组织，做好企业安全文化建设，营造良好的安全生产环境和安全文化氛围；② 负责召集和主持召开本单位党委（党支部）会议，分析研究安全生产工作，提出安全工作的意见，研究安全生产管理干部的任免事项，研究制定安全生产宣传教育工作，督促制定落实相关保障措施；③ 组织制定党委（党支部）班子成员、分管部门负责人的安全生产责任制，参与企业安全生产责任制、安全生产规划和安全生产管理制度的审定和监督考核，组织制定本单位安全文化发展规划、年度安全生产宣传计划，并督促实施；④ 负责将安全生产工作纳入干部考核和党委（党支部）工作考核，实现安全生产"一票否决"；⑤ 督促本单位依法设置安全生产管理机构，配备安全生产管理人员，依法依规开展安全生产管理活动；⑥ 参与安全生产办公会，对安全生产重大事项、重大安全决策提出意见；参与事故抢险救援，负责安全保卫、信息发布、善后处理工作；参与制定对生产安全事故责任人及事故单位的处理意见，并督促落实；落实发生重大事故向上级党委汇报制度；⑦ 参与审定本单位年度安全工作报告、安全会议主要议程以及表彰安全先进单位和个人等事项；⑧ 履行法律、法规规定的其他安全生产职责。

（3）分管安全生产工作负责人安全生产责任

协助主要负责人做好本单位安全生产管理工作，承担安全生产直接管理领导责任。对本单位安全生产工作负有下列主要职责：① 贯彻执行党和国家安全生产方针、政策、法律、法规，严格落实上级主管部门安全生产规定与要求；② 组织或参与制定安全生产责任制，并对落实执行情况进行督导；③ 组织制定安全生产规章制度和操作规程，并督导执行，收集执行情况，不断完善，持续改进；④ 组织编制安全生产经费投入计划，并监督其有效实施；

⑤ 组织安全生产检查工作,及时消除生产安全事故隐患;⑥ 组织制定安全生产教育培训计划,并督导实施;⑦ 监督检查各职能部门、下属各单位、分支机构等落实安全生产责任;⑧ 组织构建安全风险管控和隐患排查治理双重预防体系建设;⑨ 组织开展安全生产标准化建设和岗位精细化管理,推广先进适用安全技术装备,更新淘汰落后生产工艺技术装备;⑩ 提出表彰安全先进单位和个人的建议;⑪ 负责对违章指挥、违规作业、违反劳动纪律行为的处罚和责任追究;发生较大伤亡事故,要立即组织抢救,开展事故抢险救援,主持或协助事故调查分析,提出处理意见和改进措施,并督促实施;⑫ 及时、如实向主要负责人报告生产安全事故。

(4)领导班子其他成员安全生产责任

其他领导班子成员应按照分工做好各自主管范围内的安全生产工作,对主管范围内的安全生产工作负直接领导责任。对本单位安全生产工作负有下列主要职责:① 贯彻执行党和国家安全生产方针、政策、法律、法规,严格落实上级和本单位的安全生产规定要求;② 参与本单位安全生产重大事项的决策与处置,参与审定本单位表彰安全先进单位和个人等事项;③ 做好主管/分管业务范围内(部门)的安全生产工作,督促制定和落实分管部门全员安全生产责任制;④ 履行法律、法规规定的其他安全生产职责。

(5)安全生产部门负责人安全生产职责

在分管安全生产工作负责人领导下,组织带领本部门人员,认真贯彻执行国家和上级有关安全生产的方针、政策和各项管理制度,落实本部门安全生产管理责任,负责做好本部门安全生产管理工作。安全生产主要职责:① 拟定本单位安全生产规章制度、操作规程和生产安全事故应急预案;② 主持或参与本单位安全生产教育培训;③ 编制安全费用投入计划,监督安全生产费用提取和使用;④ 落实重大危险源安全管理措施,对举报的安全生产违法行为进行调查,主持或者参与本单位应急救援演练;⑤ 建立风险分级管控和隐患排查治理双重预防工作机制,督促落实安全生产整改措施;⑥ 检查本单位的安全生产状况,制止和纠正违章指挥、强令冒险作业、违反操作规程的行为;⑦ 主持开展或配合事故调查处理;⑧ 掌握安全生产动态,通报安全信息;遇重大问题,及时向主要负责人、分管负责人汇报;⑨ 对各类事故进行统计、汇总和上报。

(6)专职安全员安全生产责任

专职安全员是安全生产管理工作的骨干力量,专门负责安全生产工作的监督、指导、检查工作,开展安全生产培训、教育,提供安全生产建议、咨询,应具备丰富的安全生产知识,宜具备注册安全工程师证书。专职安全生产管理人员应履行下列职责:① 组织或者参与拟订本单位安全生产规章制度、操作规程和生产安全事故应急救援预案;② 组织或者参与本单位安全生产教育和培训,如实记录安全生产教育和培训情况;③ 组织开展危险源辨识和评估,督促落实本单位重大危险源的安全管理措施和事故隐患整改措施;④ 组织或者参与本单位应急救援演练;⑤ 检查本单位的安全生产状况,掌握本单位安全生产动态,及时排查生产安全事故隐患,提出改进安全生产管理的建议;⑥ 监督、检查操作人员的遵章守纪情况,制止和纠正违章指挥、强令冒险作业、违反操作规程的行为;⑦ 组织、参与安全技术交底和安全设施、施工用电、施工机械的验收;⑧ 检查劳动保护用品的质量,反馈使用信息,对进入现场使用的各种安全用品及机械设备,配合材料部门进行验收检查工作;⑨ 协助生产安全事故的调查处理。

（7）项目经理（机长）安全生产职责

项目部是地勘单位的派出机构，也是地勘单位最基层的管理机构，项目经理（机长）对本项目（钻机）安全生产负全面责任。项目经理（机长）应履行下列职责：① 依据国家安全生产法律法规和本单位安全生产管理制度，组织制定本项目（钻机）以安全生产责任制为首的各项安全生产制度、安全操作规程，按规定进行报批（报备）并督促其落实；② 组织建立本项目（钻机）安全生产管理机构，制定安全生产目标和管理计划；③ 组织开展本项目（钻机）安全风险（危险源）的辨识，制定管控措施并督促其落实；④ 组织制订本项目（钻机）安全生产费用使用计划，并保证资金到位和有效使用；⑤ 组织开展本项目（钻机）安全生产教育培训工作，对新工人"二级、三级"的安全生产教育培训工作进行检查；⑥ 组织开展本项目（钻机）的安全生产检查，负责督导对较大及以上安全隐患进行整改；⑦ 组织开展本项目（钻机）召开安全生产例会，重大事项及时向上级请示汇报；⑧ 发生事故后，按规定时限、程序进行报告，并按规定履行组织抢救、保护现场、参加事故调查和落实整改措施。

（8）班组长的安全生产职责

班组长全面负责本班组的安全生产，是安全生产法律、法规和规章制度的直接执行者，是做好安全生产工作的关键。班组长应履行下列职责：① 贯彻执行本单位对安全生产的规定和要求，在安全生产方面以身作则、模范带头，不违章指挥、不违规作业、不强令工人冒险作业；② 督促本班组工人遵守有关安全生产规章制度和安全操作规程，正确佩戴和使用个人劳动防护用品；③ 组织开展对各种设备和安全设施进行检查和维护；④ 制止本班组职工在作业过程中的不安全行为；及时发现生产中的安全隐患，并正确处置、及时报告。

（9）岗位工人安全生产职责

岗位工人是生产活动中最基本、最活跃的群体，也是与危险因素最直接接触的群体。岗位工人应认真履行以下安全生产职责：① 牢记"安全生产、人人有责"，树立"安全第一"的思想；② 接受安全生产教育和培训，掌握本工种的安全操作规程及有关方面的安全知识，努力提高安全技术水平，增强事故预防和应急处理能力；③ 认真学习和严格遵守本单位的安全生产规章制度和操作规程，正确佩戴和使用劳动防护用品和安全设施，服从管理、不违章操作、不冒险作业，做到"四不伤害"；④ 不随便开动他人使用操作的机械、电器设备等，不无证进行特殊作业；⑤ 随时检查工作岗位的环境和使用的工具、材料和电气、机械设备，做好文明施工和各种机具的维护保养工作；积极提出防止事故发生、促进安全生产、改善劳动条件的合理化建议，发现事故隐患或者其他不安全因素，应当立即向现场安全生产管理人员或者本单位负责人报告；⑥ 发扬团结友爱精神，在遵守安全规章制度等方面做到互相帮助、互相监督；对新工人要积极传授安全生产知识，维护一切安全设施和防护用具，做到正确使用，不准拆改。

3. 安全生产管理责任横向到边的管理

地勘单位中的安全、生产、技术、设备、材料、教育、劳资、人事、财务、保卫、工会、纪检监察等职能部门，应在其职责范围内分别建立健全安全生产责任制。各部门安全生产管理职责包括以下内容：

（1）安全生产部门安全生产职责：① 组织或者参与拟订本单位安全生产规章制度、操作规程和生产安全事故应急救援预案；② 组织或者参与本单位安全生产教育和培训，如实记录安全生产教育和培训情况；③ 组织开展危险源辨识和评估，督促落实本单位重大危险源的安全管理措施,对安全生产违法行为的举报进行调查;④ 组织或者参与本单位应急救援演练;⑤ 负责建立风险分级管控和隐患排查治理双重预防工作机制;对危险源进行动态分级分类辨识、评价和管控,及时排查治理安全生产隐患;对重大危险源和安全生产隐患建立档案,及时报告和公示;⑥ 检查本单位的安全生产状况,掌握本单位安全生产动态,及时排查生产安全事故隐患,提出改进安全生产管理的建议;⑦ 督促落实本单位安全生产整改措施;⑧ 在安全生产委员会(安全生产小组)领导下,开展或配合事故调查处理;⑨ 掌握安全生产动态,通报安全信息,遇重大问题及时向主要负责人、分管负责人汇报;⑩ 负责各类事故的调查、报告以及员工伤亡、火灾、交通事故报表的汇总上报;⑪ 建立举报制度,公开举报电话、信箱或者电子邮件地址,受理有关安全生产的举报;受理的举报事项经调查核实后,应形成书面材料,需要落实整改措施的,报经有关负责人签字并督促落实。

(2)工会部门安全生产职责:① 依法组织职工参加安全生产的民主管理和民主监督,维护员工在安全生产方面的合法权益,负责建立群众性兼职安全生产管理网络;② 及时发现违反安全生产法律、法规和侵犯从业人员合法权益的行为,并要求纠正;③ 发现违章指挥、强令冒险作业或发现事故隐患时,应及时提出解决的建议;发现危及从业人员生命安全的情况时,立即向单位建议组织从业人员撤离危险场所;④ 参与有关安全生产规章制度的制定或者修改;⑤ 负责监督职工健康和职业病防治管理,对职工劳动保护及职业病防治措施落实情况进行监督检查;⑥ 依法参加事故调查,向领导提出处理意见,并要求追究有关人员的责任。

(3)其他相关部门安全生产职责:① 财务部门,应当及时足额提取安全生产费用,确保有效投入;② 技术科技部门,应当加强技术安全交底教育,推广应用安全生产新技术新工艺新方法,加强安全科技创新;③ 劳动人事部门,应当负责和加强职工安全教育培训,做好职工队伍建设;④ 纪检监察部门,要依法依规对屡次产生重大安全事故隐患、发生人身伤亡事故的责任单位和人员实施监督监察;⑤ 宣传部门,要积极开展安全生产宣传教育,对违反安全生产法律法规的行为进行舆论监督。

各单位应建立覆盖本单位各部门、管理人员、岗位员工的安全生产责任制,明确各部门和全体员工的安全生产管理职责,做到安全生产责任"横向到边、纵向到底",做到"层层负责、人人有责、各负其责"。安全生产责任制应简练、实用,符合岗位要求,具有针对性和可操作性。

4.安全生产(目标)责任的评价与考核

按照安全生产目标的目标和时限要求,在生产施工过程中和结束后,依据安全生产责任制规定的检查考核内容和办法,对各项目标和责任完成情况进行检查、考核。

(1)评价内容。一般包括各层次目标执行情况,各类存在问题的情况。

(2)评价方法。常用的评价方法主要有百分分配法和综合评价法。百分分配法即我们常用的打分法。综合评价法的公式为:

$$综合评价=完成程度×困难程度×努力程度+修正值$$

修正值是因客观条件出乎意料的变化,使目标完成比制定目标变难(+)或变易(-)而给定的一个数值。三者比例大小为:完成程度>困难程度>努力程度。

(3)评价步骤。首先,目标执行者对目标完成情况按照规定的标准进行自我评价,对完成目标的计划、措施、执行效果等进行评价。其次,上级以检查评判结果为依据,在分析讨论的基础上,对目标执行者的工作情况做出科学的评价。

(4)结果考核。评价考核标准分为集体或个人标准两类。考核原则是:① 对领导干部的考核,主要考核其履职情况,其中是否发生生产安全事故是关键主要指标;② 对经营生产单位的考核,主要是考核其生产经营期间的事故指标和日常安全生产管理工作,如安全机构、安全制度、安全教育培训、安全投入使用、安全检查、事故隐患排查与整改、应急预案与演练等。

5. 安全生产责、权、利相结合

单位实行安全生产目标责任制管理时,要明确各级领导及职工在目标管理中的职责,同时要赋予他们日常管理的相应权力,还要给予他们相应的利益。做到责、权、利有机地结合,调动各级领导干部和广大职工参与安全目标的积极性。评价结果应作为奖惩依据,严格奖惩兑现,以保证安全目标管理的持久性和严肃性。

(二)安全生产会议制度

为了加强安全生产,认真贯彻上级各项安全生产的方针、政策,研究解决安全生产中的重大问题,要求定期或不定期召开安全生产会议。

1. 安全生产工作会议

由安全生产管理部门和办公室召集,主要负责人主持,班子成员、各部室负责人、安全生产管理部门全体人员以及所属单位相关人员参加,每年召开一次年度安全生产工作会议。会议主要传达上级主管单位年度安全生产工作会议精神,总结本单位一年来安全生产工作情况,表彰先进,制定下年度安全生产工作目标,部署新的一年安全生产工作,签订安全生产责任书。另外,应以 1 号文件印发《××年度安全生产工作要点》。

2. 安委会会议

局(集团公司)每半年、队(公司、院)每季度召开一次安委会会议,由安委办召集,主要负责人主持,全体委员参加。会议主要总结一段时期以来的安全生产情况,分析安全生产形势,查找安全生产不足,明确部署安全生产工作,决定安全生产工作的奖励和重大安全生产事故的处理,研究解决重大的安全生产问题。

3. 安全生产调度会议

局(集团公司)每个季度、队(公司、院)每月都要按时召开生产安全调度会议,由安全生产管理部门召集,分管负责人主持,相关部室负责人、安全生产管理部门全体人员以及所属单位相关人员参加。会议要全面掌握生产安全动态,研究部署工作措施,把控安全生产工作,实现更为有效的监督、管理、指导和服务。

4. 项目安全生产工作会议

项目部(钻机)每周应召开一次安全生产例会,由项目经理(钻机机长)召集,小组成员和相关人员参加。会议要结合生产施工具体情况,研究解决施工中存在的安全生产问题。

5. 班组安全会议

每天上班前、下班后,由班长负责组织召开班组所有成员参加的班组安全会议。班前会主要是布置本班工作安排,明确工作重点。班后会主要是总结本班情况,提出改进提高措施。

6. 不定期会议

当发生重大安全生产事故或出现其他特殊安全生产情况时,应及时召开安全生产会议,研究制定解决问题的措施办法。

7. 专业性安全会议

由各主管职能部门领导负责,根据需要召集有关人员召开,由召集人负责记录。由主管职能部门对会议决议执行情况进行督促、检查和考核。

各项会议应有记录,并归档备查。

(三)安全生产检查制度

安全生产检查是地勘单位做好安全生产工作重要且行之有效的手段措施,是贯彻"安全第一,预防为主,综合治理"方针的实际行动。通过安全生产检查,能够详细了解和掌握一线工地安全生产形势,发现安全风险、管理漏洞和事故隐患,制止违章指挥、违规作业,及时采取防范措施,落实事故隐患整改。

1. 安全生产检查的重点

安全生产检查的重点是通过查思想、查管理、查隐患和查整改,对安全生产状况做出正确评价,督促被检查单位做好安全生产工作。

(1)查思想,就是检查各级管理人员对安全生产的认识,对安全生产方针、政策、法令、规程的理解和贯彻情况。首先要查单位主要负责人是否牢固树立"安全第一"思想,是否牢固树立安全生产红线意识,是否真正重视安全生产和劳动保护并纳入重要议事日程,是否能够正确处理安全与生产、效益的关系。其次要查单位其他负责人,是否具备"安全生产、党政同责、一岗双责""管业务必须管安全、管生产经营必须管安全"的意识。还有就是查员工是否牢固树立了"安全第一、预防为主""安全生产、人人有责"的意识。

(2)查管理,就是检查安全管理工作的实施情况。企业的安全生产主体责任是否建立,安全管理组织机构是否健全,安全生产责任制、各项规章制度和档案是否健全、是否得到真正彻底落实执行,安全教育、安全技术措施是否到位。

(3)查隐患,就是通过深入生产作业现场进行安全检查等手段,检查管理上的漏洞,检查劳动条件、作业环境、生产设备和安全卫生设施是否符合要求,职工在生产中是否存在不安全行为,安全风险是否得到及时充分辨识,管控措施是否得到彻底落实,从而达到查找是否存在发生事故的隐患。

(4)查整改,就是对排查出的事故隐患和问题,是否层层建立了台账,是否落实整改目标、是否落实整改措施、是否落实整改时限、是否落实整改责任、是否落实整改资金、是否达到了整改要求。

2. 安全检查的形式

安全检查可分为综合性安全大检查、专业性安全检查、专题性安全检查、季节性安全检查、节日前(后)安全检查、定期安全检查、不定期安全检查、岗位日常安全检查等。

(1)综合性安全大检查

由单位主要负责人或分管安全负责人带队,组织安全生产等有关职能部门及工会人员,对单位本部和项目工地、厂矿车间进行安全生产检查。一般情况下,局(集团公司)每半年、队(公司、院)级单位每季度至少组织开展一次。检查主要内容是:① 是否建立安全生产管理机构、制定安全生产目标和安全生产工作计划,是否明确从业人员尤其是主要安全生产管理人员的安全生产职责;② 安全生产规章制度、安全操作规程是否有效、健全完善和实用适用,是否对从业人员及时进行教育培训;③ 是否对危险源/危害职业健康因素进行辨识、评估、制定管控措施并进行教育培训,是否对重大危险源/危害职业健康因素进行挂牌明示,危大项目、重大危险源是否制定应急预案并进行演练;④ 设备、设施是否处于安全运行状态,危险源是否得到有效控制;⑤ 从业人员是否具备相应的安全知识和操作技能,特种作业人员是否持证上岗,对从业人员是否进行动态管理;⑥ 从业人员在工作中是否严格遵守安全生产规章制度和操作规程,现场有无违章指挥、强令冒险作业行为,对从业人员的违章违纪行为是否及时发现和制止;⑦ 发放配备的劳动防护用品是否符合国家标准或者行业标准,从业人员是否正确佩戴和熟练使用;⑧ 查阅开展安全生产活动(如教育培训、检查、演练、会议、隐患整改等)记录,是否建立齐全的安全生产管理台账;⑨ 是否按照标准化工地建设要求开展工作;⑩ 安全生产检查应与环境保护检查同步开展;⑪ 其他应当检查的安全生产事项。

（2）专业性安全检查

专业性安全检查是指对易发生事故的设备、场所或操作工序,除在综合性大检查时检查外,还要由职能部门组织有关专业技术人员或委托有关专业检查单位,进行安全检查。这种检查专业性强,力量集中,利于发现问题和处理问题,如海上钻探施工项目、天然气油井钻探施工项目、野外地震施工项目等危大项目的专业安全检查。检查时应有方案,有明确的检查重点和具体的检查手段和方法。

（3）专题性安全检查

专题性安全检查是指针对某一个安全问题进行安全检查,如防火检查、标准化工地建设检查、"三同时"落实情况的检查、安措费及使用情况检查、事故隐患整改方面的检查等。

（4）季节性安全检查

季节性安全检查是根据季节特点和对企业安全工作的影响,为保证特殊环境条件下的安全生产,由安全生产管理部门组织有关人员进行的检查。如雨季以防雷电、防触电、防洪水、防火防爆、防泥石流等地质灾害、防建筑物倒塌为内容的检查,夏季以防暑降温为内容的检查,冬季以防火灾、防煤气中毒、防冻、防滑为内容的检查。

（5）节日前(后)安全检查

节日前(后)安全检查是指针对国家重大节日或重要会议前(后),确保过节或会议期间的安全生产,创造安全的社会环境,由安全生产管理部门组织有关人员进行的检查。主要检查节日期间安全生产工作的布置、安全应急措施和安全值班布置等情况的落实,以及节后复产复工前的各项安全检查。

（6）定期安全检查

定期安全检查主要是指周检查、月检查和季度检查。定期检查不能走过场,一定要深入现场,解决实际问题。定期安全检查的主要内容是:① 周检查,项目部(钻机)或者车间的各部门负责人深入班组,对设备保养、器材放置、设备运行和交换班记录的记载等进行检查,了解班组现场是否存在不安全因素、隐患;② 月检查,队(公司、院)的安全生产部门负责人带队,深入重点危大项目工地(厂矿、车间)进行安全工作全面检查,发现和研究解决安全管理上存在的问题,并把整改具体措施落实到部门和具体人;③ 季度检查,队(公司、院)分管安全负责人带队,根据本季度的气候、环境特点,对所有项目工地(厂矿、车间)有重点地进行安全检查。

（7）不定期安全检查

不定期安全检查是指不在规定时间内、检查前不通知受检单位或部门而进行的检查。不定期检查一般由上级部门组织进行,带有突击性,可以发现受检查单位或部门安全生产的持续性程度,以弥补定期检查的不足。不定期检查主要作为主管部门对下属单位或部门进行的抽查。

（8）岗位日常安全检查

岗位日常安全检查是指经常性的、普遍的、几乎每天都进行的检查,它贯穿生产过程的检查。主要有安全值班领导和安全员的巡回检查;班组长、操作者的现场检查,以辨别生产过程中一切物的不安全状态和人的不安全行为,并加以控制。

一般情况下,综合性安全大检查、专业性安全检查、专题性安全检查、季节性安全检查在检查结束后都要有检查通报。

3. 安全生产检查的方法和注意事项

安全生产检查要根据检查对象,采用不同的、合理的检查方法。

（1）精细化检查

精细化检查是指有计划、有领导、有记录、有评价、有通报、有奖罚等内容的安全检查方法。首先制订安全检查计划,提前谋划重点检查的项目（钻机）或厂矿车间,确定本次安全检查的重点和目的以及检查组成人员,组成强有力的安全检查组。精细化检查包括以下五个方面:① 施工现场检查。安全检查组到被检现场后,首先要了解该地勘单位及施工项目的基本概况和安全生产情况,认真检查施工现场（项目部、钻机）的各项安全工作管理情况。② 听情况汇报。检查后要召开现场会议（汇报会、座谈会、调查会）,听取生产、安全、设备等情况汇报,采取个别谈心、查阅资料等形式进行全面检查,同时要认真填写安全检查表。③ 安全状况评价。对检查项目或钻机要进行安全状况评价,提出现场存在的事故隐患以及管理中存在的问题。④ 整改落实。对检查出的事故隐患要制订整改计划,整改情况要上报有关管理部门。依据检查中存在的问题,进行有针对性的安全教育培训等。⑤ 检查通报。安全检查结束一周后写出书面通报,好的要给予表彰奖励,差的通报批评。安全检查通报内容包括安全检查时间、地点、检查项目、安全生产概况、事故隐患及存在问题、奖励与处罚等。

（2）互检互查

除开展单位自身内部的检查之外,单位相互之间开展安全生产检查。一方面,能克服本单位安全生产的管理短板,排查出更多的事故隐患,取得更好的安全检查效果;另一方面,能取长补短,相互学习和借鉴,实现安全生产管理水平共同提高的目标。

（3）远程影像法

除采用现场检查外,充分利用文字报告、图片、视频、远程监控等现代通信科技手段和安全生产信息调度指挥系统,对项目工地开展安全生产检查。

（4）安全生产检查注意事项

① 依据标准、规范及安全检查表进行检查。检查人员应将检查的时间、地点、内容、发现的问题及其处理要求等情况,做出书面记录,并由检查人员和被检查单位的负责人签字。

② 检查人员应将检查情况记录在案,并向上级报告。

③ 事故隐患排查及整改治理情况应当如实记录,有回执记录,并向从业人员通报。

④ 要特别加强对重大安全风险是否受控的安全检查,按照分级管理、分级检查的原则,建立重大安全风险检查管理档案和动态监测数据台账,配备必要的监测、检测仪器和设备,

采用现场动态控制、远程数据和影像监控等先进技术,对重大安全风险定期检测、评估和监控,确保预警控制灵敏高效,确保重大安全风险处于受控的安全状态。

（四）安全生产档案（台账）管理制度

生产经营单位应建立、健全安全生产台账制度。安全生产档案（台账）应当真实、全面、准确、及时反映和记录生产经营单位有关安全生产的工作、活动情况,其内容应包括时间、地点、内容、参加人员等,由参与人员签名认可,存档备查。安全生产档案（台账）主要包括:安全生产经费投入计划及实施台账;安全生产会议、活动台账;安全生产检查及事故隐患整改情况台账;安全生产教育培训台账;危险源辨识、评估和管控台账;特种设备及压力容器管理台账;特种作业人员管理台账;劳保用品发放使用情况台账;承包、租赁及分包项目安全管理台账;生产安全事故台账;其他保障安全生产需要建立的台账。

重点、危大项目工地参照以上内容,建立项目安全生产管理台账。项目结束后,档案资料交由单位安全生产管理部门收存。安全生产档案（台账）一般保存5～10年。

（五）安全生产费用的投入

安全生产费用是为了创造安全生产条件、预防事故发生而投入的资金。为了建立和加强安全生产费用投入长效机制,保障安全生产资金投入,维护企业、职工以及社会公共利益,依据《安全生产法》等有关法律法规和《关于印发企业安全生产费用提取和使用管理办法的通知》（财企〔2012〕16号）文件要求,单位应当按规定足额提取安全技术措施经费和事故隐患治理计划经费等安全费用,在编制年度预算时,要优先保证安全费用,按规定和实际需要列支安全费用。主要负责人对由于安全生产费用投入不足导致的后果承担责任。

1. 安全生产费用提取、投入和使用职能管理部门

（1）安全生产管理部门负责组织编制安全技术措施费用计划和事故隐患治理费用计划,需安排投资的项目由规划部门按规定纳入投资计划。

（2）财务部门和规划经营部门应将安全费用纳入企业预算,落实资金投入。

（3）安全费用计划由单位分管安全生产负责人组织有关部门进行审查和汇总,单位主要负责人签认后下达。需要报请上一级审定的,经上级审定后下达。

（4）财务部门负责安全费用的及时足额提取,按照使用计划和生产经营实际需要,及时支付给各使用单位和部门。

（5）安全生产管理部门对安全费用的有效使用进行监督。规划经营部门会同安全管理部门组织相关人员,对投资项目安全费用投入使用进行竣工验收。

2. 安全生产费用的提取比例标准

安全生产费用应根据生产经营业务所属行业类别和经营收入（项目总费用、工程造价）按照以下标准提取。

（1）地质勘探业以地勘项目或工程总费用为计提依据,按照2%提取。

（2）建设工程施工业以建筑安装工程造价为计提依据,各建设工程类别安全费用提取标准如下:① 矿山工程为2.5%;② 房屋建筑工程、水利水电工程、铁路工程为2.0%;③ 市政公用工程、机电安装工程、公路工程为1.5%。

（3）机械制造业（机修）以上年度实际经营收入为计提依据,采取超额累退方式按照以下标准平均逐月提取:① 经营收入不超过1 000万元,按照2%提取;② 经营收入超过1 000万元至1亿元的部分,按照1.5%提取。

(4) 其他业务按照《关于印发企业安全生产费用提取和使用管理办法的通知》(财企〔2012〕16号)规定执行。

3. 安全生产费用的提取

(1) 单位应设立专门科目管理安全生产费用,安全生产费用应以货币资金形式提取,不得虚列。

(2) 安全生产费用年度结余的结转下年度使用。当年计提安全生产经费不足的,超出部分按正常成本费用列支。

(3) 作为总包单位开展施工的,如有分部分项工程需要进行分包的,应将安全生产费用按比例直接支付给分部分项工程的分包单位,并在施工合同中明确约定金额及使用范围,并监督使用。施工合同以及分包单位使用安全费用的有关票据,可以作为计入总包单位安全生产费用计提使用的依据。

(4) 作为分包单位开展施工的,如总包单位为分包单位实施符合法定安全生产费用使用范围的安全费用,相关票据可以作为计入分包单位安全生产费用计提使用的依据。

4. 安全生产费用的使用

(1) 安全生产费用的支出范围

① 完善、改造和维护安全防护设施设备(不含"三同时"要求初期投入的安全设施)的支出。包括但不限于:a. 施工现场临时用电系统、洞口、临边、机械设备、高处作业防护、交叉作业防护、防火、防爆、防尘、防毒、防雷、防台风、防地质灾害、地下工程有害气体监测、通风、临时安全防护等设施设备支出;b. 车间、站、库房等作业场所的监控、监测、防火、防爆、防坠落、防尘、防毒、防噪声与振动、防辐射和隔离操作等设施设备支出;c. 生产作业场所的防火、防爆、防坠落、防毒、防静电、防腐、防尘、防噪声与振动、防辐射或者隔离操作等设施设备支出,大型起重机械安装安全监控管理系统支出。

② 开展安全隐患治理、重大危险源和事故隐患评估、监控和整改支出以及配备、维护、保养应急救援器材、设备支出和应急演练支出。

③ 安全生产检查、评价(不包括新建、改建、扩建项目安全评价)、咨询以及安全生产标准化建设、标准化工地建设支出。

④ 劳动防护用品支出。

⑤ 安全生产宣传、教育、培训支出。

⑥ 安全生产科技研发经费支出。

⑦ 安全生产适用的新技术、新标准、新工艺、新装备的推广应用支出。

⑧ 安全设施及特种设备检测检验支出。

⑨ 地质勘探单位野外应急食品、应急器械、应急药品支出。

⑩ 为安全生产管理职能部门和人员配备必要的安全生产监督检查所需设备、器具的支出,安全检查差旅费等。

⑪ 职业健康方面的支出,包括但不限于职业健康体检费用,生产厂房的通风换气和采光照明装置,产生有毒有害气体、粉尘或烟雾等生产过程的机械化、密闭化或空气净化设施,生产场所为防止辐射热危害的隔热防暑设施,为减轻或消除工作中的噪声、震动及辐射等的防护设施,工作厂房或辅助房屋内应增设或改善的防寒取暖设施等。

⑫ 辅助房屋及设施,包括女工较集中车间的女工卫生室,车间或工作场所的休息室、用

膳室、更衣室及其相应的设施。

⑬ 其他与安全生产直接相关的支出。

（2）安全生产费用的使用

① 提取的安全生产费用为专项费用，任何部门和个人不得擅自挪用。

② 应将安全生产费用优先用于满足各级安全生产监督管理部门对安全生产提出的整改措施或为达到安全生产标准所需的支出。

③ 上级单位可对各单位提取的安全生产经费按照一定比例集中管理，统筹使用。

5. 安全生产费用的监督管理

（1）局（集团公司）安委办根据各生产经营单位（以下简称各单位）本年度经营收入基本目标，在每年年初下达各单位本年度提取安全生产费用的基本值。

（2）各单位应根据局（集团公司）下达的提取安全生产费用的基本值，根据生产经营计划，及时制订本年度安全生产费用提取计划，并报局（集团公司）安委办备案。

（3）各单位应根据年度计划和生产经营情况及时、足额提取安全生产费用。

（4）上年末安全费用结余达到本单位本年度安全生产费用提取基本值时，经局（集团公司）安委办同意，本年度可以缓提或少提安全生产费用。

（5）各单位应建立健全内部安全生产费用管理制度，明确安全生产费用使用、管理程序、职责及权限，接受上级安全生产和财务管理部门的监督。

（六）项目分级安全管理制度

地勘单位施工项目类型较多、规模不一，应根据施工项目安全风险的种类、危险程度、管理难度系数大小以及项目规模大小，制定《施工项目分级安全管理制度》，实行项目安全风险分级管理。施工项目主要分为危大项目、重点项目和一般项目三种类型。

1. 危大项目安全生产管理

危大项目是根据项目施工安全风险确定的。地勘单位主要指爆破作业、矿井井下作业、水上作业、深基坑施工、人工挖孔桩、可能有有害气体（高温液体）溢出的钻井工程、密闭空间作业、重大构件吊装作业等施工项目。

按风险管理理论，这些项目发生事故的概率和危害程度都比其他项目大，在某种程度上就是地勘单位安全生产管理中的重大危险源。因此，这些项目是安全生产管理的重点，队（公司、院）等单位必须编制专门的安全生产技术措施和应急预案，经过专家论证、局（集团公司）生产安全主管部门进行审定批复后方可开工。在施工过程中要实施动态监控，对生产关键环节和施工现场危险源开展经常性的检查排查。

放射源库等危险性较大的处所也应纳入危大项目管理。

2. 重点项目安全生产管理

重点项目是地勘单位生产经营的重点，也是安全管理的重点，不同规模的地勘单位对重点项目的界定条件往往不尽相同。下面是某地勘单位重点项目的界定条件：钻井深度3 000 m以上、井径大于500 mm（且孔深超过300 m）、同时有5台或以上钻机施工、国外施工、上百人同时作业、单项施工工期超过半年的施工项目，以及合同金额超过500万元的勘查类项目、合同金额超过1 000万元的地质施工类项目、合同金额超过1 500万元的岩土（地质灾害治理、矿山环境恢复治理）施工类项目、具有较大社会影响的项目、应用新技术新工艺新方法新材料的施工类项目、规模较大且具有市场开拓引导性质的项目、施工难度较大的项目。

这类施工项目使用大型作业设备,施工工艺复杂、难度大,安全生产管理存在较大难度,必须作为安全生产管理的重点。队(公司、院)等单位必须编制专门的安全生产技术措施和应急预案,经过局(集团公司)生产安全主管部门进行审定批复后方可开工。实施关键特殊工序时,单位分管安全生产负责人及生产技术部门人员应到现场进行技术指导,同时,要加强和做好施工过程中的动态管理。

3. 一般项目安全生产管理

一般项目是指除上述危大项目、重点项目之外的施工项目,如使用小型钻机施工孔深 $500\sim1\,000$ m 的地勘项目。在做好危大项目、重点项目安全生产管理的同时,不能放松对一般项目的安全生产管理工作。如较大的项目部(3 台以上钻机规模)必须设置专职安全员,较小型的施工项目也必须有兼职安全员,负责安全生产管理的日常工作。

(七)外协队伍及临时劳务工安全管理制度

目前,外协队伍是地勘单位开展施工类项目的主力军,临时劳务用工人员占地勘单位一线从业人员的比例多达 70% 以上。外协队伍安全管理能力较低以及临时劳务用工的"三低一差"(文化水平低、素质低、能力低、安全意识差)特点,使得外协队伍和临时劳务工成为地勘单位安全生产较大风险之一,制定外协队伍和临时劳务工的安全生产管理制度,切实加强外协队伍和临时劳务工的安全管理,是目前地勘单位安全管理工作的重中之重。

1. 加强外协队伍选用和安全管理

(1)外协队伍选定方式,应根据工程项目合同估算价、工程项目类型等,按照本单位《招标管理办法》的投标、谈判、竞价等有关规定执行。

(2)获得参与投标、谈判、竞价资格的外协队伍,应首先从合格供方名录中选择。不在合格供方名录的外协队伍,经紧急评价且合格后,方可参与投标、谈判、竞价等活动。

(3)选定外协队伍时,要对外协队伍的资质、能力、资信、安全业绩进行充分的审查和评价,优选具有安全生产许可证且安全生产能力强的外协队伍,切实做到"五不使用",即不在合格供方目录的不用,资信不好的不用,设备能力不满足、安全防护设施不具备的不用,没按规定配备特种作业人员的不用,事实属于挂靠队伍的不用。

(4)经综合评比最终选定的外协队伍,项目承揽单位应说明选定缘由,经单位主要负责人签字加盖单位公章后,报局(公司)规划经营部、安全生产部备案,并指定领导班子成员进行安全生产监管,按照本单位施工队伍安全管理模式,全面纳入本单位安全管理范围。

(5)项目发包单位与外协队伍签订工程项目施工协议(合同)时,必须在协议(合同)中明确双方在安全生产方面的权利和义务,外协队伍必须签订安全生产承诺保证书。必要时,外协队伍应缴纳一定数额的安全生产保证金。

(6)项目发包单位必须加强外协队伍的安全生产管理工作,严格执行"无论怎样的承包,安全生产不外包"的规定,严禁安全生产"以包代管"。在外协队伍进场前,项目发包单位应对外协单位投入的施工设备、安全设施、作业人员、特种作业人员、安全生产管理人员、施工及安全生产业绩等进行核查,不符合工程项目施工需要的,不得进场施工作业。

(7)项目发包单位以及项目部,应制定外协队伍安全生产管理办法。项目发包单位应做好安全生产教育、培训和安全交底工作,开工前必须对安全设施等全面检查,不具备安全开工条件的,严禁开工。项目发包单位应督促外协单位开展各项安全生产工作,配置完善安全设施,监督劳动防护用品采购、发放与正确使用,对外协单位进行安全生产检查,制止违规作业行为,及时发现安全生产存在的问题、隐患,督促外协单位按期限、按要求进行整改,并进行整改效果跟踪验证。项目发包单位督导外协单位开展标准化工地建设。

出现紧急重大安全隐患、险情时,项目发包单位应责令外协单位终止施工作业,立即整改。

(8)项目发包单位应建立完善外协队伍档案,对外协钻机的安全监督管理必须留有记录,对合作过的外协施工队伍的装备、人员素质、钻探技术水平、施工质量等情况进行综合考核评价。档案资料要及时上报局(集团公司)规划经营部,及时完善补充合格供方名录。

(9)局(集团公司)规划经营部负责合格供方名录管理工作,合格供方名录实行动态管理和级别管理。规划经营部根据各单位、各部门提供的外协队伍有关资料、信息,每季度发布一次合格供方名录。

(10)外协队伍发生安全、生产、环境以及社会影响较大事故(事件)时,根据影响大小,实行"灰名单""黑名单"管理。列入"灰名单"的外协队伍,两年内不得在局(集团公司)范围内承接工程项目;列入"黑名单"的外协队伍,永久不得在局(集团公司)范围内承接工程项目。

对不再具备安全生产条件和能力的外协队伍,应及时清除出合格供方名录。

2. 加强临时劳务工选用和安全管理

(1)临时劳务工应具有初中及以上文化程度;从事钻机等野外一线施工的,年龄不小于18周岁,宜在35岁以下,最大不得超过50周岁;由用人单位认可的法定医疗机构出具健康情况证明,要求身体健康,无工作禁忌症。

(2)用人单位人力资源管理部门负责临时劳务工的统一招聘,并为其缴纳工伤保险,或者按项目类型购买商业人身保险。

(3)用人单位人力资源管理部门负责组织对编外劳动合同员工进行上岗前"三级"安全教育培训、每年再培训及转岗培训和脱岗超过2个月的复工培训,并建立培训档案(至少包括培训内容、培训时间、考核成绩和相关人员签名),培训合格后,方能上岗作业。安全生产培训档案保存期为五年。

(4)为尽快提高临时劳务工的安全生产能力,用人单位应安排有经验的老师傅对工作年限不足两年的临时劳务工进行安全生产传、帮、带。

(5)对于从事特殊工种岗位的临时劳务工,用人单位应为其提供相应的教育培训,取得特种作业操作证书后,方可从事特殊工种岗位作业。

(6)临时劳务工应认真学习和遵守安全生产法律法规以及所在单位的安全生产管理制度,认真学习安全生产知识,具备安全生产素质能力,服从单位安全生产管理。违反安全生产法律法规和所在单位的安全生产管理制度,或不具备安全生产素质能力,造成严重后果的,应按有关规定进行岗位调整或结束劳动用工关系。

(7)用人单位要建立临时劳务工的个人用工档案,内容应包括学习经历、身体健康情况、安全生产技能水平等。每年要对临时劳务工进行评议,项目经理和机长要签署评议意见并存档。

(八)境外施工安全生产管理制度

随着我国经济的快速发展和"一带一路"的推进实施,越来越多的地勘单位逐步走向国际地勘市场,由于境外的法律、人文、地理、环境、气候等因素,给出国人员的人身安全形成一定的隐患,为加强境外施工安全生产管理,应制定境外施工安全生产管理制度。

1. 实行严格报批制度

承揽境外项目的单位,应对项目的安全风险和项目实施所在国家(地区)的"六大外源风险"——政治风险、恐怖主义和社会风险、经济风险、法律风险、环境风险和医疗卫生风险进行充分评估,并向局(集团公司)安委办详细汇报。局(集团公司)安委办同意后,方可进行境外施工。

2. 建立人员名册

承揽境外项目的单位,应对拟到境外施工的人员建立人员名册,包括人员的姓名、职务、年龄、面貌、拟承担岗位、身体健康状况、文化程度、外语程度等情况,并报局(集团公司)办公室备案。

3. 聘用当地雇员

需要聘用当地雇员的,要详细了解雇员的身体状况和其他情况,必须聘用身体健康、具有一定文化知识的守法公民,并建立名册。

4. 做好教育培训

境外施工人员出国前,必须接受安全防范培训,提高出国人员的安全防范意识。出国后施工前接受当地安全生产法律法规的培训,同时做好当地雇员上岗前的安全操作规程教育培训工作。境外施工除执行国内安全生产法律法规、规章制度外,还应严格遵守所在地的安全生产法律法规。

5. 建立健全安全管理体系和制度

建立健全境外施工安全管理体系,明确国内和境外施工的安全生产责任人,建立健全境外施工项目安全生产管理组织和网络,制定境外施工有关安全生产管理制度,严格落实安全生产责任。配备必要的安保人员和器材设施,在安全风险较大的国家(地区)施工,应主动与当地安保部门联系,配合安保部门工作。项目为分包项目时,总包单位与分包单位应签订专门的安全生产协议,明确各自的安全生产责任。为境外施工人员(含当地雇员)办理相关的人身保险手续。

6. 必须遵守项目所在地法纪,尊重项目所在地民俗

境外施工除执行国内安全生产法律法规、规章制度外,还应严格遵守所在地的安全生产法律法规,了解当地政治、经济、社会形势,尊重当地雇员及风俗习惯。

7. 要坚持境外施工项目安全生产每日调度制度

境外项目部定期定时向国内单位汇报项目施工情况和安全生产情况,各单位收到国外项目施工情况和安全生产情况后,要向局(集团公司)及时汇报。

8. 严格落实境外施工各项安全生产措施要求

(1) 加强公路交通安全管理,提高交通安全意识,遵守当地交通规则。租用的交通工具,要加强维护保养,保持车况良好,杜绝违章驾驶。

(2) 学习预防流行性疾病的相关知识,积极与医疗机构联系,了解当地流行病的动态,做好流行性疾病的预防,夏季做好蛇、蚊虫叮咬的防护。尽力完善生活设施,改善生活环境,以保障员工的健康,减少疾病的发生。

(3) 不与当地无关人员接触和来往,休息时间尽量待在驻地。外出必须向主管领导请

假,无特殊情况,不允许单独外出。

（4）要在职工中广泛宣传与突发公共事件应急工作有关的应急预案内容,以及有关预防、避险、自救、互救、减灾等方面的常识,增强职工防范意识、社会责任意识和自救、互救能力。

（5）做好物资资金储备。在现场资金允许的情况下,境外施工项目部要储备一定的应付突发事件的资金,确保突发事件发生时能及时进行处理。做好突发公共事件的应对工作,落实应对突发公共事件的人力、物力、财力、交通运输、医疗卫生及通信等方面的各项保障,储备紧急自救药品、器械和食品等。

9. 建立健全突发事件应急预案,提高应急处置能力

（1）加强境外生产经营的合法合规性管理,完善申报登记工作,保持与我国驻当地使（领）馆的联系。

（2）境外施工人员要熟记当地火、警、急救、中国驻该国使（领）馆电话或其他联系方式。

（3）项目部要成立以领队、项目经理为现场领导,各钻机成立相应的分支安全组织管理网络机构,建立健全绑架等突发事件及火山、洪水、泥石流、台风、瘟疫等自然灾害应急救援体系和处理预案,负责处理日常各类安全事件。

（4）要建立预测预警机制,针对各种可能发生的突发公共事件,开展风险分析工作,做到早发现、早报告、早处置。遇突发事件,启动突发事件紧急处理预案。

（5）突发公共事件发生后,应在第一时间向国内单位领导、保险机构等汇报。同时,根据情况立即向当地警方、消防机构、急救中心、雇主和中国驻该国使（领）馆报告。

第五节　地勘单位安全生产教育培训管理

在生产经营单位安全生产管理中,人是最活跃、最能动、最关键的要素。一方面,安全生产管理根本目的是防止人员发生伤亡事故和职业健康伤害;另一方面,导致事故发生的主要原因又是人员的不安全行为。安全教育培训是员工强化安全意识、提高安全素质、实现安全生产的基础,是预防生产安全事故和职业危害发生的有效措施。

一、安全生产法律法规对安全教育培训的要求

（一）《安全生产法》对安全生产教育培训的规定

《安全生产法》的第二十一条、第二十八条、第二十九条、第三十条、第四十七条和第五十八条,对安全生产教育培训的计划编制、培训人员范围、培训时间、培训内容、培训考核与记录以及对受培人员的要求,均做出了明确的规定。

（二）《安全生产培训管理办法》《生产经营单位安全培训规定》对安全生产教育培训的要求

原国家安全生产监督管理总局颁发的《安全生产培训管理办法》《生产经营单位安全培训规定》,对生产经营企业安全生产教育培训做出了详细的要求。

1. 安全培训实施主体

生产经营单位的从业人员的安全培训,由生产经营单位负责。

2. 接受安全培训的人员

单位主要负责人、安全生产管理人员、特种作业人员和其他从业人员,以及被派遣劳动者和实习学生。

3. 安全培训方式

具备安全培训条件的,可以自主培训,也可以委托具备安全培训条件的机构进行安全培训;不具备安全培训条件的,应当委托具有安全培训条件的机构对从业人员进行安全培训;特种作业人员应当由取得相应资质的安全培训机构进行培训;委托其他机构进行安全培训的,保证安全培训的责任仍由本单位负责。

4. 安全培训内容和要求

(1) 单位主要负责人和安全生产管理人员安全培训的主要内容包括国家安全生产方针政策,有关安全生产的法律、法规、规章及标准,安全生产管理、技术及专业知识,重大危险源管理、重大事故防范、应急管理、应急预案、应急处置和救援组织,事故调查处理,职业病防治,典型事故和应急救援案例分析等七个方面内容。

培训效果要求:具备与所从事的生产经营活动相适应的安全生产知识和管理能力。未经安全教育和培训合格的人员,不得从事安全生产管理工作。

(2) 从业人员接受"三级安全培训",明确培训内容。同时要求煤矿、非煤矿山、危险化学品、烟花爆竹、金属冶炼等生产经营单位厂(矿)级安全培训除包括上述内容外,还应当增加事故应急救援、事故应急预案演练及防范措施等内容。

培训效果要求:具备本岗位安全操作、自救互救以及应急处置所需的知识和技能。未经安全教育和培训合格的从业人员,不得上岗作业。

5. 安全培训时间

(1) 生产经营单位主要负责人和安全生产管理人员初次安全培训时间不得少于32学时,每年再培训时间不得少于12学时;属于煤矿、非煤矿山(地勘队伍归属此类)、建筑、危化品等类的,初次安全培训时间不得少于48学时,每年再培训时间不得少于16学时。

(2) 生产经营单位新上岗的从业人员,岗前安全培训时间不得少于24学时;属于煤矿、非煤矿山(地勘队伍归属此类)、建筑、危化品等类的,岗前安全培训时间不得少于72学时,每年再培训的时间不得少于20学时。

6. 转岗、离岗和"四新"安全培训

(1) 从业人员在本生产经营单位内调整工作岗位或离岗一年以上重新上岗时,应当重新接受车间(工段、区、队)和班组的安全培训。

(2) 生产经营单位采用新工艺、新技术、新材料或者使用新设备时,应当对有关从业人员重新进行有针对性的安全培训。

此外,对安全培训的制度措施保证、建档管理、培训效果检查、事故后的培训等均做出了明确的要求。

综上所述,安全教育培训主要包括安全思想意识、安全生产有关法律法规、安全技术知识和技能等方面的教育培训,地勘单位应把安全教育培训制度作为本单位的基本安全管理制度。

二、地勘单位安全教育培训存在的主要问题

随着我国经济的快速发展,地勘单位也得到了较快发展,在新的形势下,地勘单位安全教育培训也面临着新的问题。

（1）制度建立和落实执行方面存在不足。一些地勘单位还没有建立严格的安全教育培训制度，有的地勘单位虽有制度但落实执行不到位，安全教育培训存在着"说起来重要，做起来次要，忙起来不要"的现象。

（2）安全教育培训的内容缺乏针对性和有效性。一些地勘单位开展安全教育培训，教育培训内容缺乏针对性和有效性，没有与本单位安全生产制度和安全生产目标结合起来，没有与职工队伍尤其是广大从业人员的实际情况结合起来，没有与地勘单位实际情况特别是施工现场的安全风险（危险源）结合起来，没有与本行业、本单位发生的生产安全事故结合起来。

（3）安全教育培训的方式方法比较单调。在很多情况下，教育培训的方式方法基本上停留在照本宣科的说教形式，方法比较无力，感觉枯燥乏味，教育培训效果较差。对教育培训效果的评价和追索不够，未建立有效的考评和激励机制，存在学好学坏都差不多的现象。

（4）对外协队伍和临时劳务工的安全教育培训存在较大不足。一是教育培训内容缺乏针对性，往往不能适应不同专业特点、不同素质水平、不同技能水平的需要。二是教育培训的计划性、规范性不强，存在较大的随意性。

三、地勘单位安全教育培训

（一）培训组织和计划

地勘单位应当组织开展从业人员的安全培训。

（二）参加安全培训的人员

（1）单位主要负责人、安全生产管理人员、特种作业人员和其他从业人员。

其他从业人员是指除主要负责人、安全生产管理人员和特种作业人员以外，该单位从事生产经营活动的所有人员，包括其他负责人、其他管理人员、技术人员和各岗位的工人以及临时聘用的人员（含临时工、合同工、劳务工、轮换工、协议工）。

（2）使用的被派遣劳动者。

（3）接收的中等职业学校、高等学校的实习学生。

（三）安全培训的方式

具备安全培训条件时，可以开展自主培训，也可以委托具备安全培训条件的机构进行安全培训；不具备安全培训条件时，应委托具备安全培训条件的机构进行安全培训；特种作业人员应当由取得相应资质的安全培训机构进行培训。

（四）安全培训的内容和要求

1. 单位主要负责人

单位主要负责人以及分管安全生产的负责人，应接受全面、系统的安全教育培训，必须具备与本单位所从事的生产经营活动相应的安全生产知识和管理能力。

安全教育培训的内容主要包括：国家安全生产方针、政策和有关安全生产的法律、法规、规章及标准；安全生产管理基本知识、安全生产技术、安全生产专业知识；重大危险源管理、重大事故防范、应急管理和救援组织以及事故调查处理的有关规定；职业危害及其预防措施；国内外先进的安全生产管理经验；典型事故和应急救援案例分析；其他需要培训的内容。

一般情况下，初次安全培训时间不小于48学时，每年再培训不小于16学时。培训师资应当是具备安全培训能力的机构或安全生产管理专家。是否具备合格的安全生产知识和管理能力,由主管的负有安全生产监督管理职责的部门进行考核。

2.安全生产管理人员

安全生产管理人员应接受全面、系统的安全教育培训,必须具备与本单位所从事的生产经营活动相应的安全生产知识和管理能力。

安全教育培训的内容主要包括:国家安全生产方针、政策和有关安全生产的法律、法规、规章及标准;安全生产管理、安全生产技术、职业卫生等知识;伤亡事故统计、报告及职业危害的调查处理方法;应急管理、应急预案编制以及应急处置的内容和要求;国内外先进的安全生产管理经验;典型事故和应急救援案例分析;其他需要培训的内容。

一般情况下,初次安全培训时间不小于48学时,每年再培训不小于16学时。培训师资应当是具备安全培训能力的机构或安全生产管理专家。是否具备合格的安全生产知识和管理能力,由主管的负有安全生产监督管理职责的部门进行考核。

3.其他负责人

按照"管行业必须管安全、管业务必须管安全、管生产经营必须管安全""安全生产、一岗双责、齐抓共管、失职追责"的要求,单位其他负责人特别是党委书记、总工程师在单位的安全生产中处于比较重要的位置,也要接受全面系统的安全教育培训。

安全教育培训的内容主要包括:安全管理技术知识;国家的安全生产法规、规章制度体系;重大危险源管理与应急救援预案编制方法;国内外先进的安全生产管理经验;典型事故案例分析等。

4.从业人员

(1)新员工的"三级"安全教育培训

新员工是指新入场准备进入施工操作岗位的学徒工、实习生、合同工、新入职的院校学生、临时借调人员、相关方人员、劳务分包人员等。

"三级"安全教育培训主要指队(公司、院)、项目部(钻机)、班组安全教育培训。

①第一级安全教育培训——队(公司、院)级的岗前安全教育培训

安全教育培训内容包括:国家安全生产方针和法律法规;本单位安全生产情况、安全生产基本知识;本单位安全生产规章制度和劳动纪律;从业人员安全生产权利和义务;有关事故案例以及必要的事故应急救援、事故应急预案演练及防范措施等内容。一般情况下,培训时间不少于16学时。

②第二级安全教育培训——项目部(钻机、车间)级的岗前安全教育培训

安全教育培训内容包括:项目的工程特点、工作环境及危险因素;所从事工种可能遭受的职业伤害和伤亡事故;所从事工种的安全职责、操作技能及强制性标准;自救互救、急救方法、疏散和现场紧急情况的处理、发生安全生产事故的应急处理措施;安全设备设施、个人防护用品的使用和维护;本项目的安全生产状况及规章制度;预防事故和职业危害的措施及应注意的安全事项;有关事故案例及其他需要培训的内容。一般情况下,培训时间不少于16学时。

③第三级安全教育培训——班组的岗前安全教育培训

安全教育培训内容包括:岗位存在的安全风险;岗位安全操作规程;岗位之间工作衔接配合的安全与职业卫生事项;本工种的安全技术操作规程、劳动纪律、岗位责任、主要工作内

容;本工种发生过的有关事故案例;其他需要培训的内容。一般情况下,培训时间不少于18学时。

每一级安全教育培训结束后,应进行考试或考核,合格者才准进入下一级安全教育培训,"三级"安全教育培训考试(考核)全部合格后方能进入操作岗位,不合格者需要再次进行安全教育培训,直到合格才能进入操作岗位。

施工一线从业人员每年再培训时间不少于20学时。

(2)其他新入职员工

这类人员主要是指不进入施工操作岗位的新员工。

安全教育培训内容主要包括本单位安全生产管理规定;本岗位安全操作、自救互救以及应急处置所需的知识和技能。

一般情况下,这类人员入职培训时间不少于24学时,每年再培训时间不少于4学时。

(3)转岗、离岗和"四新"人员的安全教育培训

对转岗、离岗人员应当重新安排车间(工段、区、队)和班(组)级的安全培训,对"四新"人员应当对有关从业人员重新安排有针对性的安全培训。一般情况下,培训时间不少于16学时。

(4)经常性安全教育培训

对主要从事野外钻探施工的从业人员,应该根据他们的作业环境、工作内容及作业区的危险源进行有针对性、经常性的安全教育培训。

培训的主要内容应包括安全生产新知识、新技术,安全生产法律、法规,作业现场和工作岗位存在的危险因素、防范措施及事故应急措施,典型事故案例分析,等等。如利用周会、月会和开设安全教育专栏、安全知识竞赛等多种形式,对违反安全作业纪律的行为采取拍照公示并指明其危害性,以提高职工的安全生产素质和意识,把有限的培训资源和时间发挥其最大的作用和收到最好的效果。

(5)机、班长的重点安全教育培训

钻机机长(井队长)、班长(司钻)是生产施工一线安全生产的主要管理者,也是主要从事者。对机、班长应开展年度重点安全教育培训,由本单位的人事、教育、安全等部门负责组织实施。

安全教育培训内容主要包括安全技术和技能知识;钻机及班组的工作性质、工艺流程;岗位安全生产责任制、安全操作规程;生产设备、安全装置性能及正确使用方法,防护用品的性能和正确使用方法;典型事故案例分析;等等。在培训的方式方法上,对他们的培训应该采取浅显直观、通俗易懂、妙趣横生的多种培训方式,针对本单位和本施工项目的实际,逐渐培育"要我安全"到"我要安全"的观念。一般情况下,每年培训时间不少于16学时。

(五)制度措施保证

单位应当建立安全培训管理制度,保障从业人员安全培训所需经费,安排充足的培训时间,对从业人员进行与其所从事岗位相应的安全教育培训。

(六)建档管理

单位应当建立健全从业人员安全生产教育和培训档案,由生产经营单位的安全生产管理机构以及安全生产管理人员详细、准确地记录培训的时间、内容、参加人员以及考核结果等情况。

从业人员安全生产教育和培训档案应当长期保存。对于离职、退休等原因不在本单位继续工作的,应当将培训档案转至新单位或保存三年后销毁。

（七）培训效果检查

单位主要负责人和安全生产管理人员自任职之日起 6 个月内,必须经安全生产监管监察部门对其安全生产知识和管理能力考核合格。

其他从业人员安全培训效果,由本单位安全生产管理与劳动人事部门联合考核。

（八）加强事故后的培训

（1）中央企业的分公司、子公司及其所属单位和其他生产经营单位,发生人员死亡的生产安全事故的,其主要负责人和安全生产管理人员应当重新参加安全培训。

（2）特种作业人员对造成人员死亡的生产安全事故负有直接责任的,应当按照《特种作业人员安全技术培训考核管理规定》重新参加安全培训。

除此之外,地勘单位还要做好境外施工人员的安全培训工作。施工人员出国前应接受有关安全教育培训,出国后接受当地安全生产法律法规的培训,并做好当地雇员的安全培训。

四、安全教育培训的方式方法

目前,安全教育培训主要是沿袭传统的"教师讲,学员听"的课堂教学方法,这种方法比较有效,但单是采用这种方法,容易使培训对象产生乏味和厌学情绪,难以达到应有的效果。因此,安全教育培训要改变以往一成不变的照本宣科、我讲你听、坐而论道的呆板单一的方式,力求内容和形式的丰富多彩和鲜活性,以多种多样的形式激发职工主动参与的热情,活跃教育培训的气氛,增强安全教育培训的效果。

对于一般性操作工人的安全基础知识培训,应遵循易懂、易记、易操作、趣味性的原则,采用发放图文并茂的安全知识小手册、播放安全教育多媒体教程和采用多媒体教学的方式,使安全教育培训工作寓教于乐,取得最大最好的培训效果。

丰富安全教育培训方式方法,以下几种安全教育培训方式值得借鉴:

（1）讨论式:通过专题讨论,使大家在相互启发中思想得到统一,安全生产意识得到提高,使缺点得到纠正,安全知识得到充实。

（2）答题式:经常以小测验的形式把安全管理规定、操作规程、应知应会等内容,以填空、选择、简答、判断等题型的方式发给职工,让他们答卷,这样能提高大家学习理论的积极性并起到相互督促的作用。

（3）竞赛式:通过个人赛、班组团体赛、安全生产技术比武等多种形式,可以增强教育培训的趣味性,调动职工学习的进取心。

（4）问答式:开展安全活动日、安全生产知识问答活动,在职工经常聚集的场所做一些安全知识学习问答专栏,使学习培训与生产工作紧密结合,增强针对性和实效性。

（5）演讲式:召开生产现场会、演讲比赛,让职工轮流进行安全生产知识和技能等方面的演讲比赛,写演讲稿的过程本身就是自我教育的过程。同时,听身边的同事演讲,有利于教学相长、共同进步。

（6）班组活动式:班组班前活动是安全教育培训的重要补充。当天作业完成后,班组成员讲述当日存在的安全风险、采取的相应措施,班组长对施工安全情况进行讲评。

（7）宣传娱乐式：影像教育直观，视听效果好，职工一般都比较乐于接受。要经常组织职工收看一些安全教育音像片，张贴安全生产宣传画、标语、标志，举行安全文化知识竞赛等，通过通俗易懂的方式达到安全教育的目的。

（8）网络信息式：利用网络平台进行安全教育培训，建立安全生产 QQ 群、微信群，对安全生产方面的趣闻趣事和安全生产方面的信息进行交流，营造安全生产教育的现代化信息氛围。将二维码技术应用到安全生产教育培训中，一扫码即可获得相关的安全生产知识。

第六节　地勘单位安全生产双控机制建设

一、安全生产双控机制建设的有关概念

（一）风险和安全风险

风险，是指发生危险事件或有害暴露的可能性与随之引发的人身伤害、健康损害或财产损失的严重性的组合。

安全风险，是指安全事故（事件）发生的可能性与其后果严重性的组合。根据《国务院安委会办公室关于实施遏制重特大事故工作指南构建双重预防机制的意见》（安委办〔2016〕11号），安全风险等级从高到低划分为重大风险、较大风险、一般风险和低风险，分别用红、橙、黄、蓝四种颜色标示。

（二）危险因素、危险源和重大危险源

危险因素，是指能对人造成伤亡或对物造成突发性损害的因素。有害因素，是指能影响人的身体健康、导致疾病或对物造成慢性损害的因素。危险物品，是指易燃易爆物品、危险化学品、放射性物品等能够危及人身安全和财产安全的物品。

危险源，是指可能导致人身伤害（或）健康损害的根源、状态或行为，或其组合。

重大危险源，是指长期地或者临时地生产、搬运、使用或者储存危险物品，且危险物品的数量等于或者超过临界量的单元（包括场所和设施）。对于生产、储存、使用和经营危险化学品的生产经营单位，应根据《危险化学品重大危险源辨识》（GB 18218—2018）进行计算和判定。

危险因素主要是指客观存在的因素，危险源不但包含客观因素，还包括人的意识行为等主观因素，因此，从内涵来说，危险源包含危险因素。

（三）安全风险与事故隐患的区别与联系

安全风险是人们对事故发生的可能性及其后果严重程度的主观评价，具有主观性。事故隐患则是导致事故发生的客观存在，不以人的意志为转移，具有客观性。

安全风险需要客观、公正、准确地进行评价，往往需要有一定经验、训练有素的专业人士开展。事故隐患需要全面、深入地进行排查，往往需要发动广大职工参与。

安全风险在做到客观、公正、准确评价的情况下，属于重大风险、较大风险和一般风险的，往往也存在着事故隐患，但也可能不存在事故隐患。从这种意义上来说，安全分析评价过程也就是事故隐患排查过程。

（四）安全生产双控机制

安全生产双控机制，是指在安全生产管理中将危险因素辨识管控和事故隐患排查治理

两项工作结合起来建立起的双重预防机制。安全生产双控机制是从源头排查、从根源治理生产安全事故的有效手段，是解决当前安全生产领域存在的薄弱环节与突出问题、遏制重特大事故发生的重要举措。

二、安全生产双控机制建设的背景及其必要性

（一）习近平总书记关于安全生产双控机制建设的有关指示、批示和讲话精神

习近平总书记高度重视安全生产工作，对安全生产工作发表了一系列重要讲话，是构建"双控"机制的理论基础和政治基础。

- 人命关天，发展决不能以牺牲人的生命为代价。这必须作为一条不可逾越的红线。
- 要始终把人民生命安全放在首位，以对党和人民高度负责的精神，完善制度、强化责任、加强管理、严格监管，把安全生产责任制落到实处，切实防范重特大安全生产事故的发生。
- 对易发重特大事故的行业领域采取风险分级管控、隐患排查治理双重预防性工作机制，推动安全生产关口前移，加强应急救援工作，最大限度减少人员伤亡和财产损失。
- 宁防十次空，不放一次松。不放过任何一个漏洞，不丢掉任何一个盲点，不留下任何一个隐患。
- 安全生产，要坚持防患于未然。要继续开展安全生产大检查，做到"全覆盖、零容忍、严执法、重实效"。
- 要站在人民群众的角度想问题，把重大风险隐患当成事故来对待……
- 所有企业都必须认真履行安全生产主体责任，善于发现问题、解决问题，采取有力措施，做到安全投入到位、安全培训到位、基础管理到位、应急救援到位，把问题解决在基层，把隐患消灭在萌芽状态。要举一反三，认真排查和消除安全隐患，建立隐患排查整改、风险防控体系和安全检查责任制，实行"谁检查、谁签字、谁负责"。
- 要采用不发通知、不打招呼、不听汇报、不用陪同和接待，直奔基层、直插现场，暗查暗访。要加大隐患整改治理力度，建立安全生产检查责任制，实行谁检查、谁签字、谁负责，做到不打折扣、不留死角、不走过场，务必见到成效。
- 要吸取血的教训，痛定思痛，举一反三，开展一次彻底的安全生产大检查，坚决堵塞漏洞、排除隐患。

总书记的重要论述，深刻指示了安全生产的内在规律，揭示了防范生产安全事故尤其是重特大事故的途径举措，即必须从源头上管控安全风险、消除事故隐患，防止事故发生。

（二）党中央、国务院和各级地方政府对安全生产双控机制建设的要求

中共中央、国务院于2016年12月9日下发了《关于推进安全生产领域改革发展的意见》（以下简称《意见》），这是新中国历史上第一份以中共中央、国务院名义下发的关于安全生产的重要文件。《意见》指出，为有效遏制重特大安全事故频发势头，必须进一步加强安全生产工作，推进安全生产领域改革发展，坚持安全发展、坚持改革创新、坚持依法监管、坚持源头防范、坚持系统治理五项基本原则。在坚持源头防范方面，要构建风险分级管控和隐患排查治理双重预防工作机制，严防风险演变、隐患升级导致生产安全事故发生。《意见》强调，企业要强化预防措施，定期开展风险评估和危害辨识。针对高危工艺、设备、物品、场所和岗位，建立分级管控制度，制定落实安全操作规程。树立隐患就是事故的观念，建立健全

隐患排查治理制度、重大隐患治理情况向负有安全生产监督管理职责的部门和企业职代会"双报告"制度,实行自查自改自报闭环管理。企业要定期开展风评估和危害辨识。《意见》要求,要加强安全风险管控,建立隐患治理监督机制,强化城市运行安全保障,加强重点领域工程治理,加强新材料、新工艺、新业态安全风险评估和管控,制定生产安全事故隐患分级和排查治理标准,构建国家、省、市、县四级重大危险源信息管理体系,对重点行业、重点区域、重点企业实行风险预警控制,有效防范重特大生产安全事故。

国务院安委会办公室下发的《标本兼治遏制重特大事故工作指南》(安委办〔2016〕3 号)、《关于实施遏制重特大事故工作指南构建双重预防机制的意见》(安委办〔2016〕11 号)就安全生产双控机制建设做出了具体要求,要坚持关口前移,超前辨识预判岗位、企业、区域安全风险,通过实施制度、技术、工程、管理等措施,有效防控各类安全风险;加强过程管控,通过构建隐患排查治理体系和闭环管理制度,强化监管执法,及时发现和消除各类事故隐患,防患于未然;强化事后处置,及时、科学、有效应对各类重特大事故,最大限度减少事故伤亡人数、降低损害程度。把安全风险管控挺在隐患前面,把隐患排查治理挺在事故前面,扎实构建事故应急救援最后一道防线。企业要全面开展危险因素辨识,科学评定安全风险等级,有效管控安全风险,实施安全风险公告警示,建立完善隐患排查治理体系。

各级地方政府也相继出台了一系列文件,如《中共河北省委河北省人民政府关于推进安全生产领域改革发展的实施意见》(冀发〔2017〕22 号)、《河北省标本兼治防范遏制重特大事故工作方案》(冀安委〔2016〕9 号)、《河北省安全生产委员会办公室关于抓紧推进安全生产攻坚行动认真落实各项任务的通知》(冀安委办传〔2016〕16 号),对建立完善风险管控和隐患排查治理双重预防控制机制,提出了具体的工作目标和重点任务。

(三)严峻复杂的安全生产形势要求必须开展和加强安全生产双控机制建设

虽然近年来我国安全生产取得显著成效,安全生产状况逐年好转,生产安全事故起数和死亡人数连续 17 年(2003～2019 年)、较大事故连续 15 年(2005～2019 年)、重大事故连续 9 年(2011～2019 年)呈逐年下降趋势,但安全生产形势与人民群众的期盼相比还有较大差距,死亡人数还比较多,如 2018 年有 3.4 万人,2019 年有 2.8 万人因生产安全事故死亡。随着一些新产业、新领域的发展,安全生产出现了一些新的风险和隐患,安全生产依然存在着法制意识淡漠,安全生产责任落实不到位,安全生产工作部署落实不到位,安全风险不清楚或没有得到完全管控,事故隐患视而不见或整改不及时不彻底,督导执法检查不到位,安全管理能力低下,非法违法行为突出等问题。

安全生产双控机制建设符合安全生产工作内在规律和特点,从事故规律及特点入手,从制度、技术、工程、管理等多角度精准施策,抓住关键时段、关键地区、关键单位、关键环节等重要节点,强化技术保障、加强源头治理、提高应急处置能力等,使生产经营过程中潜在的各种事故风险和伤害因素始终处于有效控制状态,切实保护劳动者生命安全和身体健康,有效遏制重特大事故,减少事故数量、频次、减轻事故危害后果。

安全生产双控机制建设主动适应安全生产发展形势的要求,将安全工作由事故管理提升至安全风险管理,是安全生产领域的创新和发展。安全管理强调的是预防事故、减少事故甚至消除事故,安全风险管理通过辨识、衡量、评价和有效控制风险,实现以最经济的方法综合处理安全风险,是最佳的安全生产保障科学管理方法。

安全生产双控机制建设是企业安全生产管理的重要内容之一,是企业安全生产自我约束、自我纠正、自我提高、全员参与的重要途径,也是企业实现安全生产的最可靠保证。

三、地勘单位安全生产双控机制建设的目标与要求

(一)危险因素辨识、评价和分级管控

危险因素辨识管控是指对生产过程中的安全风险进行全面、准确、及时的辨识,根据风险类别进行分类,根据影响安全程度和可能造成的后果进行分级,制定并实施控制安全风险的科学有效的措施。危险因素辨识管控要做到及时辨识、全面准确、动态管理和有效管控。

1. 危险源(危险因素)辨识

(1)辨识区域

包括施工现场、生活区、办公区、生产区、库区以及项目约定的可能对生产安全造成影响的区域。

(2)辨识范围

本书第一章对危险源有了比较清晰的讲述,危险源可分为第一类危险源和第二类危险源。第一类危险源是指系统中存在的、可能发生意外释放的能量或危险物质;第二类危险源是指导致约束、限制能量的屏蔽措施失效或破坏的各种不安全因素,包括人、物、管理、环境四方面因素。

危险源辨识不但要从物体打击、高处坠落、触电、火灾等16种事故类型方面辨识具有能量或有害物质的第一类危险源,也要从人的不安全行为、物的不安全状态、管理上的缺陷和环境的不安全变化等4个方面同时辨识能量或有害物质防控屏障上的漏洞。应该注意的是,重点要从《企业职工伤亡事故分类》(GB 6441—1986)规定的物体打击、触电、高处坠落、火灾、车辆伤害、机械伤害、起重伤害、淹溺、中毒和窒息等20类对人身伤害方式方面进行辨识。同时,要加强噪声、粉尘、烟气、辐射等给员工健康造成危害的危险有害因素辨识,克服"重安全生产、轻职业健康"的倾向。

(3)危险源(危险因素)辨识、管理和管控

① 危险源分为重大危险源和一般危险源。

② 地勘单位危险源主要存在于施工项目和生产车间,危险源辨识单元应为一个施工项目和车间。但当涉及危险化学品、烟火剂(烟花爆竹)、尾矿库、金属非金属矿山、煤矿、特种设备(包括锅炉、压力容器、压力管道)等情况时,其危险源辨识应遵从所在省市有关规定。

③ 各单位、车间、项目部负责人是危险源辨识管控的第一责任人,应组织安全管理人员、技术部门人员,必要时发动广大从业人员,对本单位、车间、项目现场进行危险源辨识,制定危险源控制措施。

应通过安全检查等方式使高危重点项目的危险源得到及时辨识,局(集团公司)每半年至少开展一次安全检查,队(院、公司)每季度至少开展一次安全检查,项目部(车间)每月至少开展一次安全检查。

④ 各单位安全生产管理部门应派人指导高危(重点)车间、项目部的危险源辨识工作,对辨识出的危险源类别、级别和控制措施进行界定和确认。必要时,请具有安全评价资质的机构进行评估。

⑤ 各单位、车间、项目部负责人对辨识出的本单位、车间、项目现场的危险源及控制措施进行签认。

⑥ 单位、车间、项目部对各自范围内的各类危险源及控制措施、应急处置措施(应急预案)进行汇总,登记建档。

⑦ 各单位安全生产管理部门应及时将本单位重大危险源及控制措施、应急处置措施(应急预案)报上一级安全管理部门备案。属于国家和所在县级以上人民政府规定要求上报的,按其规定将重大危险源登记建档情况报县级以上人民政府安全生产监督管理部门和其他有关部门备案。

⑧ 危险源应定期检测、评估、监控,并制定控制措施、应急处置措施(应急预案)。

⑨ 单位应对从业人员进行危险源教育培训,如实告知作业场所和工作岗位存在的危险源(危险因素)、防范措施以及事故应急措施,使他们了解危险源类型、分布及危害后果,掌握危险源控制和应急处置措施。

⑩ 重大危险源必须在相关醒目位置上牌(上墙)公示,设置警示标志。

⑪ 重大危险源类别、级别和控制措施,应在生产施工方案中明确。

(4) 地勘单位重大危险源的界定

地勘单位生产施工环境较艰苦、条件较复杂,经济规模体量小,抗风险能力较低,应根据自身实际情况和承受能力,从严从细界定重大危险源范围。

以下应直接判定为重大风险源:

① 国家和所在省规定的其他重大危险源。

② 所有违反职业健康和安全法律、法规及其他要求的情况,或属于组织性行为且涉及的范围较大、后果较为严重的违规(轻微的违章行为除外)。

③ 曾发生过重伤、死亡、重大财产损失(20万元及以上)等生产安全事故,且未采取有效防范控制措施的。

④ 直接观察到可能导致人员伤亡危险的错误,且无适当控制措施的。

⑤ 在以下重大危险源安全距离以内作业施工的:a. 储存易燃、易爆、有毒有害物质的贮罐区或者单个贮罐;b. 储存烟火剂、烟花爆竹及易燃、易爆、有毒物质的库区或者单个库房;c. 生产、使用烟火剂、烟花爆竹及易燃、易爆、有毒物质的生产场所;d. 输送可燃、易燃、有毒气体的长输管道,中压及以上的燃气管道,输送可燃、有毒等危险流体介质的工业管道;e. 蒸汽锅炉、热水锅炉;f. 易燃介质和介质毒性程度为中度以上的压力容器;g. 全库容大于等于100万 m^3 或者坝高大于等于30 m的尾矿库。

⑥ 在以下危险区域从事施工作业的:a. 高瓦斯、煤与瓦斯突出,有煤尘爆炸危险,水文地质条件复杂,自燃倾向性等级为Ⅰ类、Ⅱ类(自燃倾向性为容易自燃、自燃),煤层冲击倾向为中等及以上的煤矿矿井;b. 金属非金属地下矿山,包括瓦斯矿山,水文地质条件复杂的矿山,有自然发火危险的矿山,有冲击地压危险的矿山;c. 在水深超过2 m的江、河、湖、海等水体上作业施工的。

⑦ 蒸汽锅炉(单台额定蒸汽压力大于等于2.5 MPa,且额定蒸发量大于等于10 t/h)、热水锅炉(额定出水温度大于等于120 ℃,且额定功率大于等于14 MW)。

⑧ 运输、使用或储存雷管炸药等民爆用品、放射源物质仪器设备的设施、场所。

⑨ 开挖深度超过5 m(含5 m)的基坑(槽)的土方开挖、支护、降水工程。

⑩ 搭设高度在30 m及以上的落地式钢管脚手架工程,架体高度在10 m及以上的悬挑式脚手架工程。

⑪ 开挖深度超过 10 m 的人工挖孔桩工程。

⑫ 采用新技术、新工艺、新材料、新设备及尚无相关技术标准的危险性较大的分部分项工程。

（5）重大危险源分级

重大危险源分为三个等级：一级、二级和三级。

一级重大危险源是指可能造成人员死亡，或者 3 人以上 10 人以下重伤，或者 200 万元以上 500 万元以下直接经济损失的生产安全事故的危险源。

二级重大危险源是指可能造成 1 人以上 3 人以下重伤，或者 50 万元以上 200 万元以下直接经济损失的生产安全事故的危险源。

三级重大危险源是指可能造成无人员伤亡，但直接经济损失在 20 万元以上 50 万元以下的生产安全事故的危险源。

上述所称的"以上"包括本数，所称的"以下"不包括本数。

（6）重大危险源的动态评估管理

① 施工项目在项目施工前应进行重大危险源辨识。当施工期较长时，一级重大危险源每半年进行一次安全评估，二级、三级重大危险源每年进行一次安全评估。

② 生产车间一级重大危险源每半年进行一次安全评估，二级、三级重大危险源每年进行一次安全评估。

③ 具有下列情况之一的，应当对重大危险源重新进行安全评估：实施新建、改建、扩建工程的；生产工艺、材料及生产过程、设施等发生变更的；外部环境因素发生重大变化的；发生安全事故的；国家有关规定发生变化的。

（7）危险源管控措施

任何危险源都要制定和实施科学合理的包括组织、管理、技术、物质以及应急处置在内的管控措施。

① 一般危险源：采取安全宣传、安全培训、岗前安全教育的方式，增强和提高全体人员安全生产意识、安全防范意识和能力。

② 重大危险源：

（a）三级重大危险源：应制订专项施工技术方案、安全措施和风险卡控措施进行控制。

（b）二级重大危险源：除应制订专项施工技术方案、安全措施和风险监控措施进行控制外，还应该编制应急预案，做好应急响应的各项措施。

（c）一级重大危险源：制订专项施工技术方案、安全措施和风险卡控措施进行控制，除编制应急预案、做好应急响应的各项措施外，还应组织专家对方案措施进行论证，并组织应急预案的专项演练。

2. 安全风险评价与分级

（1）安全风险评价

应采取定量或定性的方法对所辨识的危险源（危险因素）进行综合性的评价。安全风险评价的方法很多，如工作危害分析法（JHA）、安全检查表分析法（SCL）、风险矩阵分析法（LS）、作业条件危险性分析法（LEC）和风险程度分析法（MES），应根据各自的实际情况选择使用。

① 工作危害分析法（JHA）：工作危害分析法是一种定性的风险分析辨识方法，它是基

于作业活动的一种风险辨识技术,用来进行人的不安全行为、物的不安全状态、环境的不安全因素以及管理缺陷等的有效识别。即先把整个作业活动(任务)划分成多个工作步骤,将作业步骤中的危险源找出来,并判断其在现有安全控制措施条件下可能导致的事故类型及其后果。若现有安全控制措施不能满足安全生产的需要,应制订新的安全控制措施以保证安全生产;危险性仍然较大时,还应将其列为重点对象加强管控,必要时还应制订应急处置措施加以保障,从而将风险降低至可以接受的水平。JHA 是地勘队伍常用的安全风险评价方法。

② 安全检查表分析法(SCL):安全检查表分析法是一种定性的风险分析辨识方法,它是将一系列项目列出检查表进行分析,以确定系统、场所的状态是否符合安全要求,通过检查发现系统中存在的风险并提出改进措施。安全检查表的编制主要依据以下四个方面的内容:a. 国家、地方的相关安全法规、规定、规程、规范和标准,行业、企业的规章制度、标准及企业安全生产操作规程;b. 国内外行业、企业事故统计案例和经验教训;c. 行业及企业安全生产经验,特别是本企业安全生产的实践经验,引发事故的各种潜在不安全因素及成功杜绝或减少事故发生的成功经验;d. 系统安全分析的结果,如采用事故树分析方法找出的不安全因素,或作为防止事故控制点源列入检查表。SCL 是地勘队伍常用的安全风险评价方法。

③ 风险矩阵分析法(LS):风险矩阵分析法是一种半定量的风险评价方法,它在进行风险评价时,将风险事件的后果严重程度相对地定性分为若干级,将风险事件发生的可能性也相对定性地分为若干级,然后以严重性为表列,以可能性为表行,制成表,在行列的交点上给出定性的加权指数。所有的加权指数构成一个矩阵,而每一个指数代表了一个风险等级。$R = L \times S$,其中 R 表示风险程度;L 表示发生事故的可能性,重点考虑事故发生的频次以及人体暴露在这种危险环境中的频繁程度;S 表示发生事故的后果严重性,重点考虑伤害程度、持续时间。LS 是地勘队伍常用的安全风险评价方法。

④ 作业条件危险性分析法(LEC):作业条件危险性分析法是一种半定量的风险评价方法,它用与系统风险有关的三种因素指标值的乘积来评价操作人员伤亡风险大小。三种因素分别是 L(事故发生的可能性)、E(人员暴露于危险环境中的频繁程度)和 C(一旦发生事故可能造成的后果)。给三种因素的不同等级分别确定不同的分值,再以三个分值的乘积 D(危险性)来评价作业条件危险性的大小,即 $D = L \times E \times C$。D 值越大,说明该系统危险性越大。

⑤ 风险程度分析法(MES):风险程度分析法是一种半定量的风险评价方法,它是对 LEC 的改进。风险程度 $R = M \times E \times S$,其中 M 为控制措施的状态;暴露的频繁程度 E 增加了职业病发病情况、环境影响状况两项影响因素;事故的可能后果 S 包括伤害、职业相关病症、财产损失和环境影响;M、E、S 分别制定了其取值标准。

(2)安全风险分级

地勘单位应当结合法律法规、行业、企业标准等,制定安全风险分级标准。按照风险受控程度及可能造成危害的程度进行分级,原则上分为 A 级(重大风险)、B 级(较大风险)、C 级(一般风险)、D 级(低风险)四个等级,分别用红、橙、黄、蓝四种颜色标示。推荐安全风险分级标准见表 3-5 所示。

表 3-5 地勘单位安全风险分级推荐标准

级别	推荐标准
A （重大风险） （红色）	危险因素多且难以控制,必须立即整改,不能继续作业。一旦发生事故,将会造成:死亡 1 人以上,或重伤 3 人(包括急性工业中毒)以上,或轻伤 6 人以上的人身伤亡事故;直接经济损失在100 万元以上的施工事故;设备主体损坏导致设备报废,直接经济损失在 50 万元以上的机械设备事故;直接经济损失在 25 万元以上的火灾事故、交通事故、爆炸事故;发生放射源丢落孔内、丢失、失盗或破损等情况,未能将放射源完整收回或正确处置的,或虽将放射源完整收回或正确处置,但造成放射性污染的放射性事故;其他对社会、环境造成较大不良影响的生产安全事故
B （较大风险） （橙色）	危险因素较多且管控难度较大,必须制订措施进行控制管理。如发生事故,容易造成:重伤 1 人(包括急性工业中毒)以上,或轻伤 3 人以上的人身伤亡事故;直接经济损失在 25 万元以上100 万元以下的施工事故;设备主体损坏,其损坏程度达到必须修理方能基本恢复性能,直接经济损失在 15 万元以上 50 万元以下的机械设备事故;直接经济损失在 10 万元以上 25 万元以下的火灾事故;直接经济损失在 5 万元以上 25 万元以下的交通事故、爆炸事故;发生放射源丢落孔内、丢失、失盗或破损等情况,将放射源完整收回或正确处置超过 120 h,但未造成放射性污染,且直接经济损失在 10 万元以上的放射性事故;其他对社会、环境造成较小不良影响的生产安全事故
C （一般风险） （黄色）	风险在受控范围内,需要控制整改。如发生事故,容易造成:轻伤 1 人以上的人身伤亡事故;直接经济损失在 5 万元以上 25 万元以下的施工事故;设备主体、主件损坏,其损坏程度达到必须修理方能恢复性能,直接经济损失在 5 万元以上 15 万元以下的机械设备事故;直接经济损失在 1 万元以上 10 万元以下的火灾事故;直接经济损失在 1 万元以上 5 万元以下的交通事故、爆炸事故;发生放射源丢落孔内、丢失、失盗或破损等情况,但于 120 h 内将放射源完整收回或正确处置,未造成放射性污染,且直接经济损失在 10 万元以下的放射性事故;其他对社会、环境造成轻微不良影响的生产安全事故
D （低风险） （蓝色）	风险在受控范围内,可以接受(或可容许的)。如发生事故,容易造成:直接经济损失在 5 万元以下的施工事故;零件损坏,设备主体不受影响,直接经济损失在 5 万元以下的机械设备事故;直接经济损失在 5 千元以上 1 万元以下的火灾事故、交通事故、爆炸事故;发生放射源丢落孔内、丢失、失盗或破损等情况,但于 24 h 内将放射源完整收回或正确处置,未造成放射性污染,且直接经济损失在 1 万元以下的放射性事故;其他未对社会、环境造成不良影响的生产安全事故

（3）安全风险管控措施及分级管控

① 局(集团公司)、队(公司、院)应成立安全风险分级管控领导小组,全面领导本单位安全风险分级管控,负责审查重大和较大安全风险的管控和改进措施方案。成立安全风险管控职能部门,负责组织、指导危害识别和风险评价工作,组织重大和较大风险改进措施方案的审查。

② 评价为低风险、一般风险的,每半年开展一次全面的安全风险评价;评价为较大风险的,每季度开展一次全面的安全风险评价;评价为重大风险的,每月开展一次全面的安全风险评价。当危险源发生变化以及人、物、环境和管理等方面发生显著变化时,还应及时进行

评价。

③ 安全风险管控措施应当具备可行性、可靠性、先进性、安全性和经济合理性。

④ 安全风险管控措施应起到避免生产安全事故发生、降低或保持安全风险等级的作用，其主要内容应当包括以下几个方面：采取工程技术措施，努力实现本质安全；规范管理措施，建立健全各类安全管理制度和操作规程，完善、落实事故应急预案，建立检查监督和奖惩机制等；落实教育措施，提高从业人员的操作技能和安全意识；加强个体防护措施，减少职业伤害；制订应急处置措施，将危害损失降到最低。

⑤ 安全风险管控措施在实施前应进行评审，重点包括：措施的可行性和有效性；是否使风险降低到可容许水平；是否产生新的危害因素；是否已选定了最佳的解决方案；是否会被应用于实际工作中。

⑥ 重大安全风险管控措施由局(集团公司)分管安全负责人审定，并督导保证措施落实；较大安全风险管控措施由队(院、公司)负责人审定，并督导保证措施落实；一般安全风险管控措施由队(院、公司)分管安全负责人审定，并督导保证措施落实；低安全风险管控措施由项目(车间)负责人审定，并督导保证措施落实。

⑦ 安全风险应采取分级管控措施。

重大安全风险属不可容许的危险，必须停止作业、降低风险等级，只有当风险等级降低时才能开始或继续工作。如果投入大量资源也不能降低风险等级，应立即采取隐患治理措施。重大安全风险由其所在单位(队或院、公司)负责管控，局(集团公司)全面督导，并建立管控档案。

较大安全风险属高度危险，必须制定措施进行控制管理。当风险涉及正在进行中的工作时，应采取应急措施控制风险等级升高或发生事故，并尽快制定目标、指标、管理方案并配给资源，限期治理，降低风险，当风险降低后才能开始工作。较大安全风险由其所在单位(队或院、公司)负责管控，局(集团公司)进行跟踪，并建立管控档案。

一般安全风险属较高危险，需要控制整改。应通过强化制度和措施落实，并仔细测算、设定预防成本，努力降低风险。一般安全风险由其所在项目部(车间)负责管控，队(院、公司)负责督导。

低安全风险属轻度和可容许的危险，由其所在班组负责管控，项目部(车间)负责督导。

3. 事故隐患排查治理

(1) 事故隐患排查

① 事故隐患排查的主要方法包括现场安全检查、视频、图像、通话和报告报表等。

② 事故隐患排查应以专(兼)职安全员为主要力量，同时要发动广大从业人员积极参与。事故隐患排查要坚持"谁检查谁负责、谁签字谁负责"的原则。

③ 事故隐患排查要深入、全面，以高危重点项目为重点，覆盖生产经营全场所、全过程。

④ 事故隐患排查应重点检查第二类危险源(人的不安全行为，作业场所、设备及设施的不安全状态和管理上的缺陷)是否得到有效控制，即"管不住"的问题；其次检查第一类危险源是否得到全面、准确、及时的辨识，即"想不到"的问题。

⑤ 根据排查结果分析是否存在事故隐患，并对存在的事故隐患进行分级、登记。一般事故隐患是指不发生人员重伤及死亡，可能导致人员轻伤但不超过2人、20万元以下直接经济损失，危害和整改难度较小，发现后能够立即整改排除的隐患；重大事故隐患是指可能

导致人身死亡、重伤、3 人以上轻伤或者 20 万元以上直接经济损失,危害和整改难度较大,应当全部或者局部停产停业,并经过一定时间整改治理方能排除的隐患,或者因外部因素影响致使生产经营单位自身难以排除的隐患。

⑥ 要建立领导带队安全检查制度,充分发挥各级安全检查(巡查)在事故隐患排查中的重要作用,加大安全检查(巡查)频次和力度。局(集团公司)每半年至少开展一次安全生产检查(巡查),队(院、公司)每季度至少开展一次安全生产检查(巡查),项目部(车间)每月至少开展一次安全生产检查(巡查),班组每周至少开展一次安全生产检查(巡查),各岗位对本岗位存在的风险每日至少开展一次安全生产检查(巡查)。

⑦ 对发现的重大事故隐患,应及时报告单位主要负责人,并向上一级安全生产管理部门报告。

(2)事故隐患治理

① 事故隐患所在单位承担事故隐患治理主体责任,其主要负责人是事故隐患治理的第一责任人。

② 事故隐患治理采取立即整改、限时整改和停工停产整改 3 种形式,坚持隐患整改的责任、措施、资金、时限、预案等五到位。

③ 单位主要负责人应组织制定重大事故隐患治理方案并保证实施。治理方案应当包括以下内容:治理的目标和任务;采取的方法和措施;经费和物资的落实;负责治理的机构和人员;治理的时限和要求;安全措施和应急预案。

④ 事故隐患治理过程中,应当采取相应的安全防范措施,防止事故发生。事故隐患排除前或者排除过程中无法保证安全的,应当从危险区域内撤出作业人员,并疏散可能危及的其他人员,设置警戒标志,暂时停产停业或者停止使用;对暂时难以停产或者停止使用的相关生产储存装置、设施、设备,应当加强维护和保养,防止事故发生。

⑤ 对采取全部或者局部停产停工治理的重大事故隐患,检查人员在收到整改单位整改结束请求恢复生产的申请报告后,应立即进行现场审查。审查合格的,对事故隐患进行核销,同意恢复生产经营;审查不合格的,继续整改直至合格;整改合格无望的,进行关停。

⑥ 安全生产管理部门应建立事故隐患及治理台账,及时跟踪和指导事故隐患治理工作,对事故隐患治理结束且达到要求的予以销号。

⑦ 在事故隐患治理中未认真履行职责的人员,给予批评或者处罚,造成严重后果的追究相关责任。对事故隐患整改不认真、拖延或整改不力的单位(部门),对其主要负责人和直接责任者给予批评或者处罚;情节、性质严重的,责令停工整顿;造成严重后果的,追究相关责任。

第七节　职业卫生安全管理

《职业病防治法》明确要求,职业病防治工作坚持预防为主、防治结合的方针,建立用人单位负责、行政机关监管、行业自律、职工参与和社会监督的机制,实行分类管理、综合治理。用人单位应当为劳动者创造符合国家职业卫生标准和卫生要求的工作环境和条件,并采取措施保障劳动者获得职业卫生保护。

《国家卫生健康委办公厅关于公布建设项目职业病危害风险分类管理目录的通知》(国

卫办职健发〔2021〕5号)未列入地勘服务行业职业病危害风险,但目前地勘单位的生产经营活动已不是单纯的地勘服务,因此有必要对职业卫生管理进行了解和掌握。

一、职业病的概念

职业病,是指企业、事业单位和个体经济组织的劳动者在职业活动中,因接触粉尘、放射性物质和其他有毒、有害物质等因素而引起的疾病。

二、职业病的分类

按照《职业病分类和目录》(国卫疾控发〔2013〕48号)规定,职业病包括以下10大类、132种。

（一）职业性尘肺病及其他呼吸系统疾病(19种)

包括矽肺、煤工尘肺、石棉肺、电焊工尘肺、石墨尘肺、碳黑尘肺、滑石尘肺、水泥尘肺、云母尘肺、陶工尘肺、铝尘肺、铸工尘肺和根据《尘肺病诊断标准》《尘肺病理诊断标准》可以诊断的其他尘肺病等13种尘肺病;过敏性肺炎、棉尘病、刺激性化学物所致慢性阻塞性肺疾病、哮喘、金属及其化合物粉尘肺沉着病(锡、铁、锑、钡及其化合物等)、硬金属肺病等6种其他呼吸系统疾病。

（二）职业性皮肤病(9种)

包括接触性皮炎、黑变病、痤疮、化学性皮肤灼伤、光接触性皮炎、电光性皮炎、黑变病、溃疡、白斑和根据《职业性皮肤病的诊断总则》可以诊断的其他职业性皮肤病等9种。

（三）职业性眼病(3种)

包括化学性眼部灼伤、电光性眼炎、白内障等3种。

（四）职业性耳鼻喉口腔疾病(4种)

包括噪声聋、铬鼻病、牙酸蚀病、爆震聋等4种。

（五）职业性化学中毒(60种)

包括铅及其化合物中毒、氯气中毒、苯中毒、硫化氢中毒、氯气中毒、二氧化硫中毒等60种。

（六）物理因素所致职业病(7种)

包括中暑、减压病、高原病、航空病、手臂振动病、激光所致眼(角膜、晶状体、视网膜)损伤、冻伤等7种。

（七）职业性放射性疾病(11种)

包括外照射急性放射病、放射性皮肤疾病、放射性肿瘤(含矿工高氡暴露所致肺癌)等11种。

（八）职业性传染病(5种)

包括炭疽、森林脑炎、布鲁氏菌病、艾滋病(限于医疗卫生人员及人民警察)、莱姆病等5种。

（九）职业性肿瘤(11种)

包括苯所致白血病、焦炉逸散物所致肺癌等11种。

（十）其他职业病(3种)

包括金属烟热、滑囊炎(限于井下工人)和股静脉血栓综合征、股动脉闭塞症或淋巴管闭塞症(限于刮研作业人员)等 3 种。

三、职业病危害因素及其分类

职业病危害因素,是指职业活动中影响劳动者健康的,存在于生产工艺过程以及劳动过程和生产环境中各种危害因素的统称。

根据《职业病危害因素分类目录》(国卫疾控发〔2015〕92 号),生产工艺过程中产生的职业病危害因素,包括以下 6 类 459 种。

(1)粉尘,包括矽尘、煤尘、铝尘等 52 种。

(2)化学因素,包括二氧化硫、硫化氢、氯气、一氧化碳、苯等 375 种。

(3)物理因素,包括噪声、高温、激光、工频电磁场等 15 种。

(4)放射性因素,包括密封放射源产生的电离辐射、X 射线装置(含 CT 机)产生的电离辐射等 8 种。

(5)生物因素,包括布鲁氏菌、森林脑炎病毒、炭疽芽孢杆菌等 6 种。

(6)其他因素,包括金属烟、井下不良作业条件、刮研作业等 3 种。

四、职业病防治法律体系

(一)法律

《中华人民共和国职业病防治法》,该法于 2002 年 5 月 1 日起实施,之后分别于 2011 年、2016 年、2017 年、2018 年进行了四次修正。《职业病防治法》分为 7 章内容,共 88 条,主要规定了职业病防治工作方针、用人单位主体责任、劳动者职业卫生保护权利、劳动过程中的防护与管理、职业病诊断与职业病病人保障、监督检查、法律责任等内容。

(二)行政法规

1.《使用有毒物品作业场所劳动保护条例》(国务院令第 352 号)

该条例于 2002 年 4 月 30 日国务院第 57 次常务会议通过,2002 年 5 月 12 日颁布实施。主要包括:总则、作业场所的预防措施、劳动过程的防护、职业健康监护、劳动者的权利与义务、监督管理、罚则、附则等 8 章内容,共 71 条。

2.《中华人民共和国尘肺病防治条例》(国发〔1987〕105 号)

该条例于 1987 年 12 月 3 日颁布,1987 年 12 月 3 日开始实施。该条例包含总则、防尘、监督和监测、健康管理、奖励和处罚、附则等 6 章,共 28 条。

(三)部门规章

1.《工作场所职业卫生监督管理规定》(国家安全生产监督管理总局令第 47 号)

该规定于 2012 年 4 月 27 日公布,自 2012 年 6 月 1 日起实施。主要从用人单位职业卫生 管理机构与人员设置、职业卫生管理制度建设、作业环境管理、劳动者管理、职业健康监护、档案管理、材料和设备管理等方面,对用人单位职业卫生管理的主体责任进行了细化并对安全生产监督管理部门监督管理、法律责任等内容进行了明确规定。

2.《职业病危害项目申报办法》(国家安全生产监督管理总局令第 48 号)

该办法于 2012 年 4 月 27 日公布,自 2012 年 6 月 1 日起实施。主要针对职业病危害申报属地分级管理、职业病危害项目申报流程、申报资料、变更申报、监督检查、处罚等方面进行了规定。

3.《用人单位职业健康监护监督管理办法》(国家安全生产监督管理总局令第 49 号)

该办法于 2012 年 4 月 27 日公布,自 2012 年 6 月 1 日起实施。主要对用人单位职业健康检查和职业健康监护档案内容及管理、监督管理、法律责任等方面进行了规定。

4.《职业卫生技术服务机构管理办法》(国家卫生健康委员会令第 4 号)

该办法于 2020 年 12 月 31 日公布,自 2021 年 2 月 1 日起实施。主要针对职业卫生技术服务机构资质认可、技术服务、监督管理、法律责任等方面进行了明确规定。

5.《建设项目职业病防护设施"三同时"监督管理办法》(国家安全生产监督管理总局令第 90 号)

该办法于 2017 年 3 月 9 日公布,自 2017 年 5 月 1 日起实施。主要针对可能产生职业病危害的新建、改建、扩建、技术改造、技术引进等建设项目职业病防护设施建设及其"三同时"监督管理进行了规定,主要包括职业病危害预评价、职业病防护设施设计、职业病危害控制 效果评价与防护设施验收、监督检查、法律责任等内容。

五、用人单位职业卫生管理措施

(一)职业卫生管理制度

存在职业病危害的用人单位应当制订职业病危害防治计划和实施方案,建立、健全职业卫生管理制度和操作规程。主要包括:职业病危害防治责任制度;职业病危害警示与告知制度;职业病危害项目申报制度;职业病防治宣传教育培训制度;职业病防护设施维护检修制度;职业病防护用品管理制度;职业病危害监测及评价管理制度;建设项目职业卫生"三同时"管理制度;劳动者职业健康监护及其档案管理制度;职业病危害事故处置与报告制度;职业病危害应急救援与管理制度;岗位职业卫生操作规程(针对工作场所职业病危害因素制定);法律、法规、规章规定的其他职业病防治制度。

(二)职业卫生管理机构及人员

职业病危害严重的用人单位,应当设置或者指定职业卫生管理机构或者组织,配备专职职业卫生管理人员。

其他存在职业病危害的用人单位,劳动者超过 100 人的,应当设置或者指定职业卫生管理机构或者组织,配备专职职业卫生管理人员;劳动者在 100 人以下的,应当配备专职或者兼职的职业卫生管理人员,负责本单位的职业病防治工作。

(三)职业病危害项目申报

中央企业、省属企业及其所属用人单位的职业病危害项目,向其所在地设区的市级人民政府安全生产监督管理部门申报。其他用人单位的职业病危害项目,向其所在地县级人民政府安全生产监督管理部门申报。

用人单位有下列情形之一的,应当及时向原申报机关申报变更职业病危害项目内容:

(1)进行新建、改建、扩建、技术改造或者技术引进建设项目的,自建设项目竣工验收之日起 30 日内进行申报。

(2)因技术、工艺、设备或者材料等发生变化导致原申报的职业病危害因素及其相关内容发生重大变化的,自发生变化之日起 15 日内进行申报。

(3)用人单位工作场所、名称、法定代表人或者主要负责人发生变化的,自发生变化之日起 15 日内进行申报。

（4）经过职业病危害因素检测、评价,发现原申报内容发生变化的,自收到有关检测、评价结果之日起 15 日内进行申报。

（四）建设项目职业卫生"三同时"

建设项目职业卫生"三同时",是指建设项目可能产生职业病危害的,职业病防护设施必须与主体工程同时设计、同时施工、同时投入生产和使用。

职业病防护设施所需费用应当纳入建设项目工程预算。

（五）合同告知

用人单位与劳动者订立劳动合同(含聘用合同)时,应当将工作过程中可能产生的职业病危害及其后果、职业病防护措施和待遇等如实告知劳动者,并在劳动合同中写明,不得隐瞒或者欺骗。

（六）工作场所设置及职业病防护设施

（1）有害作业与无害作业应分开。粉尘、高毒物质工作岗位应与其他工作岗位隔离,接触有毒有害岗位与无危害岗位隔开;有毒物品和粉尘的发生源布置在操作岗位下风侧。

（2）工作场所与生活场所分开,工作场所不得住人。

（3）职业病防护设施应能消除或降低职业病危害因素对劳动者健康的影响,符合特定使用场所职业病防护要求。产生粉尘、毒物的生产过程和设备,应尽量机械化和自动化,加强密闭,并结合生产工艺,在所有产生粉尘、毒物的岗位及设备,安装通风排毒除尘装置。放散粉尘的生产过程尽量采用湿式作业。

（4）职业病危害防护设施、设备应及时维护、检修,定期检测其性能和效果,并保证正常运行,不得擅自拆除、停止使用职业病防护设备或应急救援设施。

（七）告知警示

（1）产生职业病危害的用人单位应当设置公告栏,公布本单位职业病防治的规章制度等内容。

（2）设置在办公区域的公告栏,主要公布本单位的职业卫生管理制度。

（3）设置在工作场所的公告栏,主要公布操作规程以及存在的职业病危害因素及岗位、健康危害、接触限值、应急救援措施和工作场所职业病危害因素检测结果检测日期、检测机构名称等。

（4）产生职业病危害的工作场所,应当在工作场所入口处及产生职业病危害的作业岗位或设备附近的醒目位置设置警示标识。

（5）对产生严重职业病危害的作业岗位,除按要求设置警示标识外,还应当在其醒目位置设置职业病危害告知卡。

（6）使用可能产生职业病危害的化学品、放射性同位素和含有放射性物质的材料的,必须在使用岗位设置醒目的警示标识和中文警示说明,警示说明应当载明产品特性、主要成分、存在的有害因素、可能产生的危害后果、安全使用注意事项、职业病防护以及应急救治措施等内容。

（八）个人防护

用人单位应当按照识别、评价、选择的程序,结合劳动者作业方式和工作条件,并考虑其个人特点及劳动强度,为劳动者提供符合国家职业卫生标准的职业病防护用品,并督促、指导劳动者按照使用规则正确佩戴、使用,不得发放钱物替代发放职业病防护用品。

（1）接触粉尘、有毒、有害物质的劳动者，应当根据不同粉尘种类、粉尘浓度及游离二氧化硅含量和毒物的种类及浓度，配备相应的呼吸器、防护服、防护手套和防护鞋等。

（2）工作场所存在高毒物品目录中的确定人类致癌物质，当浓度达到其 1/2 职业接触限值（PC-TWA 或 MAC）时，用人单位应为劳动者配备相应的劳动防护用品，并指导劳动者正确佩戴和使用。

（3）接触噪声的劳动者，当暴露于 80 dB$\leqslant L_{EX,8h}<$85 dB 的工作场所时，用人单位应当根据劳动者需求为其配备适用的护听器；当暴露于 $L_{EX,8h}\geqslant$85 dB 的工作场所时，用人单位必须为劳动者配备适用的护听器，并指导劳动者正确佩戴和使用。$L_{EX,8h}$是指劳动者一天实际工作时间内接触噪声强度。

（4）接触其他危害的，用人单位应按相关标准和规定为劳动者配备适用的劳动防护用品。

（九）危害检测及现状评价

（1）存在职业病危害的用人单位，应当委托具有相应资质的职业卫生技术服务机构，每年至少进行一次职业病危害因素检测。

（2）存在职业病危害的用人单位，应当实施由专人负责的工作场所职业病危害因素日常监测，确保监测系统处于正常工作状态。职业病危害因素的强度或者浓度应符合国家职业卫生标准。

（3）职业病危害严重的用人单位，除每年进行一次定期检测外，应当委托具有相应资质的职业卫生技术服务机构，每三年至少进行一次职业病危害现状评价。检测、评价结果应当存入本单位职业卫生档案，并向安全生产监督管理部门报告和向劳动者公布。

（十）教育培训

用人单位的主要负责人和职业卫生管理人员应当具备与本单位所从事的生产经营活动相适应的职业卫生知识和管理能力，并接受职业卫生培训。

（1）用人单位要根据行业和岗位特点，制订培训计划，确定培训内容和培训学时，确保培训取得实效。没有能力组织职业卫生培训的用人单位，可以委托培训机构开展职业卫生培训。

（2）用人单位主要负责人的主要培训内容：国家职业病防治法律、行政法规和规章，职业病危害防治基础知识，结合行业特点的职业卫生管理要求和措施等。

初次培训不得少于 16 学时，继续教育不得少于 8 学时。

（3）职业卫生管理人员的主要培训内容：国家职业病防治法律、行政法规、规章以及标准，职业病危害防治知识，主要职业病危害因素及防控措施，职业病防护设施的维护与管理，职业卫生管理要求和措施，等等。

初次培训不得少于 16 学时，继续教育不得少于 8 学时。

（4）职业病危害监测人员的培训，可以参照职业卫生管理人员的要求执行。

（5）接触职业病危害的劳动者的主要培训内容：国家职业病防治法规基本知识，本单位职业卫生管理制度和岗位操作规程，所从事岗位的主要职业病危害因素和防范措施，个人劳动防护用品的使用和维护，劳动者的职业卫生保护权利与义务，等等。

初次培训时间不得少于 8 学时，继续教育不得少于 4 学时。

（6）职业卫生继续教育的周期为一年。

(7) 用人单位应用新工艺、新技术、新材料、新设备,或者转岗导致劳动者接触职业病危害因素发生变化时,要对劳动者重新进行职业卫生培训,视作继续教育。

（十一）健康监护

(1) 用人单位应按规定进行上岗前、在岗期间、离岗时的职业健康检查,必要时组织有关劳动者进行应急职业健康检查,同时应确保参加职业健康检查的劳动者身份的真实性,并承担职业健康检查费用。

(2) 检查周期及项目参照《职业健康监护技术规范》(GBZ 188—2014)确定。劳动者离岗前90日内的在岗期间的职业健康检查,可以视为离岗时的职业健康检查。

(3) 用人单位应当为劳动者个人建立职业健康监护档案,并按照有关规定妥善保存。

六、用人单位职业卫生风险分级

用人单位职业卫生风险分为高风险、中风险、低风险三级。职业卫生风险主要取决于用人单位职业卫生管理水平、职业病危害程度和接触职业病危害人数三个要素。

（一）三要素分类及判定

1. 职业卫生管理水平

根据用人单位职业病防治规章制度、职业卫生管理机构及人员、申报及"三同时"、工作场所管理、个人防护、教育培训、健康监护以及职业病防治工作实绩等因素,将用人单位职业卫生管理水平分为 A、B、C 三个等级。

2. 职业病危害程度

用人单位职业病危害严重程度分为两类:严重、一般。

有下列情况之一的,可判定为严重:

(1) 存在《高毒物品目录》(卫法监发〔2003〕142 号)所列化学因素的职业病危害因素的。

(2) 存在石棉纤维粉尘、矽尘以及确认致癌物等危害因素的。

(3) 国家规定的其他应列入严重职业病危害因素范围的。

(4) 安监部门根据当地近年来职业病新发病例情况、产业结构特点以及国家和省部署开展专项治理行业情况等,确定需要严格监控的职业病危害因素的。

3. 接触职业病危害人数

(1) 接触职业病危害的总人数在9人及以下的,可判定为"少量人员接触"。

(2) 接触职业病危害的总人数在10~49人的,可判定为"中量人员接触"。

(3) 接触职业病危害的总人数在50人以上的,可判定为"大量人员接触"。

接触严重职业病危害,且现场浓度超过国家限值标准的,接触职业病危害总人数按接触严重职业病危害人数的2倍与接触一般危害人数之和计算。

（二）用人单位职业卫生风险类别的确定

根据用人单位职业卫生管理水平、职业病危害严重程度、接触职业病危害人数三个要素的分类和判定情况进行综合评估,按照表3-6确定用人单位职业卫生风险类别。

（三）动态调整

职业卫生风险分级应遵循动态管理的原则,当用人单位的装置工艺、原辅料、设备发生重大改变,组织机构和劳动定员、工作制度等发生重大调整时,应重新进行分级。

表 3-6 用人单位职业卫生风险分类表

风险类别	工作场所职业病危害严重程度	职业病防治管理现状和防治措施测评	接触人数
高风险 （红色）	严重	B	中量、大量
	严重	C	不限
	一般	C	大量
中风险 （橙色）	严重	A	中量、大量
	严重	B	少量
	一般	B	大量
	一般	C	少量、中量
低风险 （蓝色）	一般	A	不限
	一般	B	少量、中量
	严重	A	少量

第四章　地质钻探施工安全管理

第一节　钻探施工主要危险因素分析

钻探施工是一个比较复杂的作业过程。从场地选择及平整、设备运输与安装以及钻进施工、下套管、固井及封闭止水等钻探施工的全过程，都需要人—机—环的密切配合。钻进时，需要员工的体力和手工劳动，存在着人与人配合、人与机协作，同时也需要钻机、动力设备、泥浆泵等设备的协调运转联动。这种人与人相互配合、人与机相互协作、机与机相互联动等各种复杂关系相互作用，使得生产作业过程存在着许多不确定危险因素。一个危险因素或几个危险因素相互作用，就可能引发孔内事故、机械事故甚至人身伤亡事故，造成生命、健康和财产的损失。

钻探施工属于野外施工作业，远离城区且物资供应和技术服务保障程度差，部分地区施工环境和气候恶劣，工作环境和生活条件较差；钻探施工流动性大，搬迁频繁，临建设施多；几乎所有的钻探施工都需要昼夜无间断连续施工，员工工作艰苦且容易疲倦；许多地勘项目都是几台或十几台钻机施工，投入人员和设备较多；钻探施工属于地下隐蔽工程，施工中危险因素较多，事故隐患也较多。

一、钻探施工危险因素

钻探施工过程中的危险因素很多，易造成钻探施工生产安全事故的主要危险因素如下。

（一）高处坠落

高处坠落，是指人从距离基准面 2 m 位置跌落下来而造成人员伤害或伤亡。钻探施工过程中，需要人员经常上、下钻塔（井架）进行作业。上下钻塔通过乘坐土电梯笼或攀爬梯子，上下井架通过攀爬梯子。无论是上下钻塔还是井架，其上下方式和安全设施大同小异。高空坠落伤亡事故是地勘单位钻探施工过程中发生频率较高的安全事故，其主要原因是作业人员素质能力欠缺、安全设施缺失或失效、安全意识不强、违规作业等。

（1）作业人员素质能力欠缺：超过 2 m 的高处作业属于特种作业，危险性较大。上岗作业人员必须持高处作业特种作业证上岗，接受安全教育培训，熟悉高处作业危险因素，掌握和遵守安全操作规程，必须系安全带，戴安全帽，穿防滑工作鞋，禁止酒后和有高空作业禁忌症的人员上岗。

（2）安全设施缺失或失效：上下钻塔（井架）作业的装置和安全设施主要包括立根工作台、土电梯笼、梯子、防坠器、二层台逃生装置等，这些装置和安全设施没有按要求配备或安全设施失效，极易造成高空坠落事故。如某钻机没有按规定安装防坠器，当员工进行塔上高空作业时,一不小心发生坠落引发死亡事故。

(3)安全意识淡薄,违规作业:安全生产意识淡薄,对高处作业危险性认识不够,违反安全操作规程,缺乏安全生产的技能,终会酿成惨祸。如某钻机一名员工完成高处作业准备从土电梯笼下到机台上,但土电梯笼还未到机台面并固定好就往下跳,结果衣服被物件挂绊而失去平衡,头部碰撞在尖锐的工器具上而发生死亡事故。再如某钻机一名员工不规范穿工作服,在土电梯笼上作业时衣服被高速运转的水龙头卷入并带人一起缠卷而发生死亡事故。又如某钻机一名员工违规站在土电梯笼顶部进行作业,既未系安全带,防坠器又未将土电梯笼固定牢靠,结果土电梯笼固定松动下滑时,引发员工失去重心进而造成坠落死亡事故。

(4)环境等其他危险因素:在大风、雷电、暴雨、雾、雪、沙暴以及温度过高、过低等不良外部环境因素进行高处作业时,极有可能造成高处坠落事故。

(二)物体打击

物体打击是钻探施工作业过程中比较常见的一种伤害,常见于安装拆卸钻塔、起下钻具、装卸管材等作业中。

(1)安装、拆卸钻塔时,因提放钻塔构件零件和工具未捆绑好致使在提升中自行掉下或碰挂它物而脱落掉下、从塔上向下扔塔件或工具、塔上台板未固定而错移下落、用滑车绳索提升物件时因提升系统失灵或折断等情况,常会砸伤塔下人员,造成物体打击伤害。如果被打击人未戴安全帽,伤害后果会更加严重。

(2)起下钻具时,司钻操作升降机不熟练,与孔口、塔上人员配合不好,猛刹车、猛放钻具等,易造成提引器、游动滑车及垫叉跳动,伤及孔口人员;游动滑车、提引器碰挂二层平台、钻杆靠架、钻塔构件等,造成塔上物件坠落,导致落物伤人;未安装防碰天车或失效,游动滑车上行超限与井架天车相碰,钢丝绳拉断,极易造成人身伤害严重后果。如某钻机在起钻过程中准备卸下钻杆短节(近3 m长)时,提引器环箍卡在转盘上,司钻想把钻杆短节再提高点以便于卸扣,但孔口作业的两名员工仍在钻具的拖放范围,这时钻杆短节脱开提引器而落下,两名员工急忙躲闪,其中一名员工因机台板上有泥浆而滑倒,钻杆短节落下打击在其胸脯处发生了伤亡事故。

(3)拧卸钻具时,由于操作拧管机不当,致使扳叉飞出伤人。强力起拔、强力拧卸钻具时,也常造成器具损坏、钢丝绳折断、垫板叉失稳而伤人。

(4)管材堆失稳时容易伤人;两人以上协同作业时,如果配合不好也容易伤人。如某井队两人抬钻具时,由于放钻具不协调,钻具弹起砸在一人脚面上而造成伤害。

(三)机械伤害

钻探施工过程中使用的设备多,设备的传动连接部位、回转部位也较多,防护装置缺失、失效以及操作不当、安全意识淡薄等,极易引发机械伤害事故。

(1)机械卷入事故:钻探施工有许多机械部件处于高速运转状态,高速运转的传动部位都应该安装规范的防护装置(防护罩、防护网、防护栏杆等),如果没有安装规范防护装置或防护装置失效,加之不遵守操作规程、疏忽大意、不正确穿戴劳动防护用品,很容易造成人员伤害。如某灌注桩施工作业时,设备传动部位防护罩不规范,一名工人在设备运转时违规跨越防护罩,因雨后地滑跌倒在防护罩上,造成了严重的绞伤。再如某钻机在运转中发生高压胶管与立轴缠绕,在处置时没有停车,致使作业人员的衣服与高压胶管一起缠绕在立轴上,造成人员伤害。

(2) 挤压事故:在上下钻具、检修设备以及其他装卸作业时,不遵守安全操作规程、不正确穿戴劳动防护用品以及各岗位操作不协同,易造成挤压伤害。如某钻机在修理泥浆泵装入缸套时,因未使用专用工具而造成手指挤伤。

(四)触电伤害

触电伤害是由电流的能量造成的。当电流流过人体时,人体受到局部电能作用,使人体内细胞的正常工作遭到不同程度破坏,产生生物学效应、热效应、化学效应和机械效应,会引起压迫感、打击感、痉挛、疼痛、呼吸困难、血压异常、昏迷、心律不齐等,严重时会引起窒息、心室颤动而导致死亡。造成触电的主要原因有电器设备漏电但未安装安全装置或安全装置失效、人员操作失误或违规作业等。

钻探施工电器设备较多,造成触电伤害的主要危险因素是电气线路或电气设备在设计、安装上存在缺陷;运行中缺乏必要的检修维护,使设备或线路存在漏电、过热、短路、接头松脱、断线碰壳、绝缘老化、绝缘击穿、绝缘损坏、PE 线断线等隐患;没有设置保护接零、漏电保护、安全电压、等电位连接等必要的安全保护措施,或保护措施失效;安全用电管理制度不完善,电气设备运行管理不当,不使用低压照明,带电插座和破损电缆线随意摆放;人员操作失误或违规作业;等等。如某钻机在夏季施工时,从水池中抽水的潜水泵电缆线漏电但开关未跳开,两名员工下水池洗澡而不幸触电,只见其手舞足蹈但不能言语,幸好有职工恰巧路过发现情况并及时断掉电源,避免了触电伤亡事故。

(五)淹溺伤害

钻场内一般建有泥浆池、废浆池、清水池或使用泥浆罐,这些池罐有的深达 2~3 m,如果不慎跌入或滑入池罐中容易发生淹溺伤害。在工作区附近有水库、沟渠、河流等水域时,如果员工不守纪律擅自下水洗澡、游泳,常由于气温和水温相差较大,人在水中时易发生腿脚抽筋现象,或是对水体复杂情况不了解,易发生淹溺事故。如某工地员工,不遵守单位纪律,偷偷到工地附近水库中游泳,造成溺水身亡事故。

(六)雷击

雷电,是指天空中一部分带电的云层与另一部分带异种电荷的云层接触,或者是带电的云层对大地之间迅猛地放电,这种迅猛的放电过程产生强烈的闪电并伴随巨大的雷鸣,俗称闪电或打雷。钻探施工一般位于空旷的野外,塔架相对于地面较高,因而易发生雷击事故。所以,在钻塔上必须安装避雷装置,防止雷击。避雷装置的接闪器、引下线、接地棒及接地阻值必须符合规范要求。如果需要而未安装避雷装置,或安装的避雷装置不合格,一旦遇到雷电天气,极可能发生雷击而造成人身伤亡事故。

(七)火灾

火灾是由失火引发的灾害,具有突发性的特点,往往在人们意想不到的时候发生。火灾事故后果往往比较严重,容易造成重大经济损失或人员伤亡。因此,必须加强对火灾事故的预防。

发生火灾事故的原因比较复杂,构成燃烧的三要素(火源、可燃物、助燃物)普遍存在于钻探施工的生产、生活中。火源主要有职工抽烟、电气焊时火焰、冬季取暖的炉火和炉渣、物质的分解自燃、电气火花(电热扇、电炉)、静电放电、雷电等;可燃物主要有各种油料、可燃气体、塔衣、帐篷、场地周围树木与植被等。发生火灾事故的原因比较复杂,主要有以下几种情况。

1. 电气火灾

一般是指由于电气线路、用电设备、器具以及供配电设备出现故障性释放的热能，如高温、电弧、电火花和非故障性释放的能量，以及电热器具的炽热表面，在具备燃烧条件下引燃本体或其他可燃物而造成火灾，也包括由雷电和静电引起的火灾。电气火灾类型包括漏电火灾、短路火灾、过负荷火灾和接触电阻过大火灾。

2. 油料火灾

钻探施工场地备用柴油、润滑油等许多油料，如保管、使用不当易引发火灾。

3. 塔衣、帐篷火灾

野外使用的塔衣、帐篷多为易燃的棉织品，遇火易燃致灾。

4. 林草火灾

施工场地如果位于林地、草地中，在冬春季节，由于枯叶干枝较多，未灭的炉渣、烟头等如果处理不当，极易引燃钻场周边干枯的树木和杂草枯叶而发生火灾。

5. 气体火灾

钻探施工中，如钻遇煤层气、天然气等易燃气体而未引起注意并进行有效控制，可燃气体一旦遇火花和明火极易燃爆发生火灾。如某单位在高瓦斯矿区进行勘探，钻到采空区时煤层气逸出，却没有采取防火安全措施，煤层气遇火花而引发了塔衣被烧的火灾事故。

（八）中毒和窒息

在寒冷的冬季进行钻探施工时，职工宿舍和钻场厂房内多用燃煤取暖，如未安装烟筒或烟筒排烟不畅时就容易发生煤气中毒事故。此外，煤矿井下往往含有瓦斯气体，瓦斯气体常积聚在煤矿巷道的上部及高顶处，达到一定浓度时，能使人因缺氧而窒息，并可能发生燃烧或爆炸，因此井下通风非常重要。井下钻探施工时，钻窝处往往由于通风不畅常积聚有较高浓度的瓦斯气体，进入钻窝工作易造成瓦斯中毒和窒息。如某单位在煤矿井下施工时，钻塔顶部的钻窝局部无通风，工人在钻塔上作业时未事前检测瓦斯浓度，结果发生了瓦斯中毒而从钻塔上坠落死亡事故。

（九）起重吊装伤害

起重吊装伤害，主要是指由于起重设备质量缺陷、安全装置失灵、指挥人员疏忽、操作失误、管理缺陷等因素发生的人员伤害。钻探施工搬迁比较频繁，经常使用各种起重吊车进行装卸工作，特别是大型钻机的各种设备质量大，起重吊装的难度和风险也大。此外，在施工特大口径工程孔时，下入的套管质量往往超过钻机设备提升能力，有时多达 400～500 t，常常采用钻机设备为辅、大型吊车为主的下套管作业，作业时稍有疏忽极易发生起重吊装伤害事故。如某地勘单位在使用 25 t 吊车进行吊装设备作业时，工作人员违规站在被吊装的设备上，由于吊绳打滑而使设备摆动造成该员工双腿被设备挤压切断的重伤事故；再如，某单位夜间使用吊车装卸施工设备，由于夜间视线不佳，指挥人员又疏忽大意，致使吊车伸臂触及高压线，造成一名工作人员触电伤亡事故。

（十）其他危险因素

野外钻探施工的危险因素还有许多，如洗井作业时违反操作规程造成盐酸灼伤、二氧化碳冻伤及其他井喷伤害等。还有就是泥石流、洪水和滑坡、暴雨、狂风、大雪、寒流等自然灾害，如果预防措施不到位均可造成灾害性事故。这些自然灾害的特点和预防措施，在本书第六章中详细叙述。

二、钻探施工管理缺陷因素分析

通过对地勘单位大量钻探施工生产安全事故进行统计分析,管理缺陷是导致事故发生的一个主要因素。管理缺陷主要体现在安全生产观念不强、安全教育培训不到位、违章指挥、违规作业等。

(一)安全生产观念不强

安全生产、安全第一的思想没有牢固树立,未建立和落实安全生产责任制,安全管理工作较差或缺失,"三违"现象时有发生,从而造成事故隐患。

(二)安全教育培训不到位

安全教育培训不到位,使得一线员工不知安全风险,缺乏安全技能和应急处置知识,盲目蛮干,遇到复杂情况不知所措,从而造成事故发生。

(三)现场安装不符合安全要求

由于不懂得现场安装的常识和要求,或者缺少严肃认真的态度和严格监督管理的力度,存有差不多的侥幸心理,在现场安装时往往出现钻探设备安全不稳固、安全装置残缺或安装不合要求、场房内照明不充分、钻具或工具摆放无条理、操作场地不清洁等情况,又未能及时得到纠正,这些都是事故隐患。

(四)规章制度不健全或执行不严格

有章不循和无章可循是发生人身事故的又一重要原因。钻探施工中各工序的安全注意事项执行不严格,如开孔前的安装验收,对设备、安全装置的完好和安装是否符合要求缺乏认真检查;交接班时忽视安全工作的交接;每周一次的安全活动日时紧时松;发生事故后报告不及时,在调查处理事故时未按"四不放过"的原则进行处理,致使一些事故隐患得不到及时发现和排除。

(五)技术装备和工艺流程相对落后

当前钻探工程的技术装备、工艺流程和操作水平还相对比较落后,自动化程度也较低,劳动条件还比较差,在一定程度上也容易造成事故的发生。

第二节　钻探施工主要安全设施及使用要求

钻探施工现场主要安全设施有防护网罩、防护栏、钻机工作平台、防坠器、避雷装置、钻塔绷绳、用电安全设施、消防设施等。

一、防护网罩

钻场内设有防护栏、防护网、防护罩等,目的是隔离危险区域,保障员工安全,避免伤害事故发生。钻机、泥浆泵通过皮带、链条或传动轴与动力机相连,工作时处于高速旋转状态。如果不设置安全可靠的防护网,员工稍有不慎就会发生机械伤害事故。泥浆池如果不设置防护栏杆,特别是冬季结冰易滑落泥浆池,发生淹溺事故。

设备生产厂家往往随机提供规范的防护网罩。现场自行制作的防护网罩,一般应采用角铁作骨架,铁板或铁丝网作护面,通过焊接或螺丝固定连接,具有一定的强度,隔断人与旋转部件接触,起到安全保护作用。防护栏采用 25 mm 以上钢管制作,高度不小于 1.2 m,涂刷黄黑相间或红白相间的颜色,立杆间距不大于 40 cm,用于高出地表 2 m 以上工作平台外边护栏或泥浆池边护栏。

二、钻机工作平台

钻机工作平台一般用木板或铁板铺设,要求木板厚度大于 40 mm,铁板厚度大于 3 mm,且坚固、平整、完整、防滑。当机台高出地面 30 cm 以上时应该设置塔梯,梯阶间距应小于 40 cm,坡度不大于 75°。井口应设置井口板,循环槽、泥浆罐上要有盖板,防止踩空。

大型钻机工作平台一般高于地表 1.2 m 以上,机台四周及人行梯两侧必须设有防护栏杆,防护栏杆应安装牢固可靠,高度在 1.2 m 以上。钻机配有泥浆罐的,其工作平台和防护栏杆与钻机工作平台要求一致。

三、活动工作台

活动工作台又称土电梯,是运送人员上下钻塔作业的装置,其安装、使用应符合下列规定:

(1) 工作台应安装制动、防坠、防窜、行程限制、安全挂钩、手动定位等安全装置,并保证其性能良好。

(2) 工作台底盘、立柱、栏杆应成整体,底盘周围护板的高度必须在 15 cm 以上。

(3) 工作台应配置 ϕ30 mm 以上棕绳手拉绳。

(4) 工作台提引绳、重锤导向绳应采用 ϕ9 mm 以上钢丝绳。

(5) 工作台平衡重锤应安装在塔外,与地面之间的距离应大于 2.5 m,其落入范围应设置护栏。平衡重锤按一人体重进行配重。

(6) 工作台顶部应安装防坠器,防止提引绳断裂(失稳)造成活动工作台突然坠落。常用双导向绳滚柱式防坠器。

四、防坠器

防坠器又叫速差器,利用物体下坠速度差进行自控,高挂低用,能在限定距离内快速制动锁定坠落物体,是人们在钻塔(井架)上进行高空作业时防止发生意外坠落的安全保护装置。

防坠器一般安装在钻塔(井架)立根平台等作业场所的上部,使用时其挂钩挂在工作人员腰部的安全带上。

五、避雷装置

矗立在旷野之中的钻塔在雷雨季节极易遭受雷击,在雷雨季节、落雷区施工的钻塔应安装避雷针或其他防雷设施。避雷装置俗称避雷针,它由接闪器、引下线和接地装置三部分组成,钻塔通常采用单支避雷针。

(一) 避雷装置的性能及安装要求

(1) 接闪器:材质多用铜质,其次为铁质,铁质要求截面积不小于 100 mm²。接闪器与支架、钻塔之间应使用高压瓷瓶等绝缘子进行间隔绝缘。接闪器应采用螺栓等方式使支架牢固可靠地固定在钻塔上,并具有足够的强度。接闪器应高出塔顶 1.5 m 以上。

（2）引下线：引下线应使用截面积不小于 25 mm² 的铜质裸体绞线或截面积不小于 35 mm² 的钢质绞线。引下线不得沿钻塔下引，与钻塔绷绳间距应大于 1 m。

（3）接地装置：多采用铜板，电阻不大于 15 Ω，在矿区内应不大于 5 Ω。接地装置应选择在平时人员流动较少的机场侧面，应与引下线连接良好，与电机接地、孔口管及绷绳地锚间的距离应大于 3 m。由于岩层、砂层电阻率较大，在此种情况下安装接地装置，可采用挖槽、挖坑填入黏土，加适量的食盐，并常浇水使其保持潮湿状态以降低接地体的电阻值，也可采用增加接地体的长度和数量的方法降低电阻值。

（二）单支避雷针的防护范围

安装了避雷针不等于在任何地方都获得了保护，单支避雷针的保护范围可按折线法进行计算。如图 4-1 所示是一个以避雷针为轴的折线圆锥体，折点在避雷针高度的 1/2 处。对高度在 30 m 以下的避雷针，上部折线与垂线的夹角不超过 45°，下部折线与地面的交点至垂足的距离不超过针高的 1.5 倍。

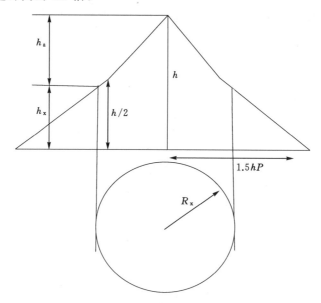

图 4-1　单支避雷针在 h_x 平面上的保护范围

（1）单支避雷针在地面上的保护半径为：

$$R = 1.5hP$$

式中　R——避雷针在地面上的保护半径，m；

　　　h——避雷针顶端至地面的高度，m；

　　　P——高度影响系数，当 $h \leqslant 30$ m 时，$P=1$；当 30 m$<h \leqslant$120 m 时，$P=5.5/\sqrt{h}$。

（2）在高度 h_x 水平面上的保护半径为：

当 $h_x \geqslant 0.5h$ 时　　　　　　　　$R_x = (h-h_x)P = h_a P$

当 $h_x < 0.5h$ 时　　　　　　　　$R_x = (1.5h - 2h_x)P$

式中　R_x——避雷针在 h_x 水平面上的保护半径，m；

　　　h_x——钻塔高度范围内任一高度，m；

h_a——避雷针的有效高度,m。

（三）防雷电波侵入的方法及安全措施

（1）低压电力线路如果是用电缆直接埋地引入钻场,为防雷电波沿低压架空线路侵入钻场,在入户处应将绝缘子铁脚接到接地体。若用金属铠甲电缆,在入口端应将电缆金属外皮与接地装置物连接。

（2）雷雨天气人体不要接触金属物,不要使用手机通话,人员禁止走动,更不要脱离防护范围。雷电严重时应停止生产作业,拉下电源开关,人离电力线和金属设备的距离在1.5 m以上。关闭场地值班室门窗,以防球形雷侵入。

六、钻塔绷绳

钻塔绷绳是为了保持钻塔稳定的一种装置,在安装钻塔时一定要按照技术要求安装好绷绳。否则,当遇到大风等危害因素时易造成钻塔倾倒。钻塔绷绳安装及拆卸技术要求如下。

（1）钻塔绷绳应采用 $\phi 12.5$ mm 以上的钢丝绳,钻塔(井架)质量和高度较大时应加大绷绳尺寸(至 $\phi 18 \sim \phi 21$ mm)。

（2）18 m 以下的钻塔应在塔高 3/4 处设置 4 根绷绳;18 m 以上的钻塔应在天梁顶及塔腰处分两层设置绷绳,每层设 4 根绷绳。

（3）绷绳安装应牢固、对称,与水平面夹角应小于 45°。

（4）地锚深度应大于 1 m。在松软地层,应加大锚坑深度和长度,同时加设长度不小于 1 m 的枕木或废套管,填入土石并夯实。在坚硬地层,绷绳基点可用钢钎打眼法打眼,之后将钢钎、废钻杆或钢筋销杆插入眼孔,用水泥浇灌固定。

（5）同方向的两条绷绳不得使用同一地锚坑。

（6）钻塔绷绳通常需要有鸡心环、绳卡及紧绳器等用于调整紧度的部件,用紧绳器将绷绳绷紧,各绷绳松紧程度要一致。

（7）绷绳表面必须经常涂油、检查,断头较多、锈蚀严重的钢丝绳应及时更换。绷绳接头应使用同径绳卡固紧,每个接头不少于 3 个绳卡。

（8）进行 A 字形、车载机井架拆卸时,应在升降机钢丝绳、导向滑轮和支架等安装稳妥后,方可拆卸绷绳。

七、水龙头导向绳

水龙头导向绳是为了防止水龙头回扣脱落和钻进时主动钻杆摆动缠绕胶管引发人身伤亡事故的装置,其安装方法如下:

（1）安装导向绳:将 $\phi 9$ mm 的钢丝绳上端固定在塔梁上,下端和机架用反正螺丝连接绷紧。

（2）安装导向环:在导向绳距地面 2.5 m 处安装绳卡,将水龙头上的胶管安装导向环,导向环套在导向绳上,使水龙头只能沿导向绳上下滑动,防止胶管缠绕,一旦水龙头脱扣,绳卡能使跌落的水龙头悬吊在 2.5 m 处不致伤人。

八、用电安全设施

钻探施工用电应执行《施工现场临时用电安全技术规范》(JGJ 46—2005)。用电安全设施主要包括漏电保护器、低压照明、接地、电器设备围栏等。

（一）漏电自动保护装置

所有施工用电配电盘（柜、箱）必须加装漏电自动保护装置，特别是潮湿部位的动力电源和220 V照明电源要按"三同时"要求进行，安装后应进行调试并做好记录，合格后方可交付使用。

（二）低压照明

钻塔上或活动灯具应采用低于36 V的低压照明。

（三）架空线路架设

当施工现场用电线路必须架空线路时，应严格按有关技术规范实施。高、低压线路都必须遵照电气技术标准，按规定保证架空高度、线路的稳定性和线路的绝缘水平。在汽车和施工机械经常出入的通道要设明显标牌，施工作业面要防止施工机械、汽车、器具、材料挂碰损伤及人员触碰而造成触电事故。

（四）电缆敷设

施工现场电缆必须采用护套等进行安全敷设，加强对电缆绝缘保护，对护套经常检查。电缆过路时，应加设套管后深埋。在电缆两端、中间部位，每间隔一定距离要设置标示牌，标示负荷名称并妥善管理保护。

（五）电气设备安全围栏

变压器、配电盘、柴油发电机等电气装置的安装、使用，必须遵守安全技术规定。在地面安装的，必须设置围栏并应挂醒目标示牌，围栏要保证合适高度、尺寸以及与带电体的安全距离，防止人员从围栏钻进。

（六）配电盘

在电源和用电两端应装设配电盘（柜、箱），配电盘（柜、箱）的安装和使用应做到防雨、防潮湿、防火、防触电，配电盘上每一个电气开关都应标示负荷名称。

（七）保护接地或接零

电气设备的金属外壳、底座、传动装置、金属电线管、配电盘以及配电装置的金属构架、遮栏、电缆铝包线等金属外皮，均应采用保护接地或接零。

九、消防设施

钻探施工一般都在荒郊野外作业，如发生火灾往往只能现场进行施救。施工现场应分析火灾风险，根据火险类型和规模配备必要的防火器材和设施，如灭火器、消防水池、灭火沙、消防铁锹、消防铁桶等。在森林等地进行钻探施工时应按森林、消防法律法规要求做好防火工作，设置防火灾隔离带。

第三节　钻探施工现场安全管理

钻探施工场地（简称钻场）是指为了实施钻探施工所占用的场地，在平面上主要包括钻机作业台（机台）、厂房、值班房、材料房、泥浆循环固控系统（循环槽、泥浆池）、钻杆及管材堆放场地等，钻场面积的大小因施工机型和场地周边环境而定。

一、钻机现场的安全生产管理

钻探施工现场安全管理主要是指钻场的安全管理,主要包括建立安全生产管理制度、施工组织设计(专项施工方案)、安全双控工作、安全设施、安全教育培训、安全检查、分包单位安全管理、用电安全管理、设备的维护与管理、事故处理与应急救援等内容的标准化工地建设等。做好钻场的安全管理,可以使施工现场具有强烈的安全生产意识和较高的安全生产管理能力,具备齐全有效的安全防护设备、设施,做好职业健康保护,做好设备设施经常维护保养管理并保证满足施工需要,文明施工,保护环境。

(一)钻机现场的一般安全管理要求

(1)凡从事钻探工作的人员,必须接受安全培训,经考核合格后方准上岗作业。新员工必须经过三级安全教育,并在班长或熟练工人指导下进行操作。

(2)进入施工现场的人员,必须穿戴好安全防护用品和安全防护用具,严禁穿拖鞋、高跟鞋或赤脚工作。在生产中坚守工作岗位,严禁酒后工作。

(3)施工现场的设备、材料,应做到场地安全可靠,存放整齐,通道整洁,必要时设专人进行看护。施工现场的洞坑、升降口等危险处应有防护设施及明显标志。钻场严禁存放有毒、有腐蚀的化学药剂,使用这些药剂时,必须按有关规定穿戴好防护装备进行作业。

(4)严禁私拉乱接电线,非电工不得从事电气作业。施工现场电气设备和工具(包括照明、手持电动工具等)要配装触电保护器,以防止因潮湿漏电和绝缘损坏引起触电及设备事故。

(5)钻场必须备有灭火器,钻场内禁止用明火照明,严禁用明火直接烘烤柴油机底壳。遇有雷电时,应停止用电,关闭总电源。

(二)建立健全安全生产管理制度

钻探施工现场安全生产管理制度的建立和完善,是钻探施工安全管理的重要基础工作,也是实现安全生产规范化、标准化、系统化的重点工作。每个钻机现场应根据项目实际情况和安全需要,依据相关有效的法律、法规、条例、规范、规程、标准以及本单位和上级的制度、办法、要求,建立健全以安全生产责任制为首的安全生产管理制度,包括但不限于以下各项:

(1)安全生产责任制度,包括安全生产职责、考核及结果运用,其中安全生产职责应具体、简洁、明了,可执行、可考核,覆盖每个岗位、每个人员。

(2)安全教育培训制度,应明确主持教育培训人员、参加培训人员、培训时间、培训方式、培训内容、考核方式、效果核查等。

(3)安全风险分级管控制度,应明确危险源(因素)辨识的主持及参与人员,预防及处置方法措施,资源及保证,风险评估、风险管控措施,以及对职工的交底、教育培训和应急演练等。

(4)安全生产会议制度,包括交接班及班前、班后会议制度。

(5)安全生产检查及事故隐患治理制度。

(6)防火消防和安全用电管理办法。

(7)设备维护保养制度、设备安全操作规程。

(8)安全防护设备设施和装置管理办法。

(9)特种作业人员管理办法。

(10)劳动防护用品使用管理办法。

管理钻机的项目部应根据实际情况,制定外协队伍安全管理制度、安全生产投入办法等。

各项制度、办法,应全面、科学、简洁、适用、可行,实现动态管理,持续改进。各项制度、办法由负责人审定,报上一级管理单位批准。各项制度、办法,应以纸质材料存档。重要的制度、办法应制作成永久性标牌立放在现场的醒目处,或上墙悬挂。重要岗位的安全生产职责应制作标牌,上墙或在明显位置悬挂。

（三）建立安全生产管理组织机构

钻机(项目部)应建立健全安全生产管理机构,包括机长(项目经理)、副机长(项目副经理)、专兼职安全员、班组长等,机长(项目经理)是安全生产管理网络机构的中枢和负责人。钻机与项目部合署办公的,可设置一个安全生产管理网络机构。高危工地项目部应设置专职安全员。安全生产管理机构应根据主要人员变化进行动态调整管理。

安全生产管理机构应由钻机(项目部)制定并报请上一级管理机构批准,机构组成及批准意见以纸质材料存档。安全生产管理机构应制作成标牌,上墙或在明显位置悬挂。

（四）制订安全生产目标和工作计划

钻机机长(项目部经理)主持制订项目安全生产目标,目标应符合实际,从严要求,可量化、可考核。同时,制订项目安全生产管理工作计划,计划应结合实际,抓住关键环节和节点,贯穿整个项目实施过程。

安全生产目标和工作计划应由钻机机长(项目部经理)批准,以纸质材料存档,并制作成标牌,上墙悬挂。

（五）专项施工方案和安全技术交底

（1）专项施工方案

危险性较大的钻探工程,单位应按规定编制有针对性的安全专项施工方案;超过一定规模、危险性较大的钻探工程,应组织专家对专项施工方案进行论证。

专项施工方案实行双交底制度:专项施工方案实施前,编制人员或者项目技术负责人应当向施工现场管理人员进行方案交底;施工现场管理人员应当向作业人员进行安全技术交底,并由双方和项目专职安全生产管理人员共同签字确认。

项目专职安全生产管理人员应当对专项施工方案实施情况进行现场监督,对未按照专项施工方案施工的,应当要求立即整改,并及时报告项目负责人,项目负责人应当及时组织限期整改。

（2）安全技术交底

项目技术负责人应结合项目钻探施工作业现场的状况、特点、工序,对安全风险、施工方案、规范标准、操作规程和应急处置等进行技术交底。

（六）现场安全检查

（1）钻机(项目部)应建立安全检查制度。钻机每周(项目部每月)应至少组织一次全面的安全检查,检查应由机长(项目经理)组织、专兼职安全员及相关人员参加。

（2）钻机(项目部)的上级单位应定期或不定期地对钻机(项目部)开展安全生产检查。

① 安全检查的内容主要包括职工的安全生产意识、施工现场的安全设施完善情况、安全教育培训情况、危险源辨识和预防、现场文明施工、安全标志设置等。

② 安全设施的完好和有效使用,是安全检查的重点内容。施工现场的主要安全设施有

防坠装置、防护网罩、避雷装置、钻塔绷绳、用电安全设施和消防设施等。

③ 在有外协钻机参与施工时,应重点对外协钻机安全生产组织和管理能力进行检查,检查分包合同中是否签订了安全生产协议书,是否明确了双方的安全责任。根据"无论怎样的承包,安全生产不外包"的原则,检查项目部是否按规定对外协钻机在完善安全设施、配备劳动防护用品和安全管理制度等方面进行安全监督管理。

④ 对检查中发现的事故隐患应下达隐患整改通知单,定人、定时间、定措施进行整改。重大事故隐患整改后,应由相关部门组织复查,安全检查结束 15 d 内应进行安全生产检查情况通报,对安全管理好的钻机进行表扬和奖励,对安全管理较差的进行批评和鼓励。

（七）安全教育培训

（1）钻机(项目部)应建立安全教育培训制度。施工人员入场时,钻机(项目部)应组织开展以施工现场安全管理规定、各工种安全技术操作规程、安全风险为主要内容的二级和三级安全教育培训,并进行考核。

（2）施工人员变换工种或采用新技术、新工艺、新设备、新材料施工时应进行安全教育培训。

（八）生产安全事故处理和应急救援

（1）施工现场发生生产安全事故时,施工单位应按规定及时报告并对生产安全事故进行调查分析,制定防范措施。

（2）项目部应针对工程特点进行危险因素辨识、评估,属于重大安全风险的,应制定防触电、防坍塌、防高处坠落、防起重和机械伤害、防火灾、防物体打击等专项应急处置方案,并对施工现场易发生重大安全事故的部位和环节进行监控。

（3）施工现场应建立应急救援组织,培训、配备应急救援人员,定期组织员工进行应急救援演练。

（九）安全标志

施工现场入口处应设置危险因素辨识和预防措施公示牌。在主要施工区域、危险部位应设置相应的安全警示标志牌,并根据工程部位和现场设施的变化调整安全标志牌的设置。

二、钻机现场的文明施工

钻机施工现场应开展标准化工地建设,既做到安全生产,又做到文明施工。施工现场整体要求场区规划、机械设备、安全设施、安全防护、标志标识牌等达到现场视觉形象统一、整洁、美观的效果。

（一）现场围挡、围栏

在城镇、建筑工地等人口稠密区域,以及业主方有要求的区域,钻场周围应设置围挡或围栏。在田野、沟谷等荒野区域,宜设置围栏。

（1）市区主要路段的工地应设置高度不小于 2.5 m 的封闭围挡,一般路段的工地应设置高度不小于 1.8 m 的封闭围挡,围挡应坚固、稳定、整洁、美观。

（2）围栏规格、材质等应根据施工需要确定。

（3）重点项目工地,应在工作场区门口内侧布设与现场实际情况相符合的"六牌一图"。"六牌"是指工程概况牌(包括管理人员名单及监督电话牌)、进入施工现场须知牌、作业人员岗位牌、安全生产警示牌、危险源辨识牌、文明施工牌,"一图"是指钻场/施工现场平面图(含危险因素位置标识)。

(4) 施工现场进出口应根据需要设置车辆冲洗设施。在市区施工时应制定施工不扰民措施,夜间施工前必须经批准后方可进行施工。

(5) 应采取措施,做好抑制扬尘、降低噪音工作,并做好固废弃物和废浆废液处置工作。

(二) 钻机施工现场管理(3C管理法)

(1) 清理(Clear):即清扫(清洁)、整理。清扫是钻探施工现场很重要的"三清"工作,即"雨后的场地平整→起、下钻后的机台板清理→泥浆槽周边的岩屑清理",是钻探施工现场管理的重要环节。一方面,钻探施工现场多土质疏松,在雨后常常出现人和物料都难以入场的现象;另一方面,钻探施工过程中起钻时泥浆会飞溅到机台板和设备、设施上,不仅影响环境卫生而且很湿滑,作业人员工作时很不安全。另外,泥浆槽周边捞放的泥浆岩屑需要及时清理。

(2) 整理(Clean up):是指对现场摆放的钻杆、套管等材料和工器具的整理,有条理地进行整齐摆放并标明名称、规格等。材料码放应采取防火、防锈蚀、防雨等措施。易燃易爆物品应分别储藏在专用库房内并制定防火防爆措施。

(3) 环境(Circumstance):是指加强施工现场的环境保护,始终使现场工作环境、生活环境和设备保持整齐、整洁、干净状态,不能随意排放泥浆,要注意浮土的消尘和清理,在城市内施工还要注意隔离噪音,履行环境保护的社会责任。

(三) 现场办公和住宿

(1) 施工现场办公室根据所在地实际情况进行安排,但至少应建设机长办公宿舍房,并配置有空调和电脑等设施;项目部办公室可根据情况租用民房或现场建设临建房。在大型项目的施工现场,施工现场应建设会议室、技术工作室等,办公用房的防火等级应符合规范要求。办公桌椅及文件柜等,应式样统一;办公室应干净整洁,具有良好的采光、通风条件;工程资料应及时整理、归档;资料盒应贴标签,分类排放整齐。

(2) 职工宿舍要与施工现场保持足够的安全距离,可通过租用民居或统一建设临建房解决员工住宿。宿舍防火等级应符合规范要求。人均住宿面积应不小于 2.5 m²,每间宿舍不得超过 16 人。采用临建房、帐篷作宿舍时,宿舍内通道宽度应不小于 0.9 m。宿舍应安排人员轮流打扫,生活用品应整洁并摆放整齐,做到环境卫生良好,并定期检查。

(3) 职工食堂是职工生活的重要场所,应做到:

① 食堂环境应干净、整洁,食品摆放、加工过程要符合食品卫生有关规定。

② 食堂工作人员应取得健康证,并按规定定期体检。食堂管理制度要上墙。

③ 使用液化气作燃料的食堂,液化气瓶要单独存放,保证通风良好、有门有锁,安装燃气报警器及排风扇,并指定专人管理。

④ 食堂应配备必要的排风、消毒和灭蝇设施,纱窗、排风扇应齐全有效。

⑤ 食堂的用电设施必须一机一闸(制作间使用防水插座),逐级漏电保护,用电设施应远离易燃物。

⑥ 餐厅应避风遮雨,干净整洁,桌椅整齐。

(4) 厕所也是职工生活的重要场所,同时也是文明施工的体现。施工工地应建设通风良好的男、女厕所,面积按现场人数设置,能满足正常需求;要保持厕所清洁,应指定专人负责卫生工作,定时进行清扫、冲刷、消毒,防止蚊蝇滋生,化粪池应及时清掏。

（5）应加强文明卫生建设,办公及生活区内应设置数量不等的垃圾池或垃圾筒,并安排专人打扫、清理。在大型项目工地,应设置包括办公室标识牌、指路牌、厕所及宿舍标识牌等。

（四）施工现场防火

施工现场火灾因素较多,应贯彻消防工作"预防为主、防消结合"方针,建立健全消防管理制度,加强火灾危险因素辨识与管控,明确消防安全责任,提高职工消防安全意识和扑灭火灾能力。

（1）施工现场临时用房和作业场所的防火设计应符合规范要求。

（2）施工现场应明确划分用火作业、易燃可燃材料堆场、仓库和易燃废品集中站以及生活区等区域。

（3）施工现场和宿舍区域应配备符合需要、性能良好和数量足够的消防器材,合理布放,指定专人维护、管理,定期更新,保证完整好用。

（4）明火作业应严格履行动火审批手续,配备动火监护人员和消防器材。

（5）加强消防安全检查,尤其是重点区域、重要工序和重要时段的消防安全管理。

三、钻场设备的安全管理与维护

（一）建立设备管理制度

（1）坚持"三定制度":即定人、定机、定操作规程的"三定制度"。设备使用必须严格遵守操作规程,保证设备处于良好、安全状态,为生产施工创造有利的条件。

（2）坚持操作证制度:主要生产设备的操作工人,必须经技术培训,熟练掌握技术操作规程和安全操作规程,经考试合格取得操作证后方可独立操作。

（3）坚持设备检查检验制度:通过对设备检查检验,全面掌握设备的技术状况、安全状况和磨损情况,及时查明和消除设备故障和事故隐患,确保设备的安全运行。

（4）坚持维修保养制度:定期对设备进行清洁、润滑、检查、调整以及更换零部件,保证设备运行良好,避免设备运行中发生故障从而引发事故。

（5）坚持设备接收和移交制度:接收和移交设备时,应对设备组成和状况进行全面交接,并办理设备交接手续。

（二）设备使用的安全管理

设备操作人员要做到"三好""四懂四会"和"润滑五定"。

1."三好"

"三好"是指操作者应管好、用好、养好设备。加强对设备的保管,保持设备完整无损;不带病运转设备,不超负荷使用设备,正确使用设备;加强设备的维护保养,保持设备性能良好。

2."四懂四会"

"四懂四会"是指操作者要懂设备的工作原理、结构、性能、用途,会使用设备、会维护保养设备、会检查设备性能、会排除设备故障。

3."润滑五定"

"润滑五定"是指对设备加装润滑油时,应做到定点(规定加油点)、定时(规定时间)、定质(规定牌号)、定量(规定油量)、定人(指定人员)。

第四节　钻场选择与钻塔安装

一、钻场的选择与基础安全

（一）钻场的选择

钻场是钻探施工的场所,既要满足地质设计需要,也要满足安全施工要求。在选择钻场时,要对周围环境进行危险因素分析,应选择避开洪水、坍塌、泥石流等自然灾害侵袭并交通便利的平地。钻场中部应稍高于四周,形成一定的坡度,便于钻场内排水。钻塔大门方向应考虑工作方便,避免阳光直射钻工眼睛而影响工作。

钻场选择和基础尺寸应根据钻机负荷和类型确定,必须严格按设计进行施工,确保施工作业安全。

（二）钻场基础的安全性

钻场基础的安全性,主要是指确保安装钻塔、钻探机械和场房在施工过程中的地基基础稳定安全。应根据钻探设备质量、施工承载负荷力和天然地基性能综合考虑确定地基是否需要修筑,当天然地基满足钻探施工要求时不必修筑地基,否则应修筑地基使其满足钻探施工需要。

1. 场区面积与朝向

应综合钻探设备安装要求、钻孔设计、施工需要以及自然条件等因素,合理确定钻场的面积。必须注意的是,钻孔孔位前场尺寸应不小于 A 型井架的高度。在朝向方面,尽量做到夏季钻塔前方朝向主风方向,冬季背向主风方向;在大风季节,尽可能使钻塔和场房对角线的后侧方朝向风向。

2. 固定基础与活动基础

应根据地基抗压强度、设备质量以及钻探施工承载力等因素,合理确定是采用固定基础还是活动基础。一般固定基础要求坑底土壤的抗压强度不小于 0.2 MPa,活动基础的不小于 0.38 MPa。

3. 场地平整与基础

钻场地基应平整、坚固、稳定、适用。钻塔等安装设备的基础需要填方时,填方部分不得超过塔基面积的 1/4,且在塔脚下不得填方。填方材料应选择碎石土等复合材料。

4. 山坡钻场

在山坡修筑钻场地基,应清除上方滑石。岩石坚固稳定时,坡度应小于 80°;地层松散不稳定时,坡度应小于 45°。

5. 排水沟渠

钻场周围应有排水措施。在山谷、河沟、地势低洼地带或雨季施工时,钻场地基应修筑挡水坝或修建防洪设施,地盘纵长方向与水流方向一致。

6. 与地下构(建)筑物的距离

钻场地基应满足:钻孔边缘距地下电缆线路水平距离大于 5 m,距地下通信电缆、构筑物、管道等水平距离应大于 2 m。

二、钻塔安装、拆卸作业的安全措施

钻塔的安装、拆卸属于高处作业,不仅工序比较繁杂,而且需要作业人员之间、人机之间互相配合,要求作业人员有高度的责任心和过硬的技术水平,同时还要有严格的组织协调,确保作业安全。

(1)设计与交底:进行钻塔安装、拆卸作业时,应编制钻塔安装、拆卸作业指导书,在复杂条件下应编制钻塔安装、拆卸作业设计,指定安装作业负责人,落实作业所需人员和设备、物资,特别是高处作业人员应持证上岗,并对相关人员进行技术、安全交底。

(2)作业前安全检查:作业前,由机长或项目经理组织有关人员进行作业前安全检查,符合条件时方可进行作业。

(3)统一指挥,责任到人:作业时由安装负责人统一指挥,参与作业人员要责任明确。作业现场应设置警戒线,派专人看护,严禁闲杂人员进入,防止发生意外事故。

(4)严格执行作业安全规定:

① 安装、拆卸钻塔前,应对钻塔构件、工具、绳索、挑杆和起落架等进行严格检查。

② 安装、拆卸钻塔应在安装负责人统一指挥下进行,要合理安排作业人员,严格按钻探操作规程进行作业,塔上塔下不得同时作业。

③ 安装、拆卸钻塔时,起吊塔件使用的挑杆应有足够的强度。安装钻塔时应自下而上逐层安装,不得少安装配件,拆卸钻塔应从上而下逐层拆卸,不得高空向下抛物。

④ 进入钻场应按规定穿工作服、工作鞋,戴安全帽,不得赤脚或穿拖鞋,塔上作业应系好安全带,安全带严禁低挂高用、严禁拴在正在和将要拆卸的塔件上,禁止穿带钉子鞋或者硬底鞋上塔作业。

⑤ 安装、拆卸钻塔应铺设工作台板,台板长度、厚度应符合安全要求。

⑥ 夜间或 5 级以上大风、雷雨、雾、雪等天气禁止安装、拆卸钻塔作业。

⑦ 竖立或放倒钻架前,应当埋牢地锚。

⑧ 竖立或放下钻架时,作业人员应离开钻架起落范围,并应有专人控制绷绳。

⑨ 钻架钢管材料应满足最大工作强度要求。

⑩ 钻架腿之间应安装斜拉手,并在钻架腿连接处的外部套上钢管箍加固。

⑪ 起、放钻架,钻架外边缘与输电线路边缘之间应具备安全距离。

⑫ 塔上工作人员严禁酒后上岗,且不得有高空作业禁忌病症,具有登高作业知识,遵守劳动纪律,禁止"三违"作业,使用工具时应握紧抓牢,不用时放入工具袋内,严禁把工具放在塔件上。拆下或待安装的紧固件应放在螺丝包内。

⑬ 吊放塔件时,塔件必须扎紧拴牢,吊件和吊臂下方严禁站人,禁止用手触摸钢丝绳和滑车。中途休息时不准将起吊物悬挂在空中。

三、"A"型钻塔起、放安全技术

(一)起升井架

1.人员组织

井架起升前,井队长组织现场施工人员召开会议,对人员进行分工,交代好安全措施和注意事项。起升时由井队长负责指挥,各岗位人员应按规定穿戴好防护用品,井队安全员必

须在现场进行安全监督。

2. 起升前检查

(1) 安装前,检查副支腿铰链是否灵活,并涂油保养。两副腿丝杠露出长度相等。两边起升绳长度严格按说明书规定,其有效长度误差不超过 150 mm。

(2) 检查井架大腿底部连接的大销子和井架主体人字架等全部销子,锥型部位要露在外部,并销好安全销;检查起升大绳绕过各部分滑轮的穿绳是否正确,大绳每端的绳卡不得少于 7 个,并卡紧牢靠;检查机房设备和绞车,确保设备运转正常。

(3) 检查二层台绷绳及安全绷绳的绳卡是否紧固牢靠;检查各节井架和其他横梁拉筋应完好无缺,不得有任何变形。

(4) 对天车、游车及井架起升中的活动部位涂抹黄油,并检查滑轮是否有卡紧现象。

(5) 检查采用螺栓、U 形螺栓连接的全部构件,紧固的可靠性,U 形卡子要备双螺母;检查冷却水箱是否加足冷却水。

(6) 将与井架起升无关的设备和人员清场,大门前严禁站人。

(7) 井队长带领安全员对井架各部位进行全面检查,确认安全后方可试起升井架。

3. 井架试起升

(1) 绞车司机用一档间歇挂合离合器,逐渐拉紧钻井大绳,使游车离开支撑面 100～200 mm 后停住,安全员检查钻井大绳穿法是否正确,钻井用绳索、钻井大绳的死绳、水龙带等有无挂拉、缠绕现象。

(2) 经检查无误后,继续起升,当井架离开支架 200～300 mm 时,将绞车刹住,对起升钢丝绳端和钻井大绳死绳进行固定,检查钻机配重、底座受力杆件、人字架等关键部位,对天车固定连接件进行重新紧固,停留时间在 10～20 min。

(3) 缓慢下放井架到支架上,并将游车放松到离支撑面 100～200 mm 处,对有问题的部位进行整改。

(4) 绞车用 1 档,一次挂合离合器,将井架拉起离开井架 200～300 mm 后,将绞车刹住,使井架在此位置停留 5 min,再将井架缓慢放到支架上,放松游车到支撑面 100～200 mm处。

4. 井架起升作业

(1) 井架起升在井队长的统一指挥下进行,井队长所处位置必须在刹把操作人员能直接看到并且安全的地方。

(2) 试起升完毕后,除机房留守人员、刹把操作人员、关键部位观察人员、现场安全员和指挥者外,其他人员和所有施工机具撤至安全区(井架前方及两侧 20 m 外)。

(3) 绞车一次挂合离合器,以最低绳速将井架匀速拉起,中途无特殊情况不得刹车。

(4) 当井架超过 45° 及负荷逐渐下降时,应缓慢降低起升速度;当井架起升到 75°～80°时刹住绞车,停止起升,然后间歇挂合离合器,使井架缓慢起升就位。

(5) 井架就位后,将起升钢丝绳轻微拉紧,及时将井架与人字架连接固定,固定两根绷绳后,将起放大绳下放,起放大绳应按要求位置挂接、盘放固定。

(二) 放倒井架

(1) 放倒井架前的组织、检查等工作按起升井架要求执行。

(2) 放井架时,大钩慢慢地拉紧起升游车滑轮,刹车。

（3）在井队长统一指挥下，相关人员打开手动、自动卡锁装置后离开钻台，站在安全位置。

（4）稍松一下钢丝绳，然后利用伸缩液压缸（或人力轻拉两根绷绳）将井架略向前拖出卡锁装置后，由绞车控制慢慢放下，直到放至支架为止。

（三）起放井架"四不准"

起放井架安全风险高，要严格执行"四不准"：① 动员不充分、分工不明确，不准放起井架；② 安装不合格、运转不正常，不准放起井架；③ 检查不通过、整改不彻底，不准放起井架；④ 黑夜及恶劣气候（如风力超过五级、能见度小于100 m等）不准放起井架。

第五节　钻探施工过程的安全要求

一、钻进过程中的安全技术要求

钻探施工的关键是严格执行操作规程。钻进时要做到"三看、二听、一及时"，即要做到看皮带跳动情况、看拉力表（指重表）指针显示情况、看井口返泥浆情况；听钻机工作声音、听动力系统工作声音；发现问题及时处理。

（1）钻进时司钻要随时观察机械运转状态，分析孔内工作情况，并指挥其他人员配合工作。正常钻进时，主要运行设备应安排专人看护，及时处置发生的意外情况。

（2）机器设备运转中，不得进行拆卸和修理，不准戴手套挂皮带或打皮带蜡，不准跨越皮带栏杆，不准用铁器拨皮带。

（3）扫孔、扫脱落岩心及松紧卡盘时必须有专人看管皮带开关或离合器，应由班长或其他熟练技术工人操作。钻进复杂地层时，应随时观察仪表变化、泥浆消耗量及进尺速度等情况，综合分析做出判断，防止事故发生。

（4）高压胶管应设有防缠及水龙头防坠装置。钻进时不得用人扶持水龙头及胶管。修理水龙头、紧丝扣或紧胶管头时必须停车，并有专人看管皮带开关或离合器。

（5）操作液压钻机应随时观察各指示仪表，根据机械运转声响和孔内反应及时调节技术参数，防止油压超过容许压力而造成油路破裂、喷油伤人。

（6）丈量机上余尺时，应注意量尺下端不要触碰转盘造成尺子打人。

（7）调整回转器、转盘时应停机检查，并将变速手把放在空挡位置。未经允许转盘上严禁放物品或站人，经允许时必须将分动手把放在空挡，防止转盘突然回转伤人。

二、升降钻具安全操作技术要求

（一）升降钻具前的检查

升降钻具前必须检查绞车制动装置、离合器及其操作手把是否正常，在制动、离合不正常的情况下严禁进行升降作业。同时，对钢丝绳、提引器（吊卡吊环）、滑车等升降系统器具部件进行检查并确认其完善。

（二）操作要求

起降钻具应保持正常速度，起升和停止时应稳、准，不得猛升猛降。司钻要与井口人员、塔上（活动工作台）人员协调配合，注意观察塔上人员指示反应。

（三）塔上人员作业要求

塔上作业人员在升降钻具时，必须系好安全带，不得手触钢丝绳，不得向下落物，不得站在立根平台栏杆上作业，注意司钻口令，发现异常情况应及时传送。

（四）井口人员作业要求

（1）不要贴近正在升降的钻具，摘挂提引器（吊卡）时防止钢丝绳回绳碰打，防止钻具下降过快垫叉（吊卡）跳出伤人。发现跑钻时严禁抢插垫叉。

（2）向外拖放钻具以及岩心管悬空抖落岩心时，必须销牢提引器环箍安全装置，向外拖放钻具时必须使提引器缺口朝下，人不得进入钻具拖放范围，以防钻具脱落伤人。

（3）人工拧卸钻具时，主动和被动钳子均不得加长钳把，以防超过允许负荷钳把或钳头折断造成搬钳伤人。

（4）需向钻杆涂抹润滑油时，应用专用工具，不得用手直接在升降的钻杆上涂油。

三、其他安全操作要求

（一）活动工作台及井架工安全操作要求

（1）使用的活动工作台必须安装防坠装置，并经常检查手动定位器、防坠装置、提引绳、导向绳、重锤导向绳及连接的绳卡等，确保完好有效。

（2）高处作业一定要系好安全带、防坠器，安全带要高挂抵用、尾绳要系牢。进出活动工作台要关好门锁，严禁站在工作台防护栏杆或顶端工作，不准向下抛丢物件。

（3）在工作地点停留和离开活动工作台前，必须先锁紧手动定位器（锁紧装置）。活动工作台降至最低位置，人员离开工作台时除锁紧手动定位器外还要挂好安全钩。

（4）井架工和司钻要明确联络信号，如敲击钻杆等，有条件时应配对讲机，防止配合失误发生事故。强力起拔时，井架上不得留人。

（5）所用工具、绳索要捆绑牢固，不得悬挂下垂，防止磨断坠落或风吹摆动绞入游车而发生危险。禁止飞车扣吊卡，吊卡扣上后要检查是否扣牢。定期对井架基础、本体、螺丝、绷绳及井架上的各个构件进行检查，发现隐患及时整改。

（二）拧管机安全操作要求

（1）上、下垫叉应有提梁，上垫叉应有防甩装置，操纵阀手柄应灵活可靠。

（2）拧钻杆时，必须对好丝扣，未经对好丝扣时不得强行开动拧管机。在拧管机停止转动并取下上垫叉前，不得提升钻具。

（3）操作拧管机和抽插垫叉应为同一人操作，禁止两人操作。

（4）上、下垫叉应与钻杆升降配合，并将垫叉插到位置，插好上垫叉后应立即锁好防甩装置，手未离垫叉时不得开动拧管机。

（三）绳索绞车安全操作要求

（1）无论使用钻机动力还是单独动力驱动绳索绞车，绳索绞车都应安装牢固，传动部位应有防护罩。

（2）使用前必须检查绳索绞车的制动装置、离合器及其操作手把是否正常，对绳索绞车配套用的滑轮、钢丝绳、打捞器进行检查，确认完善后方可使用。

（3）升降内管总成时不得手触钢丝绳。

（四）内、外钳安全操作要求

（1）扣大钳时要姿势正确，不要忙乱，防止打伤手。旋绳上扣时，防止旋绳将手磨伤或手绞入旋绳与钻具之间。不得在转盘上放任何工具、物件，更不准在转盘上站人。

（2）起钻过程中应使用泥浆防喷罩及刮泥器，及时清理钻台板上的泥浆、油污等脏物，保持台板清洁，防止跌滑摔伤。

（3）在放入（提起）方补心、安全卡瓦时，要做好配合，防止砸伤人员。卸扣时，如果钻具丝扣很紧，内、外钳工应站到安全位置后方可卸扣。

（4）方钻杆放入鼠洞、摘开大钩时，必须拉住吊环将其慢慢垂放，防止吊环摆动伤人。

（五）猫头安全操作要求

（1）使用猫头时，要扣好所有衣扣、扎紧袖口，不准穿大衣，如需戴手套时可带分指手套，站立姿势要正确，站位附近及脚下不得有绳索和杂物。

（2）猫头绳应为结实的麻绳，不得有结扣和断头现象。不得使用钢丝绳拉猫头，猫头未运转前不得在猫头上绕绳。绕绳时要逐道依次拉紧，要集中精力看猫头及井口，以防手绕进猫头。

（3）作业时，司钻要注意井口和猫头绳情况，一旦猫头绳绕乱或拉断，应紧急停车，猫头绳操作人员要迅速闪开。

四、钻杆折断、脱落、跑钻事故的预防

钻具破坏的主要形式有疲劳破坏、腐蚀破坏、机械破坏、事故破坏等，造成钻具断落（折断、脱落、跑钻）事故的主要原因是不遵守操作规程和操作失误等。

（1）钻具以及接头、接箍均应定期检测，按新旧程度分类存放和使用。检测不合格的钻具（接头、接箍）不得入井（孔）。

（2）检查提升系统，确保其性能良好可靠。入井（孔）钻具必须拧紧丝扣，遇到阻力时不得强拉强顿，一旦发现钻具刺穿应立即起钻检查、更换。

（3）扫孔时应使用低转速，并且要轻开轻关离合，防止钻具甩开脱落。钻进中突遇回转阻力过大应轻开离合使钻具缓慢停转，钻具出现反转时有可能造成钻具松扣，应待钻具稳定后轻关离合使钻具正转拧紧丝扣，然后再作处理。

（4）采用拉、串、顶、打等方法处理事故时，钻杆丝扣易松脱，必须经常拧紧丝扣。

（5）钻具断落（折断、脱落、跑钻）后，常常显示悬重下降、泵压下降、转盘负荷减轻、没有进尺或放空。

（6）一旦发生钻具断落，应立即用原钻具探落鱼头（即事故钻具顶），在探测过程中，要注意保护鱼头。如鱼头不好探测，可用加大尺寸的探盘、印模或弯钻杆探测。探得鱼头后，根据鱼头形状，选择公锥、母锥或卡瓦打捞筒、卡瓦打捞矛、壁钩等进行打捞。应当注意的是：① 尽可能采用不带排屑槽的公锥，以便在造扣前和造扣后循环钻井液，方便事故的处理；② 如果鱼头不规则，应用领眼磨鞋或套筒磨鞋修整鱼头；③ 在探测鱼头、打捞处理钻具时，应仔细丈量钻具长度以及钻具其他尺寸并做好记录；④ 有条件时，配合使用振击器；⑤ 鱼头不好进入打捞工具时，可考虑使用弯钻杆；⑥ 在公、母锥上设置导向罩时，要确保连接牢靠。

五、钻场有毒有害物质的安全管理与使用

钻探施工使用的一些物资材料常常具有毒性和腐蚀性,应了解其性质和安全使用方法,掌握应急处置和急救知识,钻场应配备一定数量的药品。

(一)与钻探施工有关的有毒有害物质

1. 强酸强碱类

盐酸、氢氟酸和氢氧化钠、氢氧化钙(熟石灰),这些强酸、强碱如果溅在衣服上则烧坏衣服,如果飞溅到人的手臂、脸部、眼睛,足以烧伤皮肤甚至失明,同时强酸的挥发气体对人呼吸道刺激极大。

2. 氧化剂和某些化学盐

氧化钙(生石灰)是强氧化剂,遇水产生大量的热量,会灼烫和腐蚀皮肤。硅酸钠和碳酸钠(纯碱)虽然碱性不强,但人体长期接触对皮肤也是有害的。

3. 高分子化合物

苯酚(石炭酸)是脲醛树脂改性用剂,有毒性且对人体有腐蚀性和刺激性。丙酮是制备氰凝浆液的稀释剂,有毒性,其蒸气与空气能形成爆炸性混合物,要与火源、热源、电源开关和易爆品、氧化剂、酸类隔离存放。

4. 粉尘性物质

水泥和生石灰在作业中的扬尘易被吸入呼吸道,当颗粒小于 $10~\mu m$ 时对人体危害最大。

(二)在含尘和有毒物场所作业时的主要防护措施

1. 在含尘、毒物质场所作业

人们在含尘、毒物质的场所作业时,尘、毒对人体造成的危害是通过呼吸道吸入、消化道吸收或皮肤接触(含进入眼睛)等途径造成的,因此,有效防护措施就是杜绝尘、毒经这些途径进入人体和接触人体。但这些物质一般用量不大且多做稀释,只要做好有效防护,职工的安全和健康是有保证的。

2. 冲洗液和各种浆液的配制

一是把好选择关,在配制冲洗液和各种浆液时,在满足技术要求的前提下,应选用无毒无害或低毒低害的产品,避免对人身安全和健康造成影响。同时也要考虑材料运输、储存和使用中的防火防爆因素。二是做好交底关,在配制冲洗液和各种浆液前,技术人员应向机台人员介绍材料性质、配制要求和注意事项。三是做好防护关,应按规定穿戴防护用品,特别是配制强酸强碱稀释溶液时必须戴防护眼镜、防护手套和口罩。在进行粉尘或有挥发毒气作业时,操作者除戴口罩外,还应站在风向上方,避免或减少吸入粉尘、毒气以及刺激眼睛。

3. 有毒有害和易燃易爆物质的安全保管

对有毒有害和易燃易爆物质应专人保管,包装应有标志,并放到安全位置。防止有毒有害物质污染饮用水源。接触了粉尘和有毒有害物质后应洗手,防止入口、拭目。

(三)洗井作业的安全技术要求

1. 二氧化碳(CO_2)作业

二氧化碳气体本身没有毒性,但当空气中的 CO_2 超过正常含量时,会对人体产生有害影响,使人无法呼吸。二氧化碳气体在室温 20 ℃时,对其加压到 $5.73×10^6$ Pa 即可变成液态二氧化碳,液态二氧化碳减压后迅速气化吸热蒸发。

液态二氧化碳常用于钻探施工中的洗井作业,其原理是液态二氧化碳经高压管道注入井内后,在井内发生由液态到气态的物相转化,形成气液高压混合流,混合流以激浪方式冲击井壁泥皮和裂(孔)隙堵塞物,并随之以井喷形式将堵塞物喷出井外,与此同时井内出现负压抽吸作用,在压差作用下含水层的水涌向地表。在使用液态二氧化碳进行洗井作业时,要严格遵守压力容器使用安全规程,切实周密管理,做好防冻、防爆、防中毒工作。

(1)从瓶中放出的液化气都是低温的,禁止用手触摸钢瓶及洗井时的高压管路,以免造成冻伤。

(2)在低温季节洗井需要增加增温保暖措施,应使温度提高到 4 ℃以上,但不能超过50 ℃,严禁直接用明火烘烤,以免产生爆炸。

(3)二氧化碳洗井虽然安全,但在操作或运输过程中,放气阀方向禁止站人,气瓶最好立放,应在凉爽、干燥、通风良好地方贮存,以免发生意外。

2. 盐酸酸化洗井作业

盐酸是一种强酸,具有强腐蚀性和挥发性,与碳酸盐岩化学反应激烈。钻探施工中常使用 10%～15% 浓度的盐酸于碳酸盐岩类地层水井的洗井作业,有时也用于卡钻事故处理。在使用盐酸酸化洗井作业时,应注意以下安全事项。

(1)从市场采购的盐酸浓度一般为 36%～38%,属于浓盐酸(大于 20%)。洗井作业时要将其浓度稀释到 10%～15%,在稀释时只能往水中加浓酸,严禁往浓酸中加水,防止酸液飞溅。

(2)作业人员要穿防护服。在洗井作业中或结束后,会有气体逸出或井喷,喷出物可能含有残存盐酸,应做好预防工作并对喷出浆液妥善处置。

(3)为避免和减少酸液对设备、管线的腐蚀,增大酸化洗井效果,在酸液中常加入一定药剂,应按照水、保护剂和稳定剂、浓盐酸的先后顺序依次加入,搅拌均匀后再加入表面活性剂,搅拌均匀。保护剂可以减轻酸溶液对金属管线和设备的腐蚀。加量一般是每立方稀释的酸液中加保护剂 6～7 kg。稳定剂可以使盐酸与铁质及黏土物质反应生成的铁盐和铝盐沉淀物处于溶解状态,防止堵塞含水层。加量一般是每立方稀释的酸液中加稳定剂15.8 kg。表面活性剂可以降低盐酸溶液的黏度和表面张力。加量一般是每立方的酸液中加松节油 1.25～3.75 kg,或加木焦油 5～15 kg,或加酒精 10～30 kg。

第六节　特殊作业过程的安全要求

一、处理孔内事故的安全要求

在处理断钻具、黏(卡)钻和井内落物等常见井内事故时,应根据事故类型及实际情况,采取适当措施,避免发生人身伤害事故或井眼报废事故。

(1)处理事故应由经验丰富人员操作设备。处理前必须对井架及底座、固定大梁、活绳死绳固定处、指重表以及刹车系统等全面检查,不准带事故隐患处理事故。

(2) 强拉钻具时,严禁超过钻杆拉力负荷和大钩最大负荷。

(3) 使用千斤顶处理孔内事故时,卡瓦上面应用冲击把手夹紧,并用绳子或铁丝将冲击把手和千斤顶帽子拴在一起,以免顶断钻具时卡瓦飞出伤人。击打卡瓦时,必须用大锤垫住,不得直接捶击,防止卡瓦飞出伤人。

(4) 使用吊锤处理事故时,钻杆上端的打箍或接手要拧紧并用升降机吊住。在吊锤活动范围下端夹上冲击把手,以免吊锤脱落砸坏机器或伤人。

(5) 采用人工反取钻具时,钳把范围内禁止站人,背钳子的人一定要站在安全的地方。在操作范围的地板上禁止放任何杂物,防止人员绊倒发生危险。同时,要把钻具吊起绷紧,以免钻具反开时钻具脱落孔内。

(6) 开泥浆泵前要检查阀座、凡尔是否完好,泵压表是否灵敏,然后缓慢开泵并密切注意泵压变化,避免蹩漏地层或蹩爆水龙带、高压管线及其他设备。

(7) 强力拧转钻具时,启动转盘前将吊钳拉至井架大腿处捆牢,并检查大钩安全销子、制动销子开关以及吊环保险绳固定等情况,人员站在安全位置。启动转盘时要轻合慢转,根据钻杆允许扭转圈数进行操作。

(8) 套铣及倒扣时,在接近鱼顶时应提前开泵,并有专人值守,认真观察泵压显示,套铣工具或打捞工具进入落鱼时,应密切观察泵压变化,防止落鱼通道堵塞蹩泵或蹩坏高压管汇伤人。

(9) 采用爆破松扣时,其民用爆破物品储存、运输及使用必须严格遵守《民用爆炸物品安全管理条例》(国务院令第 653 号)规定,或请专业队进行作业。

二、下管及固井作业的安全要求

(1) 下套管前用原钻头、钻具进行通孔,应对易缩径、阻卡井段认真反复划眼,划眼速度控制在 15 min/单根,保证井径规则、井眼畅通。通孔结束后,冲洗液循环不少于两周(从进井口至返出井口),保证孔底无沉砂或沉砂在规定范围内。

(2) 下管前应对所有动用设备、仪表和工器具进行检查和校对。下管前,套管应用标准通径规通径;根据校正孔深编制下管设计,对套管及附件进行检查、丈量、排列和编号,按顺序逐根下入,确保下管位置准确。套管上下钻台要戴好护箍,对扣时不可错扣,所有入孔套管要用吊钳紧扣。不合格的套管及附件不准下入孔内。

(3) 下管时操作要稳、准,下管速度控制在 15～20 s/根,易漏和复杂情况下管速度应控制在 30～35 s/根。中途遇阻时应适当地上下提动和缓慢地转动套管,不准猛墩硬拉,仍下不下去时应将套管提出。

(4) 固井(封闭止水)作业是钻探施工的重要工序之一,属于关键工序,要做到组织严密、统一指挥、行动一致。

(5) 固井作业时注浆管线处于高压状态,作业前应对注浆管线及油壬进行检查或试压,作业时严禁人员跨越高压管线,并与其保持安全距离。注浆高压管线不得悬空。

(6) 应使用自动搅拌浆液装置。在采用人工搅拌水泥浆液时,因作业场所粉尘浓度高,作业人员要戴口罩或防尘面具,且站在上风头。

第七节　特殊井孔施工安全管理

特殊井孔是指盐井对接井施工、特大口径工程孔、煤矿井下钻孔、地面定向羽状水平分支孔等,它们与地面煤田(水文)等勘探孔相比,在安全钻进施工方面有较大区别。下面主要介绍其施工安全风险和控制措施。

一、盐(碱)井施工的安全管理

(一)盐(碱)井施工特点

(1)矿层段的水敏性、可溶性和可塑性都较强,易膨胀、缩径和垮塌、超径等。

(2)对接井的定向造斜井段和水平井段的井眼轨迹有其特殊要求。

(3)井身结构比较简单,但裸眼井段长。

(4)矿岩层段往往含有煤层气、页岩气甚至硫化氢等易燃有害气体。

(二)盐(碱)井施工的不安全因素及危害

(1)矿层段岩石水溶性极强,岩矿层极易溶蚀致使井径超径,易产生井壁垮塌现象,钻井液携粉清井效果差,进而引发井内掉块卡钻和埋钻等复杂情况。

(2)矿层段岩石水敏性和可塑性极强,岩矿层极易吸水膨胀进而缩径,在较高地应力下容易自发缩径,进而引发缩径卡钻等复杂情况。

(3)较长的裸眼井段给钻进施工和套管下入带来施工安全隐患。

(4)对接井的造斜段和水平段需要定向钻进,钻进中钻具在多数时段处于不回转的静止状态,加之下部井段处于连续增斜和水平状态,钻具与井壁间摩阻力大,对钻具质量、冲洗液性能要求高,易发生钻具折断、吸附卡钻、砂桥卡钻、缩径卡钻等复杂情况。

(5)较长的裸眼井段以及矿层顶部岩层破裂压力较低,使得固井井段较长,在水泥固井时易发生水泥浆漏失甚至固井失败情况。

(6)钻遇的煤层气、页岩气、天然气、硫化氢等易燃有害气体,易造成钻井液气侵失效,甚至发生井喷事故。

(三)盐(碱)井施工的安全防护设施和技术措施

1. 盐(碱)矿层钻井液

盐(碱)矿层的主要成分是氯化钠($NaCl$)、氯化钾(KCl)、石膏($CaSO_4$ 或 $CaSO_4 \cdot 2H_2O$)、芒硝(Na_2SO_4 或 $Na_2SO_4 \cdot 10H_2O$)或天然碱等,这些矿物成分极易溶于水,如采用常规低盐钻井液,由于盐侵作用钻井液性能受到极大破坏,表现在钻井液的黏度和切力上升、滤失量剧增,井眼形成大肚子甚至井塌等复杂情况。因此,在进入盐(碱)矿层、盐膏层之前,必须将普通钻井液转化为饱和盐水钻井液。在塑性强、具有蠕变特性的岩层,还应提高钻井液密度。

(1)饱和盐水钻井液配制材料:主要包括膨润土或抗盐土(海泡石、凹凸棒石)、盐类(一般为 $NaCl$,特殊时为 $NaCl+KCl$,石膏含量高时为 NH_4SO_4)、护胶剂与降滤失剂(羧甲基纤维素、聚丙烯酸盐类、磺化酚醛树脂或 SPNH、SLSP 等)、降黏剂(在加重的饱和盐水钻井液中使用,如铁铬木质素磺酸盐、磺化单宁、SK-3、XB-40、XY-27 等)、流型调整剂(视情况加入 $1\%\sim2.5\%$ 的改性石棉或海泡石)、磺化沥青类产品(层理裂隙发育的复合盐膏泥页岩层,加入 1％～2％的磺化沥青,防止井塌)、烧碱与纯碱(调整 pH 值)、润滑剂(视情况加)和重结晶抑制剂(过饱和盐水钻井液中使用,如三乙酰胺、亚铁氰化钠、亚铁氰化钾、氯化镉和 NTA)等。

(2) 饱和盐水钻井液主要性能:密度为 1.23～1.38 g/cm³;漏斗黏度为 60～80 s;塑性黏度为 60～75 mPa·s;动切力为 10～20 Pa;API 滤失 ≤4 mL/1.0 mm;HTHP 滤失 ≤10 mL/3.0 mm;膨润土含量为 20～30 g/L;[Cl⁻]≥190 000 mg/L;pH 值为 9～10。在上述各种指标中,[Cl⁻]指标尤为关键,密度应根据钻井需要进行调整。施工中,应根据实际地质特点和以往的钻井实践,并综合考虑成本和维护等方面的因素,对饱和盐水钻井液体系及配方进行优化设计,使其能够达到所需的各项钻井液性能指标,以满足钻井、测井和固井对钻井液的要求,达到安全、顺利地钻穿复杂盐岩层和盐膏层的目的。

(3) 饱和盐水钻井液配制方法大致可分为两种:一种是在地面直接配好饱和盐水钻井液,在钻达盐层前将其替入井内,然后钻穿整个盐岩层;另一种是在上部地层使用淡水或一般盐水钻井液,然后在循环过程中提前进行加盐处理,使含盐量和钻井液性能逐渐达到要求,在进入盐岩层前转化为饱和盐水钻井液。

(4) 使用注意事项:

① 如果岩盐层埋藏较深,岩盐层易发生蠕变,应根据岩盐层的蠕变曲线,确定合理的钻井液密度。

② 最好选用海泡石、凹凸棒石等抗盐黏土配制饱和盐水钻井液。如选用膨润土,则体系中中总固相和膨润土含量均不宜过高,以防止在配制过程中出现黏度、切力过高的情况,膨润土一般控制在 50 kg/m³ 以下。若该体系由井浆转化而成,应在加盐前先将固相含量及黏度、切力降下来。

③ 为了消除不同井深(不同温度)所造成的钻井液含盐量不饱和的情况,采用在钻井液中加入适量的重结晶抑制剂,使钻井液在井底含盐量达饱和,在地面不重结晶。

(5) 饱和盐水钻井液的维护处理:

① 维护应以护胶为主、降黏为辅。

② 保持所需的含盐量是关键。需经常向钻井液中加盐或盐水,并用 AgNO₃ 滴定法定时检测滤液中的 NaCl 浓度。

在维护过程中,应根据含盐量的高低和钻井液性能的变化及时处理好降黏和护胶这两方面的问题。含盐量越低,降黏的问题越突出;含盐量越高,护胶问题越重要。常用的降黏剂有铁铬盐、单宁酸钠和磺化栲胶,常用的护胶剂有高黏 CMC、聚阴离子纤维素及其他抗盐聚合物降滤失剂和包被剂。

2.定向对接的主要措施

(1) 井身结构和井眼轨迹设计合理,全角变化率不宜大于 35°/100 m,最大井斜角应小于 110°。

(2) 必须保证入井钻具质量,钻具按规定紧扣。井斜大于 30°斜井段和水平(近水平)井段应采用 18°斜台肩钻杆,不得采用直角台肩钻杆。进入斜井段,每趟钻应坚持错扣起钻。

(3) 定向造斜需要调整造斜工具面时,应尽量顺时针旋转,以防脱扣。

(4) 加强钻井液性能监测,确保冲洗液具有良好的防塌抑制性能、悬浮携带岩屑性能和润滑性能,冲洗液摩阻系数应小于 0.10。

（5）钻具在裸眼孔段应连续活动，必须坚持"钻具在裸眼内静止不超过 2 min"的防卡规定，钻具上下活动幅度应大于 5 m，活动后应恢复原悬重，防止岩屑沉积卡钻。测斜需要静止时，吊卡距转盘面保持 3～5 m，便于复杂情况下下压活动钻具。

（6）定向孔段钻进时，每 120～150 m 或钻进 40 h 进行一次短程起下钻，至少应起到上只钻头起钻位置以上 100 m，如孔内不正常，应起过复杂孔段或起至套管内；在较大井斜段，宜合理加密短程起下钻次数，通过采用短起下钻具和分段循环冲洗液的方法清除孔底岩屑。

（7）起下钻遇阻、卡超过正常摩阻时，要坚持"起钻少拔多放，下钻多提少放，多次活动"的原则，禁止硬拉、硬压、硬砸，应及时开泵循环并活动钻具。不宜活动次数太多，以免形成键槽，可采用开泵的方式慢慢下放，通过遇阻点后，应上下活动钻具 1～2 次后继续下钻。

（8）如需划眼，以冲、通为主。接单根前必须认真划眼，钻进一根至少划眼两遍，然后把钻具提活（2～3 m），停泵无阻卡后方可接单根，并做到早开泵、晚停泵，减少岩屑下沉。

（9）如发生键槽卡钻，严禁硬拔，应转向或用倒划眼等方法起出并及时破坏掉键槽。

（10）定向钻进时，应坚持"六不施工"原则：孔壁不稳定、孔眼不畅通、孔底不干净不施工；钻井液性能未达到设计要求或不具备安全施工条件的不施工；排量必须符合动力钻具的技术要求，否则不得施工；入孔的动力钻具、弯接头、随钻监测仪等达不到工程要求的不得施工；设备有故障、安全措施不落实不施工；主要技术岗位人员和技术措施不落实不施工。

（11）应加强定向仪器、螺杆钻具等检查，确保其性能可靠。

（12）对接井段剩余 20～30 m 时，应起出目标井腔内的信号源，关目标井井口。

3. 长井段固井

（1）根据地层压力梯度，合理设计裸眼井段长度。

（2）裸眼井段较长、地层压力梯度低时，应采用分级固井，并合理设计水泥浆液密度。

（3）套管上应合理安置扶正器。

（4）套管下到位后，按设计要求进行冲井循环，在正常循环情况下一般不小于一周（从进井口至返出井口）。

（5）应根据实际情况和设计要求，编制《固井作业设计书》，并认真执行。

4. 防气侵防井喷

（1）收集分析地质资料尤其是气层资料，做好防气侵、防井喷设计。

（2）钻井液密度应合理并保持稳定。

（3）井控装置应按照最大气压 1.5 倍以上设计并安装使用。

（4）气体检测监测仪器应齐全并灵敏可靠。

（5）其他应参考石油、天然气钻井施工安全规定的要求执行。

二、大口径工程孔施工的安全管理

（一）大口径孔的类型

为保证煤矿等矿山安全开采、生产施工以及应急抢险救援需要，煤矿等矿山需要钻凿大口径工程孔，其类型主要有：

（1）瓦斯直排孔，是指较高瓦斯条件的矿井，专用于抽排井下瓦斯的大口径孔。

（2）应急排水孔，是指水文地质条件复杂的矿井，专用于抽排井下矿井水的大口径孔。

（3）投料孔，是指为实现快捷地从地面向井下投送物料而施工的大口径孔。

（4）注氮孔，是指煤矿井下为提高煤层瓦斯抽排效果或者为了井下灭火等需要而施工的大口径孔。

（5）救生孔，是指为井下发生事故而备用的逃生孔或者是紧急救援孔。

（二）大口径孔的施工特点

（1）孔径大，一般大于 $\phi550$ mm，有的口径达 $\phi2\ 000$ mm。

（2）孔眼垂直度高，一般要求孔底与设计靶点的位移小于 1 m。

（3）下入管材口径大、质量大，有的质量高达 300 t 以上。

（4）管材刚性大，对孔眼轨迹垂直度要求高。

（5）粗径钻具多，钻具质量大，工人的劳动强度大。

（三）大口径孔施工的不安全因素

（1）孔眼口径大，易发生落物、落人等事故。

（2）下入管材质量大，存在下管事故隐患。

（3）大口径管材抗外挤压能力较低，在下管及水泥固井时易发生套管挤毁事故。

（4）下管和起下钻具时劳动强度大，存在工人容易受伤害的不安全因素。

（四）大口径孔施工的安全防护设施与安全技术措施

1. 防人员掉入井内

大口径孔口径往往大于 $\phi500$ mm，有时达到 $\phi1\ 500$ mm。在提放钻头时，因井眼尺寸大、钻头质量大和作业空间限制，应特别注意防止人员掉入井内和人员挤伤。井口作业的人员必须系可靠的安全带和尾绳。在钻头提出井口时应及时用钢板遮盖井口。

2. 防人员挤伤

钻进和扩眼施工时，钻具特别是钻铤的尺寸大、质量大，要配足孔口人员。在摆放钻具时，绞车操作人员和孔口人员要密切配合、协调动作，防止人员挤伤、砸伤和钻具倾倒等意外事故发生。

3. 防套管下入事故

下套管常见事故有套管折断、下套管遇阻或下不到位、套管发生黏卡、套管挤毁变形等，在施工过程中应注意以下事项。

（1）圆孔与探孔

下管前应认真圆孔，保证孔壁规则圆滑，特别是孔眼轨迹变化较大出现狗腿段时更要反复圆孔。下管前应使用一定长度的同规格套管进行探孔，长度依据井眼轨迹而定，一般不少于 30 m。

（2）冲洗液的调整

下套管前应认真调整冲洗液的性能，保证其具有良好的地层抑制力、悬浮能力、流动性和润滑性。

（3）下套管时的设备检查

下入的套管质量较大，在下管前必须对钻机绞车、钻塔（井架）以及钢丝绳、吊卡（夹板）、吊环（钢丝绳套）、绳卡、绷绳等提吊系统进行认真仔细检查，确保提升、制动性能良好。当套管质量接近或超过钻机绞车和井架的额定能力时，除采取套管合理掏空外，采用大吨位吊车作为提吊设备，吊车吨位选择应保证有两倍以上的安全系数，操作人员应持证上岗，其安装及操作执行《起重机械安全规程》。

（4）防套管挤毁变形

当采取套管部分掏空方法时，必须注意大口径套管抗外挤压能力较低，在下管前必须对套管的抗外挤压能力进行计算和核算，确定合理的掏空长度（安全系数不低于1.5），优化下管方案，及时准确灌注冲洗液，严禁套管内掏空长度过大，致使套管挤毁变形，造成下管事故。

（5）下套管遇阻

下套管遇阻时，应缓缓上下活动或转动套管，不得猛压猛窜套管，以防发生套管挤卡事故。

（6）保证套管连接质量

套管采用丝扣连接时，应认真检查丝扣并按规定扭矩上紧。采用焊接法时，应选用合理的焊接方法、焊接设备、焊接工艺和焊接材料，确保套管连接可靠且密封性和同心度好。

4. 防固井事故

套管下到位后，应在套管内灌满冲洗液，以减小水泥固井时套管内外液柱压差，必要时还应提高套管内冲洗液的密度。当孔底岩层抗挤压破裂强度较低，可能会导致固井水泥浆液漏失时，可考虑采用二次固井方法以确保固井质量。采用在套管内插入钻杆固井时，要保证钻杆底端与套管底部具有安全距离，精准替浆，避免钻杆封固在套管内。

5. 做好施工时的井巷安全

为减小大口径孔与井巷的连接距离，孔眼底部往往距离巷道较近或直接进入巷道、水仓，但大口径孔在施工时往往对井巷产生一定的破坏，因此大口径孔孔位以及接近井巷时的孔眼应与井巷保持一定的安全距离，其数值应根据孔眼深度、井巷岩性等综合确定。另外，要加强钻进中孔眼轨迹的监测，在钻孔接近巷道或水仓时，应通知矿方加强井下观测并做好人员撤离准备。

三、煤矿井下钻孔施工的安全管理

煤矿井下钻探施工是煤矿安全开采的保障性和辅助性工作。与地面钻探施工安全管理相比较，井下钻探安全管理具有煤矿开采安全性和钻探安全性的双重安全管理特点。井下钻探施工除了具有地面钻探施工所存在的高空坠落、触电、机械伤害、物体打击等安全风险外，还存在作业场地狭小、施工环境条件差、设备运输和排水困难、设备防爆要求等级高等不利因素，特别是还时刻承受冒顶、瓦斯中毒、瓦斯爆炸、透水等事故的威胁，容易造成较大或重大安全事故发生。因此，加强煤矿井下钻探施工的安全管理具有十分重要的意义。

（一）煤矿井下钻孔的特征

煤矿井下钻孔按照钻孔用途可分为地质孔、水文孔、物探孔、探放水孔、瓦斯抽放孔、注浆孔、通风孔、供电通信孔、管棚工程孔等。下面介绍常见的井下水文孔、探放水孔和瓦斯抽放孔等。

（1）井下水文孔，是指为查明矿井地质构造、水文地质条件，分析矿井水充水水源、充水途径和充水通道，预测矿井涌水量而在井下布置的水文地质勘查孔。

（2）井下探放水钻孔，是指为了查明采掘工作面顶底板、侧帮和前方的含水构造（含陷落柱）、含水层、积水老窑等水体具体位置和水文地质条件，以及进行防水工作而在井下布设的勘探孔，是煤矿为防治矿井水害在采掘过程中常用的、有效的超前勘探方法。这类钻孔具有探和放的双重功能,施工具有较大的危险性。

(3)瓦斯抽放孔,是指煤矿为安全开采而在采前实施的抽排煤层及围岩瓦斯的井下钻孔。根据钻孔与煤层位置的关系,可分为顶板高位钻孔、沿煤层钻孔和穿层钻孔。

(二)井下钻探施工的危险因素

煤矿井下钻探施工不仅具有钻探施工本身固有的危险因素,同时还具有煤矿井下作业存在的危险因素。

1.钻探施工的危险因素

本章第一节列举了钻探施工可能面临的高空坠落、机械伤害等十个方面的危险因素,除雷击外,其余危险因素在井下钻探施工都有可能遇到,在此不再重复。

2.作业空间环境的危险因素

(1)作业场地主要布置在矿井下的巷道、硐室和工作面,作业场地狭小、空间有限。

(2)作业场所属于强制通风、全天候照明,通风条件和作业视线受到一定影响。

(3)作业所需的设备及物资材料等都需要通过罐笼、罐车运输,依靠有线电话进行通信联络,设备及物资材料的运输和搬运存在一定风险,出现紧急情况特别是人身伤害时的报告、救援存在滞后风险。

(4)作业场所的瓦斯、粉尘等易燃易爆风险因素时刻存在,电器设备必须防爆,作业场所严禁动火。

3.冒顶、透水、瓦斯中毒和爆炸等危险因素

(1)冒顶、片帮危险因素

井下作业时,矿井作业面、巷道的侧壁在矿山压力作用下变形、破坏而脱落的现象称为片帮,顶部垮落称为冒顶,二者常同时发生。井下钻探过程中,由于钻进原因使矿层或其围岩受到扰动,在顶帮支护不当时,可能诱发冒顶、片帮,引起冒顶、片帮事故。

(2)透水(突水)危险因素

我国煤矿水文地质条件极为复杂,地表水、老空水、冲积层水和顶底板水等各种类型的水害俱全。煤矿水害事故仅次于瓦斯事故,已成为煤矿开采的"第二大杀手"。针对井下钻探而言,水害危险因素主要体现在——在地质钻探、超前探放水作业期间,由于孔口装置安装不合格或者水文地质条件复杂超出预期致使孔口装置设防不够,大量高压地下水通过钻孔或其周边裂隙释放,人员及设备未能及时撤离而引发事故;井下钻探区域以外的其他区域发生透水(突水),井下钻探人员及设备未能及时撤离而引发事故。

4.安全管理缺陷因素

安全管理组织松散、制度松懈、施工设计流于形式,井下作业人员安全意识淡薄、安全能力低下,或没有取得入井资格证,或对井下钻探施工的危险性认识不足、重视不够,或"三违"作业,或没有发现异常,发现异常没有及时正确处置,或避难逃生措施不掌握,均有可能引发事故。

因此,从事井下钻探作业时,不仅要掌握钻探施工安全知识,还要掌握井下作业安全知识,了解井下作业危险因素,掌握事故预防和避难逃生措施,决不能有"只要加强钻探施工安全管理就行了,其他安全方面跟我们关系不大"的麻痹思想,多掌握一些井下作业安全知识,或许就会避免一次事故发生。

(三)井下钻探施工安全管理

1. 井下钻探作业安全管理基本要求

(1) 井下作业人员必须参加煤矿安全知识培训和专业技术培训,掌握煤矿的防灾、避灾知识,具备井下作业知识能力,取得井下作业证书。属于特种作业范围的,应取得井下特种作业证书。

(2) 施工单位应建立项目安全生产管理组织,建立以安全生产责任制为首的各种安全生产管理制度。

(3) 施工单位必须依据项目实施的目的要求、地质条件、井下作业危险因素等,依据《煤矿安全规程》《煤矿防治水细则》《井下钻探工操作规程》等,编制施工设计。施工设计必须包括井下钻探作业危险因素辨识、管控措施、应急处置等内容。施工设计经审核生效后,应向作业人员进行交底培训。

(4) 施工单位应选用符合井下作业安全要求和钻探施工需要的井下作业设备,编制设备安全操作规程,并向作业人员进行交底培训。

(5) 施工单位除接受所在煤矿的安全教育培训外,还应自我组织开展安全教育培训,并对培训效果进行考核、存档。安全教育培训的主要内容包括但不限于国家、地方政府及有关部门、行业制定的安全生产法律法规、标准规程等;井下钻探作业存在的危险因素、管控措施和避难逃生方法;煤矿安全知识以及防火、防爆、防中毒、自救互救急救等安全知识;职业健康防护知识;安全生产管理制度;应急预案和应急处置措施等。安全教育培训的时间应符合国家有关规定。

2. 井下钻探作业安全管理一般要求

(1) 井下钻探作业场所安全规定

① 作业场所周边的顶帮应进行必要的加固。

② 作业场所的通风风量必须满足安全需要,作业施工期间不得停风。

③ 作业场所必须安装与地面进行联系的有线电话。

④ 作业场所的平面和空间尺寸应满足钻探施工安全需要。

⑤ 作业场所附近应有安全的电源接口以及需要的水源接口。

⑥ 作业场所应尽可能具备运输、避难、逃生的便利条件。

⑦ 作业场所必须根据规定安装数量齐全、灵敏可靠的各种检测监测仪器设备。

(2) 设备及材料的准备和运输安全规定

① 设备及材料必须符合井下安全所必需的防爆、防潮等要求。

② 设备及材料在车盘上运输时,应捆绑牢靠。超长、超宽、超重时,应合理解体进行装运,采取保护措施,防止易损部位、部件损坏。零部件及零星材料应装箱运输,或专人携带。运输设备及材料时,应制定运输安全措施。

③ 在高瓦斯井下运输设备及材料时,车盘两头应设置软垫,避免产生火花。

④ 装卸设备及材料时,严禁摔、滚、碰、撞、击。

⑤ 短距离整体移动设备时,必须断掉电源,严禁带电整体移动。

(3) 作业人员入井安全规定

① 入井前,一定要休息好,保持体能和精力充沛。严禁酒后入井,一般参考指标是人体血液酒精含量应不大于 15 mg/100 mL。

② 入井前,要召开班前会,明确工作安排和安全注意事项。

③ 入井人员严禁携带所在煤矿规定的违禁品入井,如火柴、打火机、手机等,必须按照规定穿戴齐整的各种劳动防护用品。

④ 入井前,应准备当班工作所需要的工具、材料和零配件,并进行妥善包裹或捆绑,防止伤人。

⑤ 入井人员应遵守入井检查制度,听从指挥,排队有序入井。

(4)钻探施工安全规定

① 在开钻前(接班)前,检查各操作系统是否正常、灵活可靠,检查机械设备安装质量,检查安全防护实施情况,检查作业场所有毒有害气体含量是否超标。设备性能、安全防护设施状况不具备安全施工条件以及有毒有害气体含量超标等,不得进行钻探作业。

② 在开钻前(接班)前,应检查作业场所及其周边的安全状况,如防水、防火、通风、顶帮情况等,不具备安全施工条件时,不得进行钻探作业。

③ 作业过程中,应时刻整齐穿戴劳动防护用品,遵守设备安全操作规程和岗位作业规定。

④ 钻进过程中发现异常情况,应全面分析研究,及时报告,采取正确处置措施。当危及人身安全时,应立即组织撤离。

3. 探放水孔钻探作业安全规定

探放水钻探作业的主要安全风险是高压来水、瓦斯等有毒有害气体溢出、孔口装置失控等,井下探放水作业应遵守以下安全规定:

(1)探放水应当使用专用钻机,由专业人员和专职队伍进行设计、施工。

(2)安装钻机进行探水前,应当符合下列规定:① 做好钻孔附近的巷道支护,并在工作面迎头打好坚固的立柱和挡板。② 清理巷道,挖好排水沟。探水钻孔位于巷道低洼处时,配备与探放水量相适应的排水设备。③ 在打钻地点或其附近安设专用电话,人员撤离通道畅通。④ 依据设计,确定主要探水孔位置时,由测量人员进行标定。负责探放水工作的人员必须亲临现场,共同确定钻孔的方位、倾角、深度和钻孔数量。

(3)探水钻孔超前距离和止水套管长度,应当符合下列规定:探放老空积水最小超前水平钻距不得小于 30 m,止水套管长度不得小于 10 m。其他类型探放水钻孔的超前距、止水套管长度应满足表 4-1 要求。

表 4-1 井下探放水孔超前距及止水套管长度要求

预测水压/MPa	钻孔超前距/m	止水套管长度/m
<1	>10	>5
1~2	>15	>10
2~3	>20	>15
>3	>25	>20

(4)止水套管外应采用水泥等材料进行封固并进行打压试验,打压试验应为预测水压的 2 倍以上。打压时,止水套管周围及一定范围片帮无漏(涌)水,视为合格。

(5)打压试验合格后钻进前应在孔口安装 2 个安全闸阀,以保证放水能够实现控制。安全闸阀的抗压能力应为最大水压的 1.5 倍。

（6）钻孔内预测水压大于 1.5 MPa 时,在揭露含水层前,应当采用反压和有防喷装置的方法钻进,并制定防止孔口管和煤(岩)壁突然鼓出的措施。

（7）在探放水钻进时,发现煤岩松软、片帮、来压或者钻眼中水压、水量突然增大和顶钻等透水征兆时,应当立即停止钻进,但不得拔出钻杆;现场负责人员应当立即向矿井调度室汇报,立即撤出所有受水害威胁区域的人员到安全地点;然后采取安全措施,派专业技术人员监测水情并进行分析,妥善处理。

（8）探放老空水前,应当首先分析查明老空水体的空间位置、积水量和水压等。钻孔应当钻入老空水体最底部,并监视放水全过程,核对放水量和水压等,直到老空水放完为止。

（9）探放水时,应当撤出探放水点以下部位受水害威胁区域内的所有人员。

（10）钻孔放水前,应当估计积水量,并根据矿井排水能力和水仓容量,控制放水流量,防止淹井;放水时,应当设专人监测钻孔出水情况,测定水量和水压,做好记录。如果水量突然变化,应当立即报告矿井调度室,分析原因,及时处理。

（11）应制定并采取防止瓦斯和其他有害气体危害等安全措施。

钻探接近老空水时,应当安排专职瓦斯检查员或者矿山救护队员在现场值班,随时检查空气成分。如果瓦斯或者其他有害气体浓度超过有关规定,应当立即停止钻进,切断电源,撤出人员,并报告矿井调度室,及时采取措施进行处理。

排水过程中,应当定时观测排水量、水位和观测孔水位,并由矿山救护队随时检查水面上的空气成分,发现有害气体,及时采取措施进行处理。

4. 瓦斯抽放孔钻探作业安全规定

(1) 所有电气设备必须符合《煤矿安全规定》防爆性能要求。

(2) 作业场所必须保持通风良好。在局部通风机供风的场所施工,风筒必须跟到工作面上,专人负责局部通风机管理,禁止无计划停电停风。

(3) 作业过程中,由瓦斯检查工检查孔口及其周围的瓦斯浓度,现场没有瓦斯检查工不得开工作业。班组长、安全负责人、机电工必须携带便携瓦斯检测仪。

(4) 必须配备性能良好的瓦斯检测仪。高位瓦斯抽放孔应在作业场所上方、顺层(穿层)瓦斯抽放孔应在打钻地点下风侧(距钻孔 1.0～1.5 m,距煤帮 0.3 m,与钻孔同高的位置)配置瓦斯监控传感器,瓦斯监控传感器必须接入瓦电闭锁、风电闭锁,保证在瓦斯浓度大于等于 1% 时报警,瓦斯浓度大于等于 1.5% 时能立即断电。钻机附近的回风流中应吊挂便携式瓦斯检测仪。

(5) 钻透采空区发现有毒有害气体喷出时,要立即停钻,加强通风,用黄泥等材料封堵钻孔,同时向矿有关部门汇报。

(6) 出现"喷孔"情况时,应立即暂停进尺,但钻具应继续转动,待"喷孔"情况消失后方可继续施工。

(7) 钻至设计位置时,必须检查钻孔内气体的成分,确定无有毒有害气体溢出后方可拔出钻杆。

(8) 钻进时出现瓦斯急剧增大、顶钻杆、忽大忽小、顶板来压、响煤炮、夹钻等突出预兆现象时,要及时撤人,采取措施进行处理。

(9) 瓦斯浓度大于等于 1% 时应停止作业,瓦斯浓度大于等于 1.5% 时应停电撤人,并向矿井调度室报告。恢复正常后方可继续施工。

（10）需要敲击钻具等物品时，须用铜制、木制、橡胶锤，禁用铁锤，以免产生火花。

（11）孔口应设置防喷橡塑挡板，防止钻孔喷出煤岩块（粉）伤人。

（12）作业人员应穿戴材质合格的劳动防护用品，且还要佩戴防尘口罩和防护眼镜。

（13）必须做好封孔工作。封孔前必须清除钻孔内煤岩粉，封孔长度严格执行设计要求。采用聚氨酯封孔时，作业人员应戴橡胶手套、防护眼镜等防护用品，避免材料溅入眼内，一旦溅入应立即用清水冲洗。

（14）钻孔封孔后，必须及时联管抽放。联管时以前的钻孔抽放管必须保留，联管接头必须用专用胶水连接，必须确保管路不漏风，保证管路抽放畅通。

5. 井下钻探作业火灾的预防与处置

火灾是指在时间和空间上失去控制的燃烧造成的灾害。井下火灾具有严重的危害性，会造成众多的人员伤亡、巨大的经济损失，井下钻探作业必须做好火灾预防与处置工作。

（1）全面准确地辨识井下的可燃物、助燃物、着火源

预防火灾要从可燃物、助燃物、着火源入手，应全面准确地辨识井下的可燃物、助燃物和着火源，不发生火情或使火情得到控制。

可燃物的存在是火灾发生的基础。在可燃性矿床的矿井里，矿物本身就是一个大量而且普遍存在的可燃物。另外，坑木、各类机电设备、各种油料、炸药等都具有可燃性。

助燃物是指帮助可燃物燃烧的物质，确切地说是指能与可燃物质发生燃烧反应的物质。空气以及化学危险物品分类中的氧化剂类物质均为助燃物。实验证明，在氧浓度为3%的空气环境里燃烧不能持续；空气中的氧浓度在12%以下，爆炸性气体失去爆炸性；而氧浓度在16%以下，蜡烛就要熄灭。

着火源是触发火灾的必要因素，具有一定温度和足够热量的热源才能引起火灾。在矿井里矿物的自燃、可燃性气体和粉尘的燃烧爆炸、放炮作业、机械摩擦、电流短路、吸烟、烧焊以及其他明火等都可能是引火的热源。

上述三要素必须是同时存在、相互配合，并且达到一定数量才能引起矿井火灾。矿井火灾的防治与扑灭都是从这三方面考虑的。

（2）火灾的预防措施

一是建立消防制度，明确消防责任，严格井下动火、灭火管理。二是加强施工用电安全管理，严防电器、电路起火；易燃物资材料应随使随进，不得长期在作业场所存放易燃物资材料；严格执行电焊、气割等动火作业审批，并做好灭火防护。三是辨别可能发生火情类别，在作业场所储备种类和数量满足要求的灭火器材。四是发生火情时，应及时正确地进行扑灭，防止火灾发生。

6. 井下钻探作业瓦斯事故的预防与处置

瓦斯主要成分是烷烃，其中甲烷占绝大多数，另有少量的乙烷、丙烷和丁烷，此外一般还含有硫化氢、二氧化碳、氮、水气以及微量的氦、氩等惰性气体。瓦斯对空气的相对密度是0.554，在标准状态下瓦斯的密度为 $0.716 \, kg/m^3$，它常积聚在煤矿巷道的上部及高顶处。瓦斯的渗透能力是空气的1.6倍，难溶于水，不助燃也不能维持呼吸，达到一定浓度时，能使人因缺氧而窒息，并能发生燃烧或爆炸。井下钻探作业瓦斯事故主要是瓦斯燃爆，其次是瓦斯窒息。

瓦斯燃爆，是一定浓度的甲烷和空气中的氧气在一定温度作用下产生的激烈氧化反应。

瓦斯在空气中的浓度达到 5%～16% 范围内,瓦斯与空气的混合气体中氧气浓度大于 12%,瓦斯会发生燃爆。瓦斯燃爆还有一个重要因素,是产生了不可控的具备一定能量的火源。

瓦斯窒息,是瓦斯与空气的混合气体中因瓦斯浓度过高使氧气浓度低于 9% 时,人员因缺氧导致窒息昏迷直至死亡。

井下瓦斯事故具有严重的危害性,会造成众多的人员伤亡和巨大的经济损失,井下钻探作业必须做好瓦斯事故的预防与处置工作。

(1) 建立并严格执行瓦斯安全管理制度,加强职工瓦斯安全教育培训,遵从矿方安全生产管理。

(2) 作业场所至少配置一套瓦斯检测仪。按规定穿工作服、工作鞋,戴安全帽、矿灯,佩戴自救器等劳动防护用品。严禁带火种入井,严禁穿化纤衣服入井。

(3) 除非取得动火许可证并采取防火措施,否则不得动火。

(4) 必须采用防爆电气设备。加强电器电路安全检测,防止出现电火花,杜绝电器电路着火。

(5) 需要在钻塔(井架)的中、上部位进行作业时,必须进行瓦斯含量检测,并佩戴自救器。

(6) 不得私自进入工作区以外的区域。确因工作需要,进入采煤工作面的上隅角、独头掘进工作面的巷道隅角、低风速巷道的顶板附近、停风的盲巷中、综放工作面放煤口和采空区的边界处等瓦斯容易积聚的地点,必须进行瓦斯含量检测,并佩戴自救器。

(7) 工作区瓦斯或二氧化碳浓度达到 1.5% 时,必须停止工作,切断电源,撤出人员,进行处理。

(8) 发生小型爆炸未受伤害或伤害不重时,应立即打开随身携带的自救器,佩戴好后迅速撤出受灾巷道到达新鲜风流中。对于附近轻伤员,要协助其佩戴自救器,帮助其撤出危险区。对于不能行走的重伤员,及时协助其佩戴好自救器,在靠近新鲜风流 30～50 m 范围内,要设法抬到新鲜风流中,如距离较远,不可抬运。撤出灾区后,迅速向矿井调度室汇报。

如发生大型爆炸,巷道遭到严重破坏,退路被阻,但遇险伤害不大时,应佩戴好自救器,千方百计疏通巷道,尽快撤到新鲜风流中。如巷道难以疏通,应撤到支护良好的棚子下或搭建临时避难硐室,互相安慰,稳定情绪,等待救援,并发出有规律的呼救信号。

四、地面定向羽状水平分支孔施工的安全管理

采用地面定向羽状水平分支孔进行水害探查治理,已在华北型煤田底板高承压水害防治中得到广泛应用。

地面定向羽状水平分支孔就是在地面布设钻探施工设备,通过定向钻进技术,先施工垂直(或定向)主孔,在一定深度依次施工一个若干个定向分支孔,或者在定向分支孔基础上再施工若干个次级定向分支孔。通过钻探探查地质构造、含水裂隙、导水通道,再通过注浆对含水裂隙、导水通道进行封堵。

地面定向羽状水平分支孔钻探施工的安全生产,除应遵守前述的地面钻探施工安全规定外,因其定向分支的特殊孔身结构特性,还要做好定向钻探施工安全工作。

(一) 钻井设备

钻机、动力机、泥浆泵、井架等设备性能满足钻孔施工需要。钻机宜为动力头钻机,或配

备顶驱的转盘钻机。应配备泥浆罐钻井液循环系统和三级以上的固控设备,保证钻井液净化效果。

（二）孔身结构

合理优化钻孔孔身结构设计,全角变化率宜不大于 35°/100 m。最大井斜角宜小于 110°。

（三）钻具质量

必须保证入孔钻具质量,各类入孔钻具、接头必须进行探伤检测,工作 800 h 或处理事故后,应对钻具再次进行探伤检测。检测不合格的钻杆和Ⅲ级钻杆不得使用。孔斜大于 30°斜孔段和水平(近水平)孔段应采用 18°斜台肩钻杆,不得采用直角台肩钻杆。

（四）钻具紧扣

必须用旋绳、B 型钳或液压动力大钳卸扣,严禁转盘卸扣。进入斜孔段,每趟钻应坚持错扣起钻。

（五）方位调整

定向造斜需要调整造斜工具面时,应尽量顺时针旋转钻具,以防脱扣。

（六）冲洗液

加强冲洗液性能监测,及时进行调整维护,确保冲洗液具有良好的防塌抑制性能、悬浮携带岩屑性能和润滑性能,冲洗液摩阻系数应小于 0.10。

（七）钻具短起

定向孔段钻进时,每 120～150 m 或钻进 40 h 进行一次短程起下钻,至少应起到上只钻头起钻位置以上 100 m,如孔内不正常应起过复杂孔段或起至套管内。在孔斜较大孔段,宜合理加密短程起下钻次数,通过采用短起下钻具和分段循环冲洗液的方法清除孔底岩屑。

（八）活动钻具

钻具在裸眼孔段应连续活动,必须坚持"钻具在裸眼内静止不超过 2 min"的防卡规定,钻具上下活动幅度应大于 5 m,活动后应恢复原悬重,防止岩屑沉积卡钻。1 000 m 钻具转盘转动不少于 5 圈,以没有倒劲为准。测斜需要静止时,吊卡距转盘面保持 3～5 m,便于复杂情况下下压活动钻具。

（九）接单根

接单根或下钻时应注意,距孔底 2 m 左右开泵,先用小排量循环冲洗液,再加大排量冲洗井底,携带岩屑,清理干净后才能开始定向钻进。接单根前必须认真划眼,钻进一根至少划眼两遍,然后把钻具提活(2～3 m),停泵无阻卡后方可接单根,并做到早开泵、晚停泵,减少岩屑下沉。

（十）遇阻和卡钻处理

起下钻遇阻(卡)超过正常摩阻时,要坚持"起钻少拔多放,下钻多提少放,多次活动"的原则,禁止硬拉、硬压、硬砸,应及时开泵循环,活动钻具。但活动次数不宜太多,以免形成键槽,可采用开泵的方式慢慢下放,通过遇阻点后,应上下活动钻具 1～2 次,继续下钻。认真记录每次起钻遇卡位置以判断是否有键槽,如判断是键槽卡钻,严禁硬拔,应转向或用倒划眼等方法起出,并及时破坏掉键槽。

（十一）划眼

如需划眼,以冲、通为主,原则是在安全的前提下,上提慢、下放快,若划眼速度过慢应及时分析原因,采取必要措施,防止较长时间慢划眼打出新井眼。

（十二）钻进

水平孔段提钻速度应均匀,速度不大于 8 m/min。钻进时首选 PDC 钻头、次选牙轮钻头,扫孔时宜采用牙轮钻头。定向钻进作业时按规定加压,均匀送钻,以保持恒定的工具面,从而使孔眼曲率变化平缓,减小狗腿度,避免形成键槽。

（十三）"六不施工"

在定向钻进时,应坚持"六不施工"原则:① 孔壁不稳定、孔眼不畅通、孔底不干净不施工;② 钻井液性能未达到设计要求或不具备安全施工条件的不施工;③ 排量必须符合动力钻具的技术要求,否则不得施工;④ 入孔的动力钻具、弯接头、随钻监测仪等达不到工程要求的不得施工;⑤ 设备有故障、安全措施不落实不施工;⑥ 主要技术岗位人员和技术措施不落实不施工。

第八节　放射源安全管理

放射源,是指用放射性物质制成的能产生辐射照射的物质或实体。放射源按其密封状况,可分为密封源和非密封源。密封源是指密封在包壳或紧密覆盖层里的放射性物质,工农业生产中应用的料位计、探伤机等使用的钴—60、铯—137、铱—192 等都是密封源,地质勘探测井用的铯—137 也属于密封源。非密封源是指没有包壳的放射性物质,医院里使用的放射性示踪剂属于非密封源,如碘—131、碘—125、锝—99m 等。

放射源发射出来的射线具有一定的能量,它可以破坏细胞组织,从而对人体造成伤害。当人受到大量射线照射时,会产生诸如头昏乏力、食欲减退、恶心、呕吐等症状,严重时会导致机体损伤甚至可能导致死亡。但当人只受到少量射线照射时,一般不会有不适症状,也不会伤害身体。

一、放射源使用、运输、储存的管理要求

（1）测井单位应学习和遵守《中华人民共和国放射性污染防治法》《电离辐射防护与辐射源安全基本标准》(GB 18871—2002)要求,对操作与实验研究人员进行安全和防护知识教育,并定期进行考核。对新参加工作的人员必须进行放射卫生防护知识的培训,经过放射防护部门考核合格后方可进行放射源的操作。

（2）放射源测井人员必须严格遵守各项操作制度和规程,按规定为操作人员配备辐射防护个人劳动保护用品,操作人员要尽量减少操作时间,没有操作任务时不准在放射源周围停留。要经常修剪指甲、头发,勤换洗衣服,保持皮肤清洁。在使用过程中严禁敲、砸和冲压,严防破损造成放射性污染。非岗位操作人员严禁进入放射源工作岗位。

（3）运输放射源必须由专车运输、专人押运,中途停车和井场使用须有专人看管,严防丢失。装卸、使用时应采取辐射防护措施。

（4）测井人员必须熟悉放射源测井作业的全部操作过程。在装、卸放射源前应检查操作工具、储源罐和井下仪器源室等是否正常,装、卸放射源时要准确迅速,严禁徒手操作。

每日野外工作结束,辐射仪应及时放置于指定地点。禁止辐射仪、放射源与人员共处一室。

（5）严格按规定建设放射源储存库。放射源和标准源都必须放在专用储存防护容器内加锁保存，24 小时上锁，钥匙由工作人员专人保管。放射源库必须设安全防护网，源库必须装有监控装置和报警系统，放射源库安全防护网上必须悬挂安全警示标识，严防放射源损坏、丢失或恶意破坏等事件的发生。

（6）所有放射源使用单位或放射源储源库必须建立严格的放射源领取、使用、保管和退还制度，由专人管理，做好放射源使用记录并建立档案。

二、测井用封闭型放射源事故的处理

（1）放射源测井单位应制定预防和处理意外事故的措施。

（2）发生放射源丢失、损坏、污染和危及人体健康事故，应立即报告公安、环境保护、安全监管部门，并采取防止事故扩大措施。根据具体情况对受照人员进行剂量估算与健康观察。事故发生经过和处理情况应做详细记录存档。

（3）因失职所致事故，应对肇事者给予批评教育直至追究刑事责任处理。对及时发现事故苗头、积极排除事故、减少事故危害者，应给予表彰或奖励。

三、减少放射源危害的预防措施

（1）操作放射源时，操作人员必须穿戴防护眼镜、铅防护服、橡胶手套等防护用品，装源后应及时洗手，不得用手抓食物。

（2）平时做好模拟演练，使操作工在装源时能迅速装好，以缩短受辐射时间。施工现场设置醒目标志，严禁无关人员进入。

（3）在操作放射源时，人体敏感部位要尽量远离放射源，有皮肤破损的人员严禁装卸同位素源。装源后，使用的用具和护具放至指定位置。

（4）定期对操作人员进行体检，建立好员工健康档案。

（5）检查出不适应放射源操作或受辐射计量超标的员工，应立即调整工作，安排好员工的保健和休养。

第五章　石油天然气钻井施工安全管理

第一节　油气井钻井施工危险因素分析

一、油气井施工概述

石油天然气钻井施工与煤田地质勘探、水文地质勘探以及金属矿产勘探施工相比较,具有钻探深度大、岩层地质条件复杂、施工工艺复杂、安全风险大、操作规程要求严格等特点,并常伴有天然气、硫化氢等易燃有毒气体,如发生井喷及井喷失控可能造成地层碳氢化合物以及天然气、硫化氢等可燃(剧毒)气体的溢出,极有可能形成"井喷着火、毒气扩散"重大事故,造成植被和生态环境遭受破坏以及人员身体健康和财产安全受到损害等严重后果。因此,石油天然气钻井的生产安全管理具有相对的特殊性和危险性。在进行石油天然气井孔的钻探施工时,不仅要对常规钻探施工所具有的施工安全风险进行辨识和管控,而且要对有可能造成重大事故的"重大安全风险和危险因素"进行辨识,制定、落实预防措施和应急预案。

石油天然气钻探施工安全管理的关键技术是"钻井井控技术",《石油天然气钻井井控技术规范》(GB/T 31033—2014)是石油天然气钻井井控技术的主体标准,其支撑标准主要有:《石油天然气钻采设备 钻通设备》(GB/T 20174)、《石油天然气工业 油气开采中用于含硫化氢环境的材料 第 1 部分:选择抗裂纹材料的一般原则》(GB/T 20972.1)、《石油天然气工业 油气开采中用于含硫化氢环境的材料 第 2 部分:抗开裂碳钢、低合金钢和铸铁》(GB/T 20972.2)、《石油天然气工业 油气开采中用于含硫化氢环境的材料 第 3 部分:抗开裂耐蚀合金和其他合金》(GB/T 20972.3)、《石油天然气工业 钻井和采油设备 井口装置和采油树》(GB/T 22513)等,以上标准以其最新版本为准。《石油天然气钻井井控技术规范》中规定了钻井井控技术的管理、实施及培训原则,明确了该标准适用于陆地油气田勘探、开发钻井作业中的油气井压力控制技术。

本章重点论述油气井钻探施工的钻场选择、井场布置、危险因素分析、钻探施工过程中的安全措施,以及溢流处理、压井,防火、防爆、防硫化氢安全措施和井喷失控的处理等。

二、油气井施工的危险因素分析

油气井钻探施工的安全管理是一个复杂的管理系统,涉及油气井钻探施工的全过程。主要包括:① 钻井井控设计;② 井控装置的安装、试压、使用;③ 钻开油气层前的准备和检查验收;④ 油气层钻进;⑤ 钻井过程中的井控作业;⑥ 溢流的处理和压井作业;

⑦ 防火、防爆、防硫化氢安全措施；⑧ 井喷失控的处理等。油气井钻探施工除存在常规性钻探施工的危险因素（如高空坠落、锚头伤人、大钳打击、井架倒塌、顶碰天车、钻机绞碾等）外，还存在井喷、井喷着火、毒气扩散等重大危险因素。特别是当钻探过程中发生"井喷着火、毒气扩散"等事故时，如处理不当或缺乏应急措施，很容易造成重大事故甚至特别重大事故。因此，有可能发生"井喷着火、毒气扩散"的油气井钻探施工是油气井钻探施工安全管理的重中之重。

（一）油气溢流和井喷

由于油气密度小且油气层压力高，钻进中易出现油气侵的现象，甚至发生井喷，井喷及井喷失控可能造成地层碳氢化合物的溢出，导致火灾、爆炸危险等。

（二）硫化氢气体溢流和井喷

1. 硫化氢气体井喷失控

在油气井钻探施工、新井投产采油、修井通井等作业中，易发生硫化氢（H_2S）气体溢流和井喷。在含硫化氢气体井喷失控的情况下，有可能发生大范围的中毒事故，如重庆开县"12·23"特大天然气井喷事故。因此，在含硫化氢气体的油气井钻探施工过程中，如何做好硫化氢气体的溢流和井喷的预防及控制是安全生产管理工作中的重中之重。

2. 硫化氢气体的特性

（1）基本特性

硫化氢是一种无色、可燃且具有臭鸡蛋味的剧毒有害气体，分子量为34.08，相对密度为1.19。其危险特性是易燃，与空气混合能形成爆炸性混合物，遇明火、高热能引起燃烧爆炸；与浓硝酸、发烟硫酸或其他强氧化剂剧烈反应，发生爆炸。硫化氢遇明火会引起回燃。

（2）迅捷毒害性

急性硫化氢中毒一般发病迅速，瞬间即引起深度昏迷，呼吸中枢和血管运动中枢迅速麻痹，嗅觉丧失，很快就会引起先兆性电击样死亡症状；其次是对人体呼吸系统损害、心肌损害和呼吸器脏内黏膜直接损害，另外可对人体视网、视觉细胞直接杀伤，造成人体听觉、听力传输及神经中枢末梢的直接麻痹和摧毁，使生物体肝、脾、心、肺等脏器功能迅速衰竭进而导致快速死亡。

（3）燃爆性

硫化氢与空气混合至体积浓度为 4.3%～45.5% 即可形成爆炸性气体，引燃温度为260 ℃，最小点火能为 0.077 mJ，最大爆炸压力为 0.49 MPa，遇明火、高温能引起燃烧爆炸。燃烧火焰呈蓝色，和酒精火焰颜色接近。硫化氢气体着火燃烧速度快，可用干粉灭火器进行及时扑救，随后用喷雾水进行冲洗以达到降温稀释作用。

（4）腐蚀性

硫化氢的急性毒作用和中毒机理可因其不同的浓度和接触时间而异，浓度越高则对人体的中枢神经抑制作用越明显，浓度低则对人体的黏膜刺激作用明显，并随时间的延长而加剧对人体的危害。

（5）扩散性

硫化氢气体的相对密度比空气大，硫化氢进入空气后随着空气到处蔓延，能在较低处扩散到相当远的地方。

第二节　油气井钻场的布置

一、油气井钻场布置的特点

相对一般的钻探施工（如供水井、煤勘孔等），油气井钻探施工存在的危险因素，具有危害大、程度深、范围广的特点。油气井钻探施工安全，首先应从井场布置、消防布置、钻台摆设和拆迁、井架搭设使用和搬迁、井控系统、作业安全部分及其综合处理等方面考虑，重点防范井喷着火、毒气扩散等重大事故发生。在进行含有天然气、硫化氢等易燃有毒气体的钻探施工时，除要求安装和完善设备转动部位的防护网罩、避雷装置、防坠落装置和消防设施等安全设施外，还必须安装井口防喷装置，必须编制硫化氢、天然气等易燃有毒气体井喷应急预案。

二、钻场布置的安全要求

（一）钻场选择的安全要求

（1）油气井井口距铁路、高速公路不少于 200 m；距学校、医院和大型油库等人口密集型和高危场所不小于 500 m；距高压线及其他永久性设施不小于 75 m。在钻井作业期间，应撤离距油气井井口 100 m 范围内的居民；对含硫油气井（≥20 mg/m³）、高压油气井和区域探井，在钻开油气层前 2 d 到完井期间，应撤离距油气井井口 500 m 范围内的居民。

（2）在地质设计书中必须详查和标注井口周围 500 m 范围内的居民和其他人员（如学校、医院、地方政府、厂矿等）的分布情况，并将每户居民的人数、户主姓名、电话等资料纳入钻井队应急预案之中。通过地方政府、村委会向群众讲解硫化氢的相关知识，包括遭遇硫化氢时的自救、相互救护方法以及逃生路线等。

（二）钻场和钻机设备布置的安全要求

（1）钻场及钻机设备的安放位置，应考虑季节风风向，钻场周围应空旷，尽量在前后或左右方向能让季节风畅通。在草原、林区、苇塘等地区钻井时，钻场周围应设立隔离墙或隔离带。

（2）在井架上、井场季节风入口处和气防器材室等处应设置风向标。值班室、工程室、钻井液室、气防器材室等应设置在井场季节风的上风方向。

（3）对于含硫油气井，应配备足够的防毒面具和配套供氧呼吸设备。所有防护器具应放在使用方便、清洁卫生的地方并定期检查，以保证这些器具处于良好的备用状态，同时做好记录。如果天然气、硫化氢浓度超过安全临界浓度，钻井人员应向上风方向疏散。

（4）对于含硫油气井，在钻台上、下和振动筛等硫化氢易聚积的地方，应安装排风扇，以驱散工作场所弥漫的硫化氢。进入含硫油气层前应将机泵房、循环系统和二层台等处设置的防风护套和其他类似围布拆除。在寒冷地区冬季施工时，对保温设施应采取相应的通风措施，保证工作场所空气流通。

（5）钻台及机泵房应无油污。钻台上、下和井口周围禁止堆放易燃易爆品及其他杂物，柴油机排气管应有阻火装置，排气管出口不应指向油罐区。

（6）值班房、油罐区、发电房距离井口应大于 30 m，发电房距离油罐区应大于 20 m，锅炉房距离井口不小于 50 m。

第三节　井控装置及安全使用

一、井控装置安装要求

井控装置主要包括：① 防喷器及控制系统（包括液压和手动）、防喷器远程控制台、四通、转换法兰、双法兰短节、转换短节、套管头；② 节流管汇、压井管汇；③ 放喷管线、钻井液回收管线；④ 钻具止回阀及方钻杆上、下旋塞阀；⑤ 钻井液池液面监测报警仪；⑥ 钻井液净化、加重及环空自动灌注设备等。

（一）防喷器远程控制台

（1）防喷器远程控制台安装在面对井架大门左侧、距井口应大于 25 m 的专用活动房内，距放喷管线或压井管线应有 1 m 以上的距离，并在周围留有宽度应大于 2 m 的人行通道，周围 10 m 内不得堆放易燃、易爆和腐蚀物品。

（2）管排架与放喷管线、防喷管线的距离应大于 1 m，车辆跨越处应装过桥盖板；不允许在管排架上堆放杂物，不允许以其作为电焊接地线或在其上进行焊割作业。

（3）总气源应与司钻控制台气源分开连接，并配置气源排水分离器；严禁强行弯曲和压折气管束。

（4）电源应从配电板总开关处直接引出并用单独的开关控制。蓄能器完好，压力达到规定值并始终处于工作压力状态。

（二）井控管汇

井控管汇包括节流管汇、压井管汇、防喷管线和放喷管线。

（1）钻井液回收管线、防喷管线和放喷管线应使用经探伤合格的管材。防喷管线应采用螺纹与标准法兰连接，不允许在现场焊接。

（2）钻井液回收管线出口应接至钻井液罐并固定牢靠，转弯处应使用角度大于 120° 的铸（锻）钢弯头，其通径不小于 78 mm。

（三）放喷管线

（1）放喷管线至少应有两条，其通径不小于 78 mm，两条管线走向一致时，应保持大于 0.3 m 的距离并分别加以固定。放喷管线不允许在现场焊接。

（2）布局要考虑当地季节风向、居民区、道路、油罐区、电力线及各种设施等情况。

（3）管线尽量平直引出，如因地形限制需要转弯时，转弯处应使用角度大于 120° 的铸（锻）钢弯头，管线出口应接至距井口 75 m 的安全地带，距各种设施不小于 50 m。

（4）管线每隔 10～15 m、转弯处、出口处均用水泥基墩加地脚螺栓或地锚或预制基墩固定牢靠。水泥基墩的预埋地脚螺栓直径应大于 20 mm，悬空处要支撑牢固。若跨越 10 m 宽以上的河沟、水塘等障碍，应架设金属过桥支撑。

（四）钻具内防喷工具

钻具内防喷工具，包括上部和下部方钻杆旋塞阀、钻具止回阀和防喷钻杆。

（1）钻具内防喷工具的额定工作压力应不小于井口防喷器额定工作压力。

（2）应使用方钻杆旋塞阀并定期活动；钻台上配备与钻具尺寸相符的钻具止回阀或旋

塞阀。

（3）钻台上准备一根防喷钻杆单根（带有钻铤连接螺纹相符合的配合接头和钻具止回阀）。

（五）井控监测仪器和钻井液净化、加重、灌注装置

（1）应配备钻井液循环池液面监测与报警装置。

（2）按设计要求配齐钻井液净化装置，探井、气井及气油比高的油井还应配备钻井液气体分离器和除气器，并将液气分离器排气管线（按设计通径）接出距井口 50 m 以上。

二、安装井控装置容易出现的安全隐患

（1）井控装置压力等级不配套，司控台未固定。未配液气分离器；远程控制台紧靠放喷管线，距井口距离小于 25 m；防喷器手动锁紧杆未装齐。

（2）防喷器安装完毕后未认真校正井口、转盘、天车中心（其偏心差应不大于 10 mm），造成钻井过程中防喷器、套管头严重偏磨。

（3）防喷器组合太高，手动锁紧操作杆离地面距离大而无法操作；钻台上未准备防喷单根。

（4）放喷管线出口一条接出钻场距离井口不足 75 m，而另一条（压井管汇侧）刚接至钻场边，甚至刚连接到远程控制台旁；放喷管线出口对着公路、民居或在树林旁而无任何防火措施（如修燃烧坑池、防火墙等）。

（5）走向一致的两条放喷管线紧挨在一起或间距小于 0.3 m；放喷管线转弯处铸（锻）钢弯头为 90°；放喷管线悬空无支撑；转弯处仅一端固定；固定卡子和管线间用木棒、木块填塞。

（6）液气分离器排出管线未按设计通径接出；排出管线悬空无支撑；转弯处弯头为多段管子焊接而成；固定不牢固甚至和放喷管线捆绑在一起；排出管出口距井口距离小于 50 m。

三、使用井控装置中存在的安全隐患

（1）远程控制台三位四通换向阀手柄处于不正确位置。在钻井过程中，每个防喷器控制阀应转到开启位置（不是中间位置），处于"开位"可防止闸板伸出，避免损坏胶芯或闸板，同时处于"开位"也有利于及时判断液压管线接头是否漏油、防喷器是否有内漏等。因此，正常钻进时控制各防喷器的转阀应在"开位"，控制液动放喷阀的转阀应在"关位"；而当试压或检修设备时，各转阀均应扳到"中位"。

（2）放喷管线长度不够或根本未接，或防喷管线紧靠四通的内控阀处于关闭状态，或放喷管线憋断或氢脆炸裂，防喷器胶芯质量差。

（3）装了防喷器未装远程控制台或远程控制台油箱液压油量不够，远程控制台储能器氮气压力不足，远程控制台和司钻台的压力表值相差悬殊；远程控制台电动泵使用时损坏，气动泵不能正常工作。

（4）防喷器试压值偏低或根本不试压。防喷器和放喷阀门压力等级不配套；电控箱压力继电器未调整好，自动控制不正常。

（5）关井时井控设备泄漏（如底法兰套管升高短节丝扣处泄漏、放喷阀阀杆盘根泄漏、放喷管线法兰连接焊缝处泄漏、套管头泄漏等）。

第四节　油气层钻井井控安全技术及井喷处理

一、油气层钻井井控安全技术

(一)选择合适的钻井液密度

钻井液设计密度应以不压漏地层为主要原则。钻井中要进行以监测地层压力为主的随钻监测,绘出全井地层压力梯度曲线。当发现实际与设计不相符合时,应按审批程序及时申报,经批准后才能修改钻井液类型和密度值。但若遇紧急情况,钻井队可先调整钻井液再及时上报。

(二)钻进前测泵循环压力

每只钻头入井开始钻井前和每日白班开始钻进前,都要以 1/3～1/2 正常流量测一次低泵速循环压力并做好泵冲数、流量、循环压力的记录。当钻井液性能或钻具组合发生较大变化时应补测。

(三)钻井测后效的几种情况

钻井测后效,是指在一次起下钻过程中,钻井液在井下静止一段时间,地层流体在井内压力近平衡或欠平衡条件下充分释放到井筒内之后进行的气测录井。当井内压力状态处于过平衡状态时,地层流体将被压死流不进井筒内,且钻井液侵入地层,气测全烃值很小或者为零;当井筒内压力处于近平衡状态时,地层流体缓慢溢入井筒内,气测全烃值反应比较活跃;当井筒内压力处于欠平衡状态时,地层流体大量溢入井筒内,气测全烃值急剧上升,造成井涌或井喷。钻井测后效的目的主要是判断井下油气侵入泥浆的程度,可计算出是哪一层段侵入严重以及油气上返速度。

在以下几种情况下,应进行钻井测后效工作:① 钻开油气层后第一次起钻前;② 溢流压井后起钻前;③ 钻开油气层井漏堵漏后或尚未完全堵住起钻前;④ 钻进中曾发生严重油气侵但未溢流起钻前;⑤ 钻头在井底连续长时间工作后中途需刮井壁时;⑥ 需长时间停止循环进行其他作业(电测、下套管、下油管、中途测试等)起钻前。

(四)短程起下钻的操作要求

(1) 一般情况下,试起 10～15 柱钻具再下入井底循环一周,若钻井液无油气侵,则可正式起钻;否则,应循环排除受侵污钻井液并适当调整钻井液密度后再起钻。

(2) 特殊情况(需长时间停止循环或井下复杂)时,将钻具起至套管鞋内或安全井段,停泵检查一个起下钻周期或需停泵工作时间,再下回井底循环一周。

(五)起、下钻中防止溢流和井喷的技术措施

(1) 保持钻井液有良好的造壁性和流变性,起钻前充分循环井内钻井液,使其性能稳定,进出口密度差不超过 0.02 g/cm^3。

(2) 起钻中严格按规定及时向井内灌满钻井液并做好记录、校核,及时发现异常情况。

(3) 钻头在油气层中和油气层顶部以上 300 m 井段内起钻速度不得超过 0.5 m/s。

(4) 在疏松地层特别是造浆性强的地层,遇阻划眼时应保持足够的流量,防止钻头泥包。

(5) 发现气侵应及时排除,气侵钻井液未经排气不得重新注入井内。若需对气侵钻井

液加重,应在对气侵钻井液排完气后停止钻进的情况下进行,严禁边钻进边加重。

（六）"坐岗"观察要求

（1）加强溢流预兆及溢流显示的观察,做到及时发现溢流。"坐岗"观察溢流显示的人员应在进入油气层前100 m开始"坐岗","坐岗"人员上岗前应经钻井队技术人员技术培训。"坐岗"人员发现溢流、井漏及油气显示等异常情况,应立即报告司钻。

（2）钻进中注意观察钻时、放空、井漏、气测异常和钻井液出口流量、流势、气泡、气味、油花等情况,及时测量钻井液密度和黏度、氯根含量、循环池液面等变化,并做好记录。

（3）起下钻中注意观察、记录、核对起出（下入）钻具体积和井内灌入（流出）钻井液体积;观察悬重变化,防钻头水眼堵塞后突然打开引起的井喷。

（4）钻进中发生井漏应将钻具提离井底、方钻杆提出转盘,以便关井观察。采取定时、定量反灌钻井液措施保持井内液柱压力与地层压力平衡,防止发生溢流,其后采取相应措施处理井漏。

（七）电测、固井、中途测试的井控防喷工作

（1）电测前井内情况应正常、稳定;若电测时间长,应考虑中途通井循环再电测。

（2）下套管前,应换装与套管尺寸相同的防喷器闸板;固井全过程（起钻、下套管、固井）应保证井内压力平衡,尤其防止注水泥浆候凝期间因水泥浆失重造成井内压力平衡的破坏,甚至井喷。

（3）中途测试和先期完成井,在进行作业以前观察一个作业期时间;起、下钻杆或油管应在井口装置符合安装、试压要求的前提下进行。

二、钻井过程中造成井喷事故的原因分析

在油气层钻井过程中造成井喷的原因很多,主要发生在钻进和起下钻作业中,在电测井作业中也偶有发生。

（一）钻进过程中发生井喷事故的原因分析

（1）钻遇异常高压油气层,设计钻井液密度小于地层压力当量钻井液密度。

（2）井队不执行钻井工程设计,实钻用钻井液密度小于设计钻井液密度。

（3）未及时发现溢流显示;发现溢流仍继续钻进,而未及时关井。关井操作程序不熟练,延误了正确控制井口时间。

（4）在油气层中钻进,边循环边处理钻井液,掩盖了溢流预兆,因而不能及时发现。

（5）产层漏喷处理不当;未处理好产层上面漏层时就打开了产层。

（6）加重材料和加重钻井液储备不够,压井失败造成井喷失控。

（7）溢流后长时间关井不处理,井口压力上升,被迫放喷,进而导致失控甚至着火。

（8）未重视浅气层的井控工作,表层套管下深不够,深部钻井发生溢流后采取的"硬关井"憋漏上部未下管的地层。

（9）在开发调整区钻井,因周围注水、注气井未停注、泄压的原因,使产层压力异常。

（二）起钻作业时发生井喷事故的原因分析

起钻作业井喷事故几乎占井喷事故的一半,其主要原因是:① 起钻抽吸;② 起钻前循环时间不够;③ 油气产层起钻前未做短程起下钻;④ 溢流发生后处理措施不当（如接方钻杆循环而不及时关井）;⑤ 起钻未认真灌够钻井液;⑥ 未及时发现溢流显示;⑦ 关闸板防喷

器,闸板关在钻杆接头处挤坏钻具;⑧ 起下钻铤时发生溢流,无防喷单根,抢接钻具止回阀失败。

总的来说,造成井喷、井喷失控和失控着火的主要原因还是作业人员井控意识不强,井控技术水平不高以及不严格执行相关井控技术标准和规定。

（三）钻井井喷事故的事例分析

1. 未按钻井工程设计执行钻井液密度值

1997 年 6 月 14 日 20 时 15 分,某油气田××井取心钻进至 2 924.89 m,最后 1.6 m 钻速突快,当时判断可能钻遇高压油气层,钻井液密度为 1.74 g/cm³（设计值为 1.79～1.84 g/cm³）,故决定割心起钻并循环钻井液观察后效。至 20 时 45 分,甲方监督为了不影响岩心收获率要求停止循环立即起钻,起出 2 立柱钻杆发现井口溢流,3～5 s 后井喷,喷高 10 m。关井 15 min 后,关井立压为 4.5 MPa,套压为 5 MPa。在压井过程中因回收钻井液闸门开启不畅,在抢换过程中,套压上升为 25 MPa。环形防喷器刺漏,又关半封闸板防喷器控制井口（23 时 24 分）,用一条放喷管线放喷,套压 18 MPa,此时半封闸板防喷器也被刺坏。15 日 0 时 30 分,终因半封闸板防喷器完全刺坏而失控。

在处理过程中,井内钻具刺断,经多次压井成功后打捞出钻具 2 111 m。在倒扣、套铣无效后侧钻至 3 147 m 完钻。

本井井喷失控的原因还有:井控设备存在多处隐患未得到及时整改;在未进行短程起下钻的情况下,钻井液循环时间不够就起钻;套压为 5 MPa 时活动钻具,导致环形防喷器刺漏;坐岗人员责任心太差,未及时发现溢流显示,当井口外溢 3～5 s 后就发生井喷;等等。

2. 未及时修正与实际地层压力梯度不符合的设计钻井液密度值

1996 年 7 月 28 日,某油田××井取心钻进至 711.05 m 割心起钻,起至 38.4 m 钻柱内冒钻井液,抢接接头和钻杆失败,井喷高 40 m,将井内钻柱喷出。

本井设计钻井液密度为 1.18～1.2 g/cm³,钻进中曾出现井涌,用 1.23～1.24 g/cm³ 的钻井液才压稳油气层,但其后仍用设计的低密度钻井液进行起下钻作业,井口溢流又未能及时发现而导致井喷。

3. 起钻作业违规违章导致特大恶性井喷事故

某油井在发生事故的当天,在起钻中发现钻杆水眼喷钻井液但未做认真分析和处理,丧失了避免井喷发生的最后机会,起钻 20 多柱钻杆时水眼喷钻井液还很严重,但仍未引起钻井监督和值班干部的重视（此时已起出 3 000 m 钻杆）。司钻在交接班会上又提出"起钻喷钻井液很凶,起一柱喷一柱"的问题,而钻井监督、钻井技术员、钻井实习技术员和副队长一起"分析"后做出了错误的判断——"水眼喷钻井液"是钻进时钻井液添加了材料尚未循环均匀所致。错误的分析判断掩盖了井喷发生前的预兆,此时若停止起钻作业、关井观察,检查核对循环池钻井液量,注入超重钻井液,待井内平稳后再起钻或采取其他应对措施,都可以避免这次特大恶性事故的发生。

4. 起钻抽吸时处理不当

1993 年 2 月 27 日,某油田××井（定向开发井）钻至井深 1 133 m 时测斜完,14 时开始起钻,起至第四柱下单根时遇阻多提 80～100 kN,起第五、第六柱均遇阻,第七柱发现"拔活塞"现象,接方钻杆向钻杆内灌注钻井液,循环 30 min 误认为正常,卸方钻杆继续起钻。16 时起第九柱发生强烈井喷。该井仅接有一条放喷管线,在放喷、压井过程中放喷管线被堵。

19时30分,井口周围200 m范围地层憋破,多处地表冒气,钻井队被迫打开防喷器。后喷势增大,井口周围方圆25 m内气流窜出地面,被迫停柴油机、发电机,人员撤离井场。20时20分,井架1号大腿处被喷出物撞击着火,10 min后井架被烧倒,火势迅速蔓延到整个井场。

三、井喷失控的危害及处理

（一）井喷失控的危害和影响

（1）井喷使钻井事故复杂化,处理难度增加。

（2）井喷失控极易引起火灾,造成严重环境污染,危及井场人员及周围居民生命安全和身体健康,造成设备损毁、油气井报废等巨大的经济损失和不良的社会影响。

（3）伤害油气层,破坏地下油气资源。

（二）井喷失控的处理

1. 关闭火源,严防着火

（1）井喷失控后应立即停机,关闭井架、钻台、机泵房等处的全部照明灯和电器设备,必要时打开专用探照灯。

（2）熄灭火源,组织警戒。

（3）将氧气瓶、油罐等易燃易爆物品撤离危险区。

（4）迅速做好储水、供水工作,尽快由注水管线向井口注水防火,或用消防水枪向油气喷流和井口周围设备大量喷水降温,保护井口装置,防止着火或事故继续恶化。

2. 迅速成立抢险指挥部

根据失控状况制定抢险方案,成立技术组、抢险组、消防组、后勤生活组、安全保卫组等机构,在指挥部统一指挥、组织和协调下进行抢险工作。

3. 井控装置完好情况下的井喷失控处理

（1）检查防喷器及井控管汇的密封和固定情况,确定井口装置的最高承压值。

（2）检查方钻杆上、下旋塞阀的密封情况,井内有钻具时要采取防止钻具上顶的措施。

（3）按规定和指令动用机动设备、发电机和电气焊设备,对油罐、氧气及乙炔瓶等易燃易爆物采取安全保护措施。

（4）迅速组织力量配制压井液进行压井,压井液密度应根据邻近井地质和测试资料以及本井油气水喷出总量和放喷压力等确定,其备量应为井筒容积的2～3倍。当具备压井条件时,采取相应压井方法进行压井作业。

4. 井控装置损坏情况条件下的井喷失控处理

（1）失控井都应清除抢险通道及井口装置周围可能使其歪斜、倒塌等妨碍处理工作的障碍物,使井口装置充分暴露和保护。着火井应在灭火前按照"先易后难、先外后内、逐段切割"的原则,清理工作要根据地理条件、风向,在消防水枪喷射水幕的保护下进行。清障时要大量喷水并使用铜制工具。

（2）采用密集水流法、突然改变喷流方向法、空中爆炸法、液固快速灭火剂等综合灭火法以及施工救援井等方法扑灭不同程度的油气井大火,密集水流法是采用其余几种灭火方法须同时采用的基本方法。

5. 设置观察点监测硫化氢浓度

定时取样,测定井场各处天然气、硫化氢和二氧化碳含量,划分安全范围。含硫油气井根据实测空气中的硫化氢浓度(包括井场下风方向 100 m、500 m 和 1 000 m 处的监测浓度)启用应急程序,并确定井队作业人员和周边群众的撤离范围。

6. 井喷失控井口点火决策程序

含硫油气井井喷失控后,当井场作业人员和井场周边群众生命受到威胁又不能迅速撤离到安全区域,失控井无希望得到控制的情况下,应实施井口点火作业。

井口点火程序的相关内容应在应急预案中明确。井口点火决策人宜由生产经营单位代表或其授权的现场总负责人来担任,并列入应急预案中。

7. 井喷失控时井口点火安全要求

井口点火是最后一项抢险措施。井口点火作业会烧毁钻机设备甚至可能产生爆炸和破坏油气资源,因此其决策与实施应极其慎重,在作业时应注意以下安全要求。

(1) 对井场空气中的天然气和硫化氢的浓度进行监测,井场空气中的天然气浓度在 5%～15% 之间井口不能点火,井场空气中的硫化氢浓度在 4.3%～46% 之间井口不能点火,否则会发生爆炸。

(2) 井口点火应使用自动点火装置。若用手动点火器具,点火人员应佩戴防护器具,处在上风方向且距火口大于 10 m。

(3) 点火后应对下风方向,尤其是井场生活区以及井场周边的居民区、医院和学校等人员聚集高危场所进行二氧化硫浓度监测,一旦二氧化硫浓度即将达到或达到 14 mg/m³ (5 ppm)时,任何人都应佩戴正压式空气呼吸器或迅速撤离。

8. 其他要求

井喷失控的井场内处理施工应尽量不在夜间和雷雨天进行,不应有两种或两种以上互相影响的作业同时进行,以免发生抢险人员人身事故以及因操作失误而使处理工作复杂化。

第五节　含硫化氢油气井钻探施工安全技术

一、井场防火防爆的安全管理

(一) 发电房、锅炉房和储油罐的摆放

(1) 值班房、发电机房、库房和化验室等工作房以及油罐区距井口应大于 30 m,锅炉房距井口应大于 50 m。

(2) 发电房与油罐区相距不小于 20 m,油罐区距放喷管线的距离应大于 30 m。

(3) 在草原、苇塘、林区钻进时,井场周围应有防火隔离墙或隔离带,宽度应大于 20 m。

(二) 井场电器设备、照明器具和输电线路的安装

(1) 钻台、机房净化系统的电器设备、照明器具必须分闸控制。

(2) 井架、钻台、机泵房的照明线路应各接一组专线。

(3) 探照灯的电源线路应在配电房内单独控制。

(4) 井场用房和地质录井应设专线。

(5) 井场电器系统的所有电器设备,如电机、开关、照明灯具、仪器仪表、电器线路以及接插件等电动工具,应符合防爆要求,做到整体防爆。

(6)井场应考虑应急供电问题,设置应急电源和应急照明设施。

(7)发电机应配备超载保护装置,电动机应配备短路、过载保护装置。

(三)柴油机的防火管理

井场内使用的柴油机排气管无破漏和积炭,并有冷却灭火装置,出口与井口相距 15 m 以上,不朝向油罐;在苇田、草原等特殊区域内施工要加装防火帽;柴油机排气管应设冷却灭火装置。

(四)消防器材的配备

井场消防器材的配备执行《钻井井场设备作业安全技术规程》(SY/T 5974—2020),应配备 35 kg 干粉灭火器 4 具、8 kg 干粉灭火器 10 具、5 kg 二氧化碳灭火器 7 具、消防斧 2 把、消防钩 2 把、消防锹 6 把、消防桶 8 只、消防毡 10 条、消防砂不少于 4 m³、消防专用泵 1 台、ϕ19 mm 直流水枪 2 支、水罐与消防泵连接管线及快速接头 1 个、消防水龙带 100 m,这些消防器材均应整齐、清洁地摆放在消防房内;机房应配备 8 kg 干粉灭火器 3 具,发电房应配备 7 kg 及以上二氧化碳灭火器 2 具。野营房区应按每 40 m² 不少于 1 具干粉灭火器进行配备。消防器材由专人挂牌管理,不得挪作他用。

(五)井场动火管理

(1)钻开油气层后应避免在井场进行电焊气焊作业,如必须进行作业时按三级动火管理。

(2)动火前,由施工单位填写《动火申请报告书》,制定动火措施。动火单位主管领导审查后,由钻井公司安全技术部门审查批准。

(3)《动火申请报告书》批准后,有关人员应到现场检查动火准备工作及动火措施的落实情况并监督实施,以确保施工安全。

(4)动火现场应按动火措施要求配备足够的消防设备和器材,动火现场 5 m 以内做到无易燃物、无积水、无障碍物,便于在紧急情况下施工人员迅速撤离。施工安全得不到保证时,安全部门有权制止施工。

(5)非动火人员不准随意进入动火现场。动火完工后,监护人员对现场进行检查,确认无火种存在方可撤离。

二、预防硫化氢中毒的安全技术

(一)设计安全技术

(1)地质设计中应标明探井周围 3 km、生产井井位 2 km 范围内的居民、学校、公路等永久性建筑物的位置,并对附近的地理、地貌、环境情况等做详尽描述。

(2)施工设计中应对施工区域的道路交通、气候特点、临时安全区域位置做描述。在确定临时安全区的位置时,首先应考虑季节风向。当风向发生 90°变化时,应始终保持有一个临时安全区可以使用。

(3)钻井和作业设计中应注明含硫化氢地层、深度和预计硫化氢含量;明确使用的套管、钻杆、放喷管线等管材和工具应具有抗硫性能和抗硫等级。

(4)钻井和作业设计中应要求井队根据地层的压力梯度安装相应压力等级的防喷器组合和井控管汇等设备。在油(气、水)井酸化压裂工程设计中,应注明可能产生有毒有害气体及防范措施。

(5) 钻井和作业设计中应明确加重材料、重泥浆、除硫剂的储备要求；对钻井液、修井液的 pH 值(>9.5)、安全附加密度(取其上限值)等技术参数应做具体要求和说明。

(6) 油气田地面工程设计的安全专篇中应根据安全预评价报告明确硫化氢防护安全技术措施。

(二) 安全风险的识别和评估

(1) 生产施工单位应对施工项目进行硫化氢风险评估，在施工区域划出警戒范围，做出明显警示标识。要对所属范围内的含硫化氢施工井号、油气集输管线、油气集输场(站)建立技术档案，各级管理人员应熟悉其所属范围的硫化氢风险情况。

(2) 作业人员应了解所在作业区域的地理、地貌、气候等情况，熟知逃生路线和安全区域。

(3) 生产施工单位应对每个岗位的作业内容进行风险辨识，对存在危险性的环节采取防范措施。

(三) 钻探作业的安全技术

(1) 进入硫化氢未知浓度区域，应安排专人佩戴正压式空气呼吸器，携带便携式硫化氢检测仪，进行硫化氢安全检测。警戒区内应对进入人员进行登记，严禁无关人员进入。

(2) 进入含硫化氢区域的施工单位应具有相应的资质并经审查备案。作业之前应编制《含硫化氢现场作业指导书》并做施工技术交底，明确安全防护措施，签署《施工作业许可单》。现场施工人员至少 2 人及以上，并明确现场监护人。

(3) 钻井、作业施工中，应按要求对防喷器和井控管汇进行试压。现场不允许进行钻井、作业井口以及套管连接、放喷管线的焊接作业。

(4) 钻开含硫化氢油气层 100 m 前，钻井队应按照防范硫化氢应急预案进行演练，并经验收审批后方可钻开油气层。含硫化氢井在射开油气层前，作业队应按防范硫化氢应急预案进行演练。

(5) 在油气层和钻过油气层进行起下钻作业前，应先进行短程起下钻，观察后效。钻井和作业施工过程中，应及时向井筒内灌注钻井液、修井液或清水，维持液柱压力；加强坐岗监控，做到"早发现，早处理，早关井"。

(6) 溢流的处理和压井作业措施以及井喷失控的处理应符合《石油天然气钻井井控技术规范》(GB/T 31033—2014)的规定。

(7) 完井试油(测试)施工作业中，测试管线的走向应避开民房和居民区，放喷点火点距民房的安全距离应保持大于 100 m，现场条件受限制时应采取疏散撤离措施。

(8) 硫化氢浓度超过 15 mg/m³(10 ppm)的油气井站应设置容易发生硫化氢中毒的危险点源图和紧急撤离路线图。油气管线破裂，出现油气泄漏，在作业区抢修时应佩戴正压式空气呼吸器。

(四) 硫化氢的检测和人员防护

(1) 硫化氢监测仪应采用固定式监测仪和携带式监测仪。作业现场需 24 h 连续监测硫化氢浓度时，应采用固定式硫化氢监测仪，探头数可以根据现场气样测定点的数量来确定；作业人员在危险场所应佩戴携带式硫化氢监测仪，以监测工作区域硫化氢的浓度变化。

(2) 硫化氢的监测按照《硫化氢环境人身防护规范》(SY/T 6277—2017)规定执行。现场硫化氢的检测结果应及时记录并存档。

（3）硫化氢区域作业施工应配备的防护装备：每个钻井队配置正压式呼吸器至少 15 套，便携式硫化氢检测仪至少 5 个，固定式探头 6 个，充气泵 1 台；每个作业队配置正压式呼吸器至少 5 个，便携式硫化氢检测仪 4 个；单井配置正压式空气呼吸器 1 套，便携式硫化氢检测仪 1 个；其他施工单位应根据作业人数配置足够的硫化氢检测设备和设施。

（4）根据不同作业环境配备相应的硫化氢监测仪器和防护装置并由专人管理，使硫化氢监测仪及防护装置处于备用状态。进入重点监测区作业时，应佩戴硫化氢监测仪和正压式空气呼吸器，至少两人同行，一人作业一人监护。

（5）当硫化氢浓度达到 10 mg/m³ 报警时，应检查泄漏点，准备防护用具；当浓度达到 50 mg/m³ 报警时，应迅速打开排风扇，疏散下风向人员，作业人员应戴上防护用具，禁止动用电、气焊，抢救人员进入戒备状态，查明泄漏原因，迅速采取措施，控制泄漏，向上级报告情况；当硫化氢浓度持续上升无法控制时，进入紧急状态，立即疏散无关人员并实施应急方案。

（6）钻井和试油过程中的人身安全防护要求，按照《硫化氢环境人身防护规范》(SY/T 6277—2017)中的有关规定执行。

三、预防井喷失控、硫化氢中毒的安全专项检查

（1）钻井、完井试油作业过程中防井喷措施落实情况检查，包括井场布局、井控设计、防喷器、下钻操作、泥浆密度监控、压井材料储备以及人员井控培训等。

（2）含硫油气井硫化氢防护措施落实情况检查，包括硫化氢防护标准宣传贯彻、地质和钻井工程设计、井控装置、井下工具、地面设施选材以及硫化氢探测、报警、防护设备和点火器材配备与作业人员防硫化氢中毒培训等。

（3）防井喷失控、防硫化氢中毒应急能力建设情况检查，包括应急预案编制、应急队伍建设、应急装备配备、应急物资储备、应急知识宣贯和企地联合演练等。

（4）安全基础管理情况检查，包括主要负责人、安全管理人员和特种作业人员安全教育培训和持证上岗，建设项目安全设施"三同时"制度执行以及动火作业、临时用电等关键环节安全管理等。

四、含硫化氢区域钻探施工的应急预案

在含硫化氢区域或新探区作业，应建立防硫化氢中毒应急预案，并报当地县、乡政府审查和备案，并将硫化氢危害、安全事项、撤离程序等内容告知井场 3 km 范围内的人员。

（1）编制应急预案，对在含硫化氢环境中的作业人员进行上岗前安全教育培训，人员须经考核合格后持证上岗。

（2）定期进行防硫化氢中毒的应急演练，做到熟练、快速、规范，并做好应急演练记录。

（3）离硫化氢危险源 100 m 范围内的居民应该搬迁，500 m 范围内的居民应该签订动迁协议，3 000 m 范围内显要位置张贴《安全告知书》。

（4）严格应急预案的启动程序，当硫化氢浓度达到 10 ppm 时启动一级报警，当硫化氢浓度达到 20 ppm 时启动二级警报，当硫化氢浓度达到 100 ppm（或以上），则启动三级警报。

（5）严格警戒范围，当硫化氢浓度大于 10 ppm、小于 20 ppm 时，距井口 500 m 范围设置警戒区；当硫化氢浓度大于 20 ppm、小于 100 ppm 时，距井口 1 000 m 范围设置警戒区；

当硫化氢浓度大于 100 ppm 时,距井口 3 000 m 范围设置警戒区。

（6）做好应急联络准备,应准备和保存一份应急通信表,包括应急救援服务机构、政府机构和联系部门、其他相关单位等。

（7）当现场控制毫无希望、危及生命财产安全需点火放喷时,井场应先点火后放喷。油气井点火程序、点火决策人应在应急预案中明确。

第六节　钻井事故案例及原因分析

【事故案例一】　中石油西南油气田分公司重庆开县川东北气矿"12·23"特大天然气井喷事故

2003 年 12 月 23 日 22 时 15 分,中国石油天然气总公司重庆开县西南油气田分公司川东北气矿罗家 16H 井发生天然气及硫化氢井喷事故,造成井场周围居民和井队职工 243 人中毒死亡、2 142 人住院治疗、9 万余人被紧急疏散安置,直接经济损失达 6 432.31 万元。这起事故造成了巨大伤亡,在国内乃至世界气井井喷史上罕见。

中石油川东北气矿罗家 16H 井,位于重庆开县高桥镇东面 1 km 处的晓阳村的小山坳里,井场周围 300 m 范围内散布有 60 多户农户,最近的距井场不到 50 m。当地属于盆周山区,道路交通状况很差。罗家 16H 井是一口布置在丛式井井场上的水平开发井,拟钻采罗家寨飞仙关鲕滩气藏的高含硫天然气(硫化氢含量 7%～10.44%)。2003 年 12 月 23 日 2 时 52 分,罗家 16H 井钻进至井深 4 049.68 m 处,因更换钻具进行正常起钻,21 时 55 分录井员发现录井仪显示钻井液密度、电导、出口温度、烃类组分出现异常,钻井液总体积上涨。泥浆员随即经钻井液导管出口处跑上平台向司钻报告发生井涌,司钻发出井喷警报并停止起钻、下放钻具,准备抢接顶驱关旋塞,但在下放钻具十余米时发生井喷,顶驱下部起火。通过远程控制台关全封防喷器,将钻杆压扁,火势减小,没有被完全挤扁的钻杆内喷出的钻井液将顶驱的火熄灭。拟上提顶驱拉断全封闭以上的钻杆,但未成功。启动钻井泵向井筒内环空泵注加重钻井液,因与井筒环空连接的井场放喷管线阀门未关闭,加重钻井液由防喷管线喷出,内喷仍在继续,22 时 04 分左右井喷完全失控。24 日 15 时 55 分左右点火成功,但高含硫天然气未点火释放已持续了 18 个小时左右。后经过周密部署和充分准备,12 月 27 日成功实施压井,结束了这次特大井喷事故。

经过国务院事故调查组调查,认定这次事故是一起责任事故。造成井喷的主要因素是:有关人员对罗家 16H 井的特高出气量估计不足;高含硫高产天然气水平井的钻井工艺不成熟;起钻前钻井液循环时间严重不够;起钻过程中违章操作,钻井液灌注不符合规定;未能及时发现溢流征兆。造成井喷失控的直接原因是有关人员违章卸掉钻柱上的回压阀。造成大量人员伤亡和重大财产损失的原因是没有及时采取放喷管线点火措施,大量含有高浓度硫化氢的天然气喷出扩散,应急预案欠完善,安全防护设施不足,周围群众疏散不及时,导致伤亡损失扩大,大量人员中毒伤亡。

【事故案例二】　华北油田石家庄市赵县 48 井硫化氢中毒事故

1993 年 9 月 28 日 15 时,位于河北省石家庄市赵县的华北油田赵 48 井预探井在试油射孔作业中发生井喷,地层中大量硫化氢气体喷出井口,毒气扩散面积达 10 个乡镇 80 余个村庄,造成 7 人死亡、24 人中等中毒、440 余人轻度中毒,附近村民 22.6 万人被紧急疏散。

预探井赵 48 井位于河北省石家庄市赵县各子乡宋城村北约 700 m 处,在钻探中见到了良好的含油显示,为搞清地下情况,决定对该井进行逐层试油。1993 年 9 月 28 日下午,华北油田井下作业公司物理站射孔一队对该油井进行射孔,10 min 后引爆射孔弹。在开始上提电缆时,井口发生外溢,外溢量逐渐增大且溢出的水中有气泡。当电缆全部从井内提出后,作业队副队长李某立即带领当班的 5 名工人抢装事先备好的总闸门。在准备关闭套管闸门时,因有硫化氢气体随同压井液、轻质油及天然气一同喷出,使现场一名工人中毒昏迷。其他人员迅速将这名工人抬离现场,当其他人再想返回时,终因喷出的硫化氢浓度加大,工人们不得不从井口撤离。撤出井场后,李某及时向上级汇报并通知村民转移。从 28 日夜至29 日上午,抢险指挥部组织专家深入实地考察,制定抢险方案,筹备抢险设备和机具。29 日上午,由石油天然气总公司 16 人抢险小分队佩戴防毒面具接近井口,在当地驻军防化兵和井陉煤矿抢险队的支援下,华北油田 5 名抢险队员关闭了井口左右两翼套管闸门。9 时 20分,完全控制了井喷,从井喷到控制井喷历时 18 个小时。

据调查,造成事故的原因主要是:试油作业时对该井含有硫化氢没有预见;作业队执行制度不严;没有严格按照设计要求组织施工。

【事故案例三】 四川石油管理局温泉 4 井硫化氢串层中毒事故

1998 年 3 月 22 日 17 时,四川石油管理局温泉 4 井(气井)钻井至 1 869 m 左右时发生溢流显示,关井后在准备压井泥浆及堵漏过程中,3 月 23 日凌晨 5 时 40 分左右,天然气通过煤矿采动裂隙自然窜入井场附近的四川省开江翰田坝煤矿和乡镇小煤矿,造成在乡镇小煤矿内作业的矿工死亡 11 人、中毒 13 人、烧伤 1 人的特大事故。

该井是四川石油管理局川东钻探公司 6020 队在温泉井构造西段下盘石炭系构造高点上实施的一口探井,设计井深 4 650 m,钻探目的层是石炭系。在香溪—嘉三(609.5～1 747.0 m)段的钻进过程中,在钻井液密度为 1.07～1.14 g/cm³ 的情况下发生多次井漏。3 月 22 日 17 时 35 分,钻至井深 1 869.60 m 时发生井涌,液面上涨 5 m,钻井液密度由1.13 g/cm³ 降到 1.11 g/cm³,涌势猛烈,17 时 40 分关井。3 月 23 日 7 时 02 分观察,立压由0 MPa 升至 8.5 MPa,套压由 0 MPa 升至 7.9 MPa。8 时 40 分点火放喷,10 时 46 分～12 时15 分反注密度为 1.45 g/cm³ 的桥塞钻井液 30 m³,13 时压井无效关井。3 月 24 日 3 时50 分点火放喷,显示喷出物中有硫化氢存在。由于套管下深浅且裸眼长、漏层多,不得不进行间断放喷,至 25 日 3 时 10 分,放喷橘红色火焰高 7～15 m,做压井准备工作。3 月 26 日8 时,水泥车管线试压 20 MPa,用泥浆泵注清水 6 m³,泵压由 7.9 MPa 升至 16 MPa,正循环不通,用泥浆泵注清水间断憋压仍不通,卸方钻杆抢接下旋塞、回压凡尔和憋压三通,用一台700 型压裂车向钻具内间断正憋清水 3.6 m³,泵压由 0 MPa 升至 20 MPa。在以后憋压的同时开放喷管线放喷,喷势猛,其中 17 时 55 分～18 时 30 分出口见较多液体喷出,并听见放喷管线内有岩屑撞击声。因为钻具内不通,决定射开钻具,建立循环通道,为压井创造条件。在井深 1 693.7～1 689.93 m 段钻具内用 41 发 51 型射孔弹射开钻杆。出口喷势忽弱忽强。因泥浆排量和总量不够,压井未成功。

3 月 29 日用 3 台水泥车向钻具内注清水 54 m³,用两台泥浆泵和一台 986 水泥车正注密度为 1.80 g/cm³ 的泥浆 158 m³，喷势减弱，关两条放喷管线。注浓度 10%、密度为 1.45 g/cm³ 的桥浆 55 m³ 和密度为 1.80 g/cm³ 的泥浆 82 m³，喷势继续减弱但无泥浆返出。用 5 台水泥车注快干水泥 180 t，出口喷纯气，火势减弱。用两台 986 水泥车正替清水 14 m³，出口已无喷势，关放喷管线。用水泥车反灌桥浆 19 m³。后经 10 次反注（灌）桥浆 62.22 m³ 堵漏。至 4 月 3 日 8 时关井观察，立压、套压均为零，事故解除。

事故损失时间 254 小时，在压井处理过程中，含硫天然气（含硫 0.379～0.539 g/m³）串到附近煤窑内，致使其中采煤的民工 11 名死亡、1 人烧伤、13 人中毒。

这起事故告诉我们，在勘定井位时，应对诸如煤矿等采掘地下资源的工作场所进行详细了解、标定，并制定详细的、可行的防范措施，以避免出现本井事故的连带事故。

第六章　物探、地调作业施工安全管理

第一节　地球物理勘探概述

地球物理勘探主要包括地震勘探、电法勘探、磁法勘探、重力勘探等,其中地震勘探可分为二维地震勘探和三维地震勘探,电法勘探按电磁场的时间特性可分为直流电法(电阻率法、时间域电法)、交流电法(频率域电法)、过渡过程法(脉冲瞬变场法)。

一、地震勘探

地震勘探,是一种利用地下介质弹性和密度的差异,通过观测和分析大地对人工激发地震波的响应,推断地下岩层的性质和形态的地球物理勘探方法。地震勘探是钻探前勘测石油与天然气资源的重要手段,在煤田和工程地质勘查、区域地质研究和地壳研究等方面也得到广泛应用。

地震勘探原理是:在地表或浅井中以人工方法激发地震波,地震波在向地下传播时遇有介质性质不同的岩层分界面,将发生反射与折射,通过检波器接收这种地震波并对其进行处理和解释,可以推断地下岩层的性质和形态。

产生地震波的人工震源分为炸药震源和非炸药震源(重锤、可控震源、空气枪、蒸汽枪及电火花引爆气体等),其中炸药震源是地震勘探中广泛采用的一种人工震源。

三维地震与二维地震的主要区别是:二维地震勘探测线间距在 1 000 m 以上,可以获得二维空间(长度和深度方向)的地质构造;三维地震勘探测线间距为 20～50 m,可以获得三维的立体图像。

二、电法勘探

电法勘探,是一种根据地壳中各类岩石或矿体的电磁学性质(如导电性、导磁性、介电性)和电化学特性的差异,通过对人工或天然电场、电磁场或电化学场的空间分布规律和时间特性的观测和研究,寻找不同类型有用矿床和查明地质构造及解决地质问题的地球物理勘探方法。电法勘探主要用于寻找金属、非金属矿床,勘查地下水资源和能源,解决某些工程地质及深部地质问题。

电法勘探按场源性质可分为人工场法(主动源法)、天然场法(被动源法);按观测空间可分为航空电法、地面电法、地下电法;按电磁场的时间特性可分为直流电法(时间域电法)、交流电法(频率域电法)、过渡过程法(脉冲瞬变场法);按产生异常电磁场的原因可分为传导类电法、感应类电法;按观测内容可分为纯异常场法、总合场法;等等。

我国常用的电法勘探有电阻率法、充电法、激发极化法、自然电场法、大地电磁测深法和电磁感应法等。

三、矿井物探

矿井物探是矿井地球物理勘探的简称，特指在地下巷道、采场中进行以物性差异为基础，通过观测地下地球物理时空变化规律来解决矿井地质、矿井水文地质、矿井工程地质问题的各种地球物理勘探方法的总称。

矿井物探主要包括矿井直流电法、矿井地震法、矿井无线电波透视法、矿井瞬变电磁法、探地雷达法、放射性测量法和红外线测温法等。

第二节 物探作业的危险因素

物探作业属于野外作业，其危险因素主要包括雷管、炸药等民爆用品的运输、保存和使用，人员密集作业，施工用电，地形地貌以及洪水、雷电特殊天气等。

一、雷管、炸药等民爆用品

地震勘探中使用的雷管、炸药等民爆用品，涉及爆炸物品的购买、运输、储存和爆破作业的施工安全等各个环节。

（一）爆破伤害

爆破作业虽然使用的炸药用量较少，但也存在炸药的领取、使用、放炮和哑炮处理等危险因素，如果不注意安全管理也容易发生伤亡事故。

（二）民爆用品的运输和库管

雷管、炸药等民爆用品在运输中，因车辆防爆性能、车辆状况、驾驶技术以及意外交通事故等，均可能引发爆炸事故；在库管中，因火灾或易燃易爆品管理失控等，也可能引发爆炸事故。

二、人员密集作业

地震勘探作业是一个复杂的施工过程，也是一种人员密集型作业施工项目，项目同时作业的人员多在 100 人以上，这些人员大部分是从事布置检波线和炮线、炮孔施工、领取炸药、炮孔下药到放炮、放线（埋置检波器）等关键工序的外协队伍（农民协议工），其安全素质参差不齐、安全生产意识和技能较差。同时，众多人员分散在工作区的不同位置，特别是在山区、林区作业时，安全风险较多。

三、作业环境

电法、地震等物探作业场所有平原地区，但更多是在山区、戈壁、沙漠和林区，作业条件、地理条件和气象条件等比较恶劣，在矿井井下开展物探作业时又增加了井下作业危险因素。

（一）摔伤或坠崖伤害

在山区施工的物探地勘项目，每天都周而复始地上山作业、收工下山再回到项目部住地。在上下山过程中，可能出现摔伤和坠崖事故，在积雪、悬崖峡谷中及碎石堆积、陡坡孤石等岩石不稳定地段可能发生摔伤、砸伤、掩埋等事故。

（二）火灾

物探作业区域多分布有树草植被,在干燥少雨季节,树草植被干枯易燃,极易发生火险火灾。

（三）淹溺或陷入沼泽地

地震和电法、野外地质调查等项目的作业区域涉及湖泊、水库和水塘等水域,容易发生淹溺事故。在遇风雨天气或能见度低误入沼泽地时,容易形成人身伤亡的事故隐患。夏季进行物探项目作业时,天气炎热,若工作区范围内有水库或河流等水域时,有的职工自负会水而下水游泳,容易引发淹溺事故。

（四）沙漠、戈壁区遭遇暴风雪

沙漠、戈壁地区的气候变化无常且早晚的温差变化大,野外作业遭遇暴风雪时,气温从几度骤降到零下十几度,如果通信和交通中断,极易发生人身伤害事故。

（五）高原缺氧引发疾病

高原地区进行物探作业,由于缺氧而使人容易乏力,对于身体本来就有某些疾病的人容易引发严重疾病,如果抢救不及时也容易出现人身事故。

（六）毒蛇、毒虫叮咬

南方地区多雨潮湿且多有毒蛇、毒虫分布,在森林和山区进行物探作业,容易被毒蛇、毒虫叮咬,作业人员容易受到伤害,特别是被毒蛇咬伤后如不及时医治处理可能有生命危险。

（七）洪水、雷电

夏季进行野外物探作业时,还存在洪水、雷电、泥石流和滑坡等自然危险因素。

四、车辆伤害

野外物探和地调作业都需要交通车辆,但工作区的道路多是城乡公路或乡村土路,道路多是临近沟壑深崖的崎岖山路,行车交通安全隐患较多。租用当地车辆时,如果车辆安全性能和驾驶员驾驶技能较差,也是交通安全的隐患。

五、矿井物探

在煤矿等矿山井下进行物探作业时,除了物探作业本身的危险因素外,井下作业还具有空间狭小以及瓦斯、突水等危险因素。管控措施前文已有叙述,在此不再赘述。

六、作业用电

物探作业使用电源,作业用电的危险因素主要注意以下两个方面:① 如果使用发电机作为电源,存在触电危险;② 地震作业时,放炮线或发射站、接收站与高压线距离不够安全距离,存在线缆搭接触电危险。

七、安全管理方面的缺陷

（1）安全管理工作较差或缺失,未落实安全生产责任制,安全责任没有落实到人,"三违"（违规作业、违章指挥、违反劳动纪律）现象时有发生。

（2）未接受完善的安全教育,安全生产意识、安全生产技能缺乏或较差,导致误操作或应急处置不当。

（3）对交通工具、通信工具、自带仪表、个人防护用品、生活物资储备等缺乏认真检查和准备。

（4）违反野外物探、地调作业基本要求和各种岗位安全操作规程，未正确穿戴和使用劳动防护用品用具，如未按规定戴安全帽，水域作业时不穿救生衣等；野外作业途中单独外出作业，没有人监护；野外施工期间擅自外出打猎、捕鱼、游泳等。

（5）野外工作车辆驾驶员未遵守相关规定，疲劳驾驶、酒后驾驶或超速行驶或违反相关规定擅自将车辆交给他人驾驶等。

第三节　物探野外作业的安全管理

一、野外作业的一般安全要求

（1）野外地质作业人员应正确穿戴和使用好劳动防护用品用具，配备满足实际需要的通信装备并明确联络事宜，具备相应的防护、自救、互救应急基本技能。

（2）每日出发前，应当了解当天的天气情况、行进路线及路况、作业区地形地貌、地表覆盖等情况。

（3）雨季在山谷、河沟、地势低洼地区作业应当做好防洪、防泥石流、防滑坡、防岩体崩塌等工作。雷雨时应注意防雷电，尽量避开山脊、铁塔、峭壁和高树。雨雪刚停时，严禁立即在滑坡、狭隘山道、悬崖、雪坡、山川坡以及其他危险地段作业和行走。

（4）在雪线以上的高原地区从事物探、地调工作，当气温低于−30 ℃时应采取防冻措施或停止作业。

（5）雨雪天施工要注意防路滑，作业人员不要在悬崖峭壁和冲沟的沟边缘行走；在悬崖、陡坡下作业时，应当清除上部浮石；在山坡不能同时上下作业。

（6）在林区、草原地区进行物探、地调作业，应当遵守防火规定，必要时应清除作业现场周围的枯树杂草，并设置防火隔离带。

（7）水上作业应当配备救生工具，救生工具应放在明显、易取处。

（8）严禁擅自外出捕鱼。未经允许，严禁下河、下湖、下水塘洗澡、游泳，以防淹溺。

（9）野外作业途中不论何种情况，都不允许单独外出作业。每天天黑以前，应当按约定时间返回指定营地。

二、安全用电要求

（1）施工现场用电达到"一机、一闸、一漏电保护器"要求。现场照明使用防水灯具，现场电线全部使用电缆。

（2）住地、作业车的电气线路采用胶皮电缆，安装规范，绝缘可靠，入户电线配置有绝缘护套，闸刀保险丝符合规定要求。人离开时应切断电源。

（3）施工现场的电气设施，能触及或接近带电的地方，均应采取可靠的绝缘与屏护或保护安全距离。不让村民及小孩触摸带电设施和电缆。

（4）当导线通过水田、池塘、河沟时，应架空线缆，防止漏电；当导线横过公路时，导线应架空高度 5 m 以上或埋于地下,以防绊断压坏。

(5)发电机、电法仪器等电气设备设施的金属外壳应接地且接地电阻不大于 4 Ω。移动式、手持式用电设备应安装漏电保护器。

(6)禁止在雷电、雨天及阴雨湿度大的天气进行电法作业。

三、仪器设备及数据安全管理要求

(1)仪器设备要正确使用、维护和保养。雨雪天气要做好设备防水、防潮湿等工作,不要摔碰采集站、大线、检波器以及电法、测量设备,不要硬拉大线、检波器串线。

(2)电瓶及尖硬物件(如铁锹、铁镐等)不要和交叉站、采集链大线、检波器、电法设备、测量设备放在一起。

(3)加强对仪器设备的保管和看护。地震勘探野外施工时,其采集站、采集链大线和检波器是物探的贵重设备,施工期间夜间应安排人员集中看管,防止丢失或遭受损坏。

(4)对地震采集链和3‰数量检波器实行每天检测(保养和维护),并把大线、检波器串的结解开,把检波器的尾锥拧紧。

(5)遇雷电时应停止地震和测量作业,收起仪器车的车载天线、测量基站天线,关闭仪器,把仪器和排列断开,把地震所有大线的接头断开,并注意人员安全。预报有雷电但不能收线时,应收起交叉站并把所有的大线的接头断开,防雷电击坏采集站。

(6)每天按规定及时备份地震、电法、测量等数据,并把数据及时传到解译单位,防止存放数据的计算机、硬盘、优盘损坏或丢失。

第四节 地震勘探作业的安全措施

地震勘探作业是一个多工种协作配合的野外勘探作业,其特点是作业现场远离基地、流动性大、危险点源多、作业面广、人员分散、设备(材料)需长途搬迁,作业施工环境包括沙漠、戈壁、水域、沼泽、高原、丘陵、山地、森林等复杂特殊地区,且施工使用的爆炸物品种多、量大,属于多地区、多环节易发生事故的高危作业,具有本章第四节所叙述的物探作业的危险因素,本节主要讲述地震勘探作业现场的一般要求、成孔作业安全技术和爆炸物品安全使用与管理。

一、作业现场的一般安全要求

(1)对作业人员开展安全生产法律法规、作业规程、安全风险因素、应急自救和事故案例教育,提高作业人员安全意识和能力,规范作业人员行为。

(2)根据施工季节和外部环境,在编制生产作业计划的同时,编制安全生产计划,制定安全生产制度和措施,明确全员岗位安全生产责任。

(3)加强设备检查检测,确保地震仪器、爆炸机的爆破系统安全可靠不误触发,发电机等电气设备接地线的接地电阻不大于 4 Ω。在山地等地形复杂地区施工,通信器材应满足地震爆破作业等危大项目施工的安全要求。

(4)加强劳动保护措施的落实,作业人员按规定穿工作服、戴安全帽等劳保用品,高空作业人员必须拴、系好安全带。

（5）施工现场要设置醒目的安全文明施工标牌。在具有较大危险因素的生产经营场所和有关设施设备上，设置明显的安全警示标志。如"当心触电""高压危险、勿靠近"等警示标志牌。地震炸药运输车应有"爆炸物品危险""严禁烟火"等警示标志。

（6）涉及爆破作业、高处作业、临时用电作业等，有关操作人员应取得相应资格能力证书，持证上岗。

二、成孔作业安全技术

（1）地震勘探施工中的成孔、下药、监孔、接炮线等作业要注意安全，尤其是要注意与电线、高压线和地埋电线（电缆）具有安全距离，防止钻杆、井架、钢丝绳、炮线等触及或接近带电线缆。

（2）打完孔提钻杆和下药（埋药）前，应再次确认作业上方没有电线、高压线，并与电线、高压线具备安全距离。

（3）完成一个钻孔或下完炸药后，把人工钻的钻杆卸成小于 2 m 后再移向下一孔位，严禁扛着没有拆卸的钻杆移动行走（长钻杆易碰到电线）。汽车钻机要放倒钻井架移孔，禁止不放倒钻井架直接移动汽车钻机。

（4）汽车钻传送部位要安装防护罩，钻机移位时平台上不能站人，钻机钻架上不能有人，人只能坐驾驶室，以防对人造成伤害。

三、作业现场爆炸物品的安全使用与管理

（一）作业现场爆炸物品的运输、储存与安全管理

（1）爆破物品的运输必须有公安部门颁发的运输许可证，使用专门的运输车辆，采取必要的安全措施后进行运输。

（2）雷管、炸药要分车运输。使用炸药专用运输车时，把雷管放在存放雷管的罐内，炸药放在存放炸药的车厢内，禁止把炸药和雷管都放在存放炸药的车厢内。

（3）装运爆破物品的运输车辆上必须设置醒目的警告标志，配有专人押运。根据预定行进路线行车，严格控制行驶速度并与其他车辆保持一定的安全距离。除非遇有紧急情况，装运爆破物品的运输车辆不得在人群聚集的地方、交叉路口、桥梁附近等处停留。

（4）爆炸物品 15 m 以内不准吸烟、用火，不能使用手机和无线电台。雷管（炸药运输车）要远离变压器、高压线、仪器车电台、爆炸机、移动通信发射塔、电法仪器和发电机等。

（5）爆破物品应按计划进行采购和使用，一次爆破所需的爆破物品应由专人按所需的数量在库房领用。爆破完毕后，若因某些原因爆破物品有剩余时应在现场进行处理，及时将雷管与炸药分离或装入孔中销毁。不得将爆破物品违法带出作业现场。

（6）因特殊原因，经公安机关允许后方可建立和使用爆破物品专用库房。在专用库房中，炸药和雷管应分开存放。库房应设专人保管，库房内必须保持清洁、干燥和通风良好，库房内严格禁止烟火。

（7）所有爆破物品的进出发放均应使用专用记录本登记在册。发放和使用爆炸物品时，应确保炸药和雷管的距离不小于 10 m，禁止把炸药和雷管放置在一起。

（8）不要摔碰硝铵炸药，禁止用铁器、石块等砸击硝铵炸药。

（二）领取及使用爆炸物品的安全管理

（1）严禁涉爆人员在分发爆炸物品时携带有电磁辐射、射频辐射的仪器仪表和手机、对讲机等通信工具。

（2）爆破作业单位应当如实记载领取、发放民用爆炸物品的品种、数量、编号以及领取、发放人员姓名。爆破作业单位应当将领取、发放民用爆炸物品的原始记录保存 2 年备查。

（3）对照领取爆炸物品人员的身份证复印件上照片、姓名，领取爆炸物品人员应签名，禁止代签名。

（4）按有关规定使用爆炸物品，相关环节要每天进行三对账，保证账物相符，严禁丢失雷管、炸药，不漏放炮，按规定对哑炮进行有效的安全方式处理。

（5）成孔监孔人（埋药监孔人）负责让下药人员把该孔的炸药和雷管如数下到孔底（测量下药深度），炸药下井后应进行闷井并轻提炮线以检查炸药是否上浮，在井口条上写清写对炮线号、桩号、药量、雷管数和孔深。监孔人在孔口条上、票据本上签名。

（6）炮孔与电线、高压线具备安全距离但还较近时，应尽可能打深炮孔并把孔内的水抽干，用干土填实并把炮线压好，防止放炮时喷出的泥水和炮线等触及电线和高压线上。接线员、放炮员在放炮前要检查采取的措施是否有效。

（7）测试雷管时一次只能测试单发裸雷管并要求无关人员处在安全位置。禁止在雷管下到炸药柱后进行雷管测试。雷管、炸药下到孔中后，下药深度小于 8 m 时禁止进行雷管测试；下药深度大于等于 8 m 时，人员离开炮孔 30 m 外方可测试雷管。

（8）放炮人员核对炮线号、桩号，报对井口条上的炮线号、桩号、药量、雷管数、下药孔深，不漏放炮。如实填写放炮班报并保存，放炮员、接线员在放炮班报上签名。

（三）放炮施工安全技术

（1）地震勘探野外生产作业人员都必须持证上岗，从事爆破、电工操作等特殊作业工种的人员还应持特种作业证上岗。新爆破工必须在具有一年以上工作经验的熟练爆破工的指导下，经过三个月以上实习后才能独立开展工作。爆破工还必须熟练地掌握地震勘探规程对爆破工作的要求。

（2）爆炸控制站应选在炮孔上风、视线良好的位置，炮点与爆炸机之间应避开输电线路，爆炸机距炮孔保持安全距离。不准用爆炸机以外的电源放炮，严禁用双套及以上炮线放炮。

（3）爆破时，必须确定危险边界并设置明显的标志或岗哨，每个岗哨应处于邻岗哨视线范围内，现场作业人员均应戴好安全帽，危险边界之内的人员和设备应提前组织撤离，且危险边界内所有道路均应处于监视之下。从爆破孔开始装药之后，严禁与爆破无关的人员进入危险边界内。在通航水域进行水下爆破时，还应报告有关港监和公安部门。

（4）禁止下药前把雷管塞到炸药药柱内，下药时才能把雷管塞到炸药药柱内。下药时手机、对讲机等通信工具距下药炮孔至少 15 m。安排人员看管好下药的钻孔，当天下药后的钻孔因故不能放完时，晚上要派人看管。

（5）接线员、放炮员应检查炮孔周围有无电线、高压线及其他重要设施，检查炸药是否上浮，确认无误后，方准将炮线拉至爆炸站，并做好炮孔附近的警戒工作，警戒时应吹哨，同时用手旗发出信号。

（6）非作业需要，放炮员、接线员要与炮孔保持安全距离并戴好安全帽，防止仪器、爆炸机的误触发。

（7）下药时用木棍、竹棍向孔内轻推硝铵炸药,防止硝铵炸药遇热爆炸。下(埋)药、排炮等过程中禁止携带有电磁辐射、射频辐射的仪器仪表和手机、对讲机等通信工具。线班、测量人员应使其手机、对讲机及其他有电磁辐射的设备距爆炸物品不小于 15 m。

（8）严格遵守不同深度炮孔下药药量的有关规定。下药药量依据炮孔深确定,即炮孔为深孔时单孔药量小于 3 kg,较深孔时单孔药量小于 2 kg,浅孔时单孔药量小于 1 kg,坑中放炮时单孔药量小于 0.5 kg。

（9）放炮时,爆破员和接线员与炮孔之间必须保证安全距离,其安全距离依据钻孔类型及炮孔下药深度确定。下药井深为地表到炸药药柱顶的距离。

① 水钻(洛阳铲)孔下药井深大于 8 m 时,风钻的基岩孔下药井深大于 2.5 m 时,人员离开炮孔应不小于 30 m。

② 水钻(洛阳铲)孔下药井深为 3～8 m 时,风钻的基岩孔下药井深为 2～2.5 m 时,人员离开炮孔不小于 60 m。

③ 地面炮、坑炮和水钻(洛阳铲)孔下药井深小于 3 m 时,风钻的基岩孔下药井深小于 2 m 时,人员离开炮孔不小于 100 m。

（10）放炮时,爆破员应始终监视炮孔周围情况,发现异常情况应立即采取措施,取下炮线并通知仪器停止放炮。由于地形限制,爆破员观察不到炮点情况时,应派人站在两方都能看到的位置,用旗语传递信号,不得用口语代替旗语。

（11）起爆后应检查有无哑炮。如无哑炮,从最后一响算起,经 5～10 min 后才准许进入爆破地点进行检查;若不能确认有无哑炮,应经 10～20 min 后才准许进入爆破地点进行检查。

（12）遇哑炮时,应先将爆炸线拆离爆炸机并将其短路,然后查明原因,再到炮孔口检查处理。处理哑炮时,先断开与爆炸机连接的炮线,再用正确处理哑炮的方法进行安全处理。

（13）有雷电时,应做好爆炸物品防雷电工作,停止放炮等涉爆作业,人员和车辆距离已下(埋)药炮孔保持安全距离。

（14）在水域放炮时,爆炸作业船距爆炸点的安全距离不得小于 50 m,并禁止使用导火索起爆。

（15）按国家标准《地震勘探爆炸安全规程》(GB 12950—1991)作业。

第五节 电法作业的安全措施

一、电法施工的一般安全措施

电法野外作业人员应具有安全用电知识并取得电工证,熟练掌握本岗位的操作技术,新参加施工的人员经培训合格后才能参加野外工作,变换工作人员要重新进行岗位操作技术培训。

（1）掌握基本的安全用电知识和岗位操作技术,要做到制度严明、口令一致。严格按操作员的通知进行供电和停电,没有接到发电机操作员或发射机操作员命令,任何人不得断、接插头或收线,以防触电事故。

（2）放线、收线和处理供电故障时严禁供电。在未确认停止供电时，不得触及导线接头。

（3）发送线框附近要设置明显的"高压危险"标志。大线接头处严禁接地，大线破损处必须使用防水绝缘胶带包好，以防接地漏电。非工作人员特别是注意村民和小孩不能触摸电瓶及接线头，以防电伤人，必要时派专人看管。

（4）严禁在高压线下布设发射站和接收站，导线通过高压输电线的地段要注意防止触电事故。在民用供电线下作业应避免导线触及裸露供电线。

（5）野外施工注意电线、高压线、地埋电线。阴雨潮湿天气时，应注意带电电器设备表面、电线杆拉线可能导电。

（6）当导线通过水田、池塘、河沟时应予架空防止漏电，当导线横过公路时应架空（架高5 m以上）或埋于地下以防绊断压坏。架空的导线应拉紧，防止随风摆动。

（7）过沟谷作业时严禁拉线，以防与电线、高压线搭并。

（8）禁止在雷电及湿度大的雨天进行电法作业。遇雷雨天气或远方有闪电雷鸣时，电法作业立即停止施工并断开所有接头后收线。

（9）电法和地震在同一区块施工时，应使手机、对讲机和带电的仪器设备等离开炸药、雷管至少15 m，并与已埋药炮孔保持安全距离。

二、高电压、大电流供电的防触电措施

用发电机高电压、大电流供电时，除遵守电法施工防触电伤害要求外，还必须按下列要求进行施工。

（1）必须做到制度严明，口令一致，严格按操作员的通知供电和停电。发电机接好接地线，发电机上有"高压危险勿靠近"警示牌，供电作业人员必须使用绝缘防护用品。

（2）在有车辆行驶的路面铺设过路带，巡线员要时刻注意不让村民及小孩触摸发电机和接线头。在有人欲强行破坏大线时，应提前告诉发射机管理员并及时关闭电源。

（3）在视线不好和人多的地方要有"电缆有电危险""高压危险""有电勿触摸"等警示牌，巡线员要带好对讲机和喇叭，保证能与发射机管理员保持畅通联系，用喇叭能喊到巡线范围内的人员。

第六节　特殊区域作业的安全措施

一、沙漠、荒漠区作业的安全措施

（1）应配备宽边遮阳帽、护目镜、指南针、防晒用品和消毒药品等。

（2）进入沙漠、荒漠地区工作前，首先应当了解该地区现有水井、泉水及其他饮用水源的分布情况；其次，应当备有足够的饮用水并合理饮用，出发前、归营后多饮水，作业和行进中少饮水。不得饮用新发现水源的水和没有烧开、消毒的水。

（3）作业人员应当掌握沙尘暴来临时的防护措施。发生沙尘暴时，作业人员应聚集在背风处坐下，蒙头戴护目镜或者把头低到膝部。

（4）作业过程中应随时利用路口、小路、井、泉等主要标志和居民点确定自己的位置。

应熟知沙漠海市蜃楼景观的有关知识。

（5）野外作业时间最好选在清晨或傍晚，气温在 38 ℃以上且没有降温设施和措施的情况下应停止作业。

二、山区、林区作业的安全措施

（1）严格遵守山区（林区）防火规定，禁止吸烟，禁止野外用火，同时还要注意因自然原因引发的火灾。

（2）进入林区应穿戴好防护服装，配备必要的砍伐工具，防止毒蛇、毒虫等叮咬。

（3）每日出发前应了解气候、行进路线及路况、作业区地形地貌、地表覆盖等情况，配备登山装备。遇大雾、大雨、雷电来临等情况，应停止作业并采取相应保护措施。

（4）作业人员应掌握在陡坡、悬崖、峭壁、冰川、雪地等危险地段的行走、自救及互救知识。两人以上行走距离应在视线之内。上下陡坡、悬崖、峭壁，应当采取长距离的"Z"字形路线行进。在大于 30°的坡道或悬崖峭壁上作业，应当使用带有保险绳的安全带，保险绳一端应固定牢固。

（5）当作业区临近区域出现火灾预兆时，应及时报火警，迅速寻找并撤离到空旷地带、河边等安全地点，或者开辟不少于 5 m 的防火隔离带。

三、高原地区作业的安全措施

（1）进入高原地区工作前应进行身体检查，身体不适合高原工作的人员禁止进入高原。

（2）进入高原地区应多食用高糖、多维生素和易消化的食品。饮食应当适宜，禁止饮酒，注意保暖，防止受凉和上呼吸道感染。睡眠充足，睡觉时枕头宜高。

（3）初入高原地区应避免剧烈活动，日海拔升高一般应不超过 1 000 m，要逐级上升，阶梯适应。乘车上、下山途中应当分段停留，嘴应尽量作咀嚼吞咽的动作，以平衡体内外气压。

（4）在雪线以上高原地区作业，应当配备防冻装备及药品，在温度低于 −30 ℃时应采取防冻措施或停止作业。

（5）夏季光照强烈时，应防止中暑、高原性唇炎和日光性皮炎发生。

四、沼泽地区作业的安全措施

（1）进入沼泽地区作业，应头戴黑色绢网，手戴皮手套，扎紧工作服袖口和裤脚，预防毒虫叮咬。同时应配备救生用品用具，如长而结实的木棍或竹竿等。

（2）查清地貌和植被，标识已知危险区后再作业。应当集体统一行动，并由经验丰富的人引路。能见度不足时，禁止进入沼泽地区。

（3）用结实工具支撑身体和探测沼泽深度。脚踏实地，严禁跳窜，遇泥潭沼泽严禁脚跟脚行走。

（4）用树枝、竹竿、木板等铺成道路通过危险区域。陷入沼泽应当横握手中木棍、竹竿，或者抱住湿草保持冷静，不惊恐乱动。救护者应当站在稳定的地方，通过木棍、竹竿、绳索等救出遇险者。

（5）每日结束工作返回营地后应及时做好皮肤卫生保健，防止皮肤溃烂。

五、水面或水系发育地区作业的安全措施

（1）选择船只应当满足安全要求并定期对水上救生装备进行浮力检验。作业船锚绳固定地点，应当配备专用太平斧。人与物资在船上应当平均分置，严禁人员坐在船舷上渡过激流险滩。

（2）在作业水域应当设置防浪船或防浪排。恶劣天气（如暴风雨、飓风）来临时应当停止作业，人员离船上岸。

（3）在水深 0.7 m 以内、流速小于 3 m/s 或者水深 0.5 m 以内、流速 3 m/s 需要涉水过河时，应当采取保护措施。通过流速快、河水深的河流时，应当架设临时过河设施。

（4）涉水过河时应当穿鞋，以免河底砾石等划破脚。另外要手持木棍，既可探路又有利于保持平衡。如果河底是淤泥，应先用竹棍探清淤泥深度后再通过。

六、岩溶地区及老窿地区作业的安全措施

（1）调查旧坑（旧矿老井、老窿、竖井、探井、探槽等），应当先检测有毒有害气体，再进行支护和通风。检测时应当佩戴防毒面具，用手电筒或矿灯照明，禁止使用火把或露焰灯。

（2）在垂直、陡斜的旧井壁上取样，应当设置升降工作台或吊桶等装置，作业人员应在工作台或吊桶内作业。

（3）探测洞穴，应当携带电筒、灯、绳索、指南针等。勘测地下水、地下湖，应当配备橡皮艇、救生圈等。洞口必须留有人员看守，有情况时及时通知洞内人员撤离。

（4）进洞前留意是否有动物活动痕迹，谨防虫蛇咬伤。进入洞穴时戴头灯，手腾出来做别的事。作业人员彼此间应当系牢结绳。行进中应当沿途沿壁、交叉口处画上明显记号、编号、箭头，标明路径。

（5）严禁在顶板和侧壁上敲打，严禁在洞内奔跑，发现洞顶有松动现象，应当立即退出。

七、特种矿产地区作业的安全措施

（1）在放射性异常地区作业，应进行辐射强度和铀、镭、钍、氡浓度检测，采取防护措施。

（2）放射性异常矿体露头取样应佩戴防护手套和口罩，尽量减少取样作业时间。井下作业应佩戴个人剂量计，限制作业时间。

（3）放射性标本、样品应及时放入矿样袋，按规定地点存放、处理。

（4）气体矿产取样，应佩戴过滤式防毒面具。地下高温热水取样应采取防护措施。

（5）进入矿山尾矿库时，应预先了解有关尾矿库情况，并采取相应安全措施，防止工作人员陷入尾矿库。行进小组应有 2 人以上。

第七节　地质测量与地质调查作业的安全措施

一、野外地质测量的安全措施

（1）架设 GPS 参考站时天线要牢固，远离高压线。

（2）测量人员要特别注意电线、高压线、地埋电线（电缆），不要让设备（测量的测杆）接

触电线、高压线、地埋电线和电缆。阴雨(雪)潮湿天气时,注意电线杆的拉线也易导电。

(3)测量作业与地震勘探在同一区施工,对讲机、手机、测量基站必须离开炸药、雷管至少15 m,与已埋药炮孔保持安全距离。

(4)测量作业与电法勘探在同一区施工,注意不让施工人员触摸发电机和大线的接头,防触电伤人。

(5)雷电时必须停止测量作业,收起GPS参考站的天线,及时关闭自己携带的移动电话、GPS手持机、无线对讲机等无线电发射和接收装置。

二、野外地质调查的安全措施

(1)野外地质调查作业从业人员应当进行体检,确认身体合格后方可从事野外地质工作。身体条件满足要求,才许进入高山、高原低气压地区进行野外地质工作。

(2)地质调查项目从业人员应当配备满足实际需要的通信装备并明确联络事宜,应当具备相应的防护、自救、互救应急基本技能。

(3)注意收听天气预报,每日出发前应当了解当天的天气情况、行进路线及路况、作业区的地形地貌、地表覆盖等情况。

(4)进入危险地区从事地质调查工作,应由有经验的人员带领并制定安全保障措施。水上作业,应当配备救生工具,救生工具应放在明显、易取处。

(5)在悬崖、陡坡下作业时,应当清除上部浮石。在山坡上不能同时上下作业。

(6)在雪线以上高原地区从事地质调查工作,当气温低于-30 ℃时应采取防冻措施或停止作业。

(7)与地震、电法在同一地区作业时,应了解有关爆炸物品注意事项和电法防触电注意事项。

第七章　建筑基础工程施工安全管理

第一节　建筑基础工程安全管理概述

建筑工程施工,包括基础工程施工、房屋建筑施工和配套工程施工等。基础工程施工是建筑工程施工的重要部分,是建筑工程施工的前期工程。基础工程施工主要包括工程地质勘查、桩基施工、槽沟开挖、基坑施工、护坡及降水施工等,其施工过程极其复杂,危险源众多,容易发生生产安全问题。因此,要保证基础工程施工的安全,必须了解其施工特点和危险因素,提高管理人员和施工操作人员的安全意识和能力,建立完善的安全管理体系,加强施工过程的安全管理。

一、建筑基础工程施工特点

(1) 工作量大,施工期短。施工设备设施较多,但施工场地有限甚至很狭小。基坑开挖、基坑支护作业时是多工种交叉和人、机混合作业,生产安全隐患较多。

(2) 基础工程施工露天作业受雨、雪天气等自然条件的影响较大,泥、水场地不易干燥。桩基础施工时,成孔、灌注设备移动频繁,施工产生大量的岩土钻渣,使得施工场地安全管理难度加大。

(3) 桩基础、锚索施工时,与地下原有的各类线缆、管道纵横交错,存在对各类线缆、管道保护的难题。

(4) 随着高层建筑的增多,深基坑工程也越来越多,特别是处于闹市区的深大基坑,边坡稳定支护、周边构(建)筑物沉降等安全隐患问题也越加突出。

二、建筑基础工程施工危险因素分析

(一) 建筑基础工程施工危险因素分析

建筑基础工程施工类型繁多,其危险因素和程度也因不同的施工类型、不同的施工地区、不同的岩土地质条件、不同的基坑深度而不尽相同。归纳起来,建筑基础工程施工主要危险因素有以下三个方面。

(1) 人身伤害的危险因素。基础工程施工存在着机械伤害、触电、火灾、坍塌、高处坠落、车辆伤害等危险因素,加之交叉作业、流水作业、设备多、人员多以及员工安全意识和技能高低不均、安全管理存在缺陷,使得施工时人身伤亡生产安全事故时有发生。

(2) 沉降变形的危险因素。深基坑施工时,由于设计问题和施工质量问题引发基坑变形和周边构(建)筑物沉降变形、开裂甚至倒塌的安全事故时有发生,给生命财产构成很大威

胁。深基坑工程安全管理是基础工程安全生产管理的重中之重。

（3）线缆和管道破损的危险因素。在进行桩基、锚索、基础开挖时，由于资料收集不全不准、设计问题和施工质量等问题，使得地下原有的线缆和管道受到破损。

（二）建筑基础工程安全管理缺陷因素分析

建筑基础工程安全管理，受法律法规、技术规范、政府监管特别是承包方安全管理能力、施工队伍安全施工能力、从业人员的数量及安全意识技能、安全设备设施等因素影响，使得建筑基础工程安全管理不同程度地呈现以下几个方面的缺陷。

1. 施工管理和监督管理的体系能力有待加强

目前，我国建筑业虽已形成了"总承包企业—专业分包企业—劳务企业"的三级格局，但以总承包为龙头、专业承包为依托、劳务分包为基础的金字塔资质体系尚未形成。部分地区的建筑市场较为混乱，资质挂靠和违法违规转包、分包现象时有出现，分包商的资信、安全管理、施工管理、技术管理的水平良莠不齐，施工中偷工减料、以次充好的现象屡有发生，专业监理能力和政府监管力度都有待加强。

2. 施工人员安全意识比较淡薄

人的因素，主要指领导者的安全观念、操作人员的安全意识和安全操作水平。人是工程施工的主体，安全生产涉及参加项目施工所有的领导人员、管理人员和操作人员，他们是影响安全生产的决定因素。在基础工程施工中，往往存在着领导者对安全投入不到位、建章立制不重视的情形，存在着管理人员业务知识不全面、危险因素辨识与管控不开展和过程管理不严格的情形，存在着操作人员安全意识不强、作业操作不规范不安全、"三违"时有发生的情形，因此所引起的安全事故是屡见不鲜的。

3. 材料质量及施工机械性能不合格

（1）材料质量是工程施工的物质条件和安全基础，一些承包商或施工单位为追求利益最大化，存在着不按安全技术规范所要求的品种、规格、技术参数采购相关的成品或半成品的情形。一些监理人员对进场材料核准把关不严，该复试的不复试，工程施工中使用了不合格的假冒、伪劣产品，从而留下了安全隐患。

（2）施工机械是开展工程施工的重要保障，其性能对安全生产影响很大。一些施工单位投入的机械设备性能不可靠、不充足，机械设备安装不规范、不合格，重使用轻管理、维护保养不到位，导致机械设备带病作业，从而留下了安全隐患。

4. 违反安全操作规程

施工工法，是指在工程项目建设中所采取的技术方案、组织措施、保障措施和应急处置措施。施工中不遵守、不执行工法要求的情形屡见不鲜，如非操作工擅自操作机械，造成机毁人亡；非持证电工乱接电路，不安装漏电开关，发生漏电事故时造成触电身亡；违规带电操作，造成触电身亡；为抢工程进度，擅自改变工艺流程，工程质量得不到保证，造成生产安全事故；强令作业工人连续疲劳超负荷作业，造成工人操作时因精力不集中而误操作或坠落，酿成生产安全事故。

第二节　人身安全危险因素及其预防措施

对基础工程施工现场进行危险因素辨识与分析是安全管理工作中非常重要的环节，基础工程施工的主要危险因素有机械伤害、触电、火灾、坍塌、物体打击、车辆伤害等。危险因素辨识与分析应参考《建筑施工安全检查标准》(JGJ 59—2011)进行,通过辨识分析找到安全管理的重点,制定安全管控措施,预防各类事故的发生。

一、触电及其预防措施

(一)触电

触电,是指作业人员直接或间接接触(靠近)带电物体时对人造成的电击或电弧灼伤,多发生在电气设备(设施)或配电线路使用、维修、停送电以及电工、焊工作业等。

造成触电的主要原因有:带电设备(设施)或电缆线老化、破皮,使用不合格的电动工具,用电设备(设施)或电缆线路未安装或安装不合格的漏电保护装置,起吊或灌注作业过程中金属物体撞到没有防护的外电高压线路或遇雷击等。

(二)预防触电措施

施工用电应符合现行国家标准《建设工程施工现场供用电安全规范》(GB 50194—2014)和建筑工业行业标准《施工现场临时用电安全技术规范》(JGJ 46—2005)的规定。施工用电预防触电措施主要包括外电防护、接地和接零保护系统、配电线路、配电箱和开关箱,一般项目应包括配电室和配电装置、现场照明、用电档案等管理工作。

1. 外电防护

(1)外电线路与在建工程和脚手架、起重机械、场内机动车道以及各类桩工机械架体、吊车臂、商品砼泵车输送管和吊起钢筋笼外侧边缘的安全距离应符合规范要求。安全距离不符合规范要求时,必须采取绝缘隔离防护措施,并应悬挂明显的警示标志;或采取停电、迁移外电线路、改变桩位与施工方案等安全防护措施。

(2)防护设施与外电线路的安全距离应符合规范要求,并应坚固稳定。

(3)外电架空线路正下方不得进行施工、建造临时设施或堆放材料物品。

2. 接地和接零保护系统

(1)施工现场专用的电源中性点直接接地的低压配电系统应采用 TN-S 接零保护系统,不得同时采用两种保护系统。

(2)保护零线应由工作接地线、总配电箱电源侧零线或总漏电保护器电源零线处引出,电气设备的金属外壳必须与保护零线连接。

(3)保护零线应单独敷设,线路上严禁装设开关或熔断器,严禁通过工作电流,保护零线应采用绝缘导线,规格和颜色标记应符合规范要求。

(4)工作接地电阻不得大于 4 Ω,重复接地电阻不得大于 10 Ω。

(5)施工现场起重机、物料提升机、施工升降机、脚手架应按规范要求采取防雷措施。防雷装置的冲击接地电阻值不得大于 30 Ω。作防雷接地机械上的电气设备,保护零线必须同时做重复接地。

3. 配电线路

(1)选用有认证、合格安全标志正规厂家生产的五芯绝缘电缆线,严禁使用破损、老化及性能不合格的电缆线。线路和接头应保证机械强度和绝缘强度,电缆线接头部分宜适当架空;线路应设短路、过载保护,导线截面应满足线路负荷电流。

(2)线路的设施、材料及相序排列、挡距、与邻近线路或固定物的距离应符合规范要求。

（3）电缆线路应采用架空或埋地敷设并应符合规范要求,严禁沿地面明设或沿脚手架、树木等敷设,严禁电线电缆乱接乱拉及浸埋在泥浆中,严禁电线电缆直接从未施工的桩孔上通过。电缆中必须包含全部工作芯线和用作保护零线的芯线,并应按规定接用。

（4）室内非埋地明敷主干线距地面高度不得小于 2.5 m。

4. 配电箱和开关箱

（1）施工现场配电系统应采用三级配电（总配电箱、分配电箱、开关箱）、二级漏电（总配电箱与开关箱）保护系统。用电设备必须有各自专用的开关箱,做到"一箱、一机、一闸、一漏"。箱体结构、箱内电器设置及使用应符合规范要求。

（2）总配电箱与开关箱应安装漏电保护器,漏电保护器参数应匹配并灵敏可靠。配电箱必须分设工作零线端子板和保护零线端子板,保护零线、工作零线必须通过各自的端子板连接。

（3）箱体应设置系统接线图和分路标记,并应有门、锁及防雨、防尘措施;箱体安装位置、高度及周边通道应符合规范要求。

（4）总配电箱位置应靠近负荷中心,分配电箱应设置于负荷相对集中的区域,分配电箱与开关箱间的距离宜小于 30 m,开关箱与其所控制的固定用电设备间的距离宜小于 3 m。

（5）配电箱和开关箱内所用电器,必须选用经过安全认证正规厂家生产的三证齐全的合格产品。

（6）开关箱内选用的漏电保护器的额定漏电动作电流一般应小于 30 mA,在人工挖孔桩、手持电动工具、露天、潮湿、腐蚀环境下必须选用防溅型漏电保护器,选用额定漏电动作电流应小于 15 mA,以上情况下选用漏电保护器的额定漏电动作时间不应大于 0.1 s,末端漏电保护器均应装在桩工机械专用开关箱内或移动开关箱内。每天上班前都要对漏电保护器进行安全性能试跳,试跳不灵敏时立即更换。

5. 配电室和配电装置

（1）配电室的建筑耐火等级不应低于三级,配电室应配置适用于电气火灾的灭火器材。

（2）配电室、配电装置的布设应符合规范要求;配电装置中的仪表、电器元件设置应符合规范要求。

（3）备用发电机组应与外电线路进行连锁。

（4）配电室应设置警示标志、工地供电平面图和系统图;配电室应采取防止风雨和小动物侵入的措施。

6. 现场照明

（1）照明用电应与动力用电分设,临时照明应采用绝缘导线,照明线路和相线必须经过开关才能进入照明器,严禁直接进入照明器。照明每个开关箱或用电器应装设漏电保护器。

（2）照明变压器应采用双绕组安全隔离变压器;特殊场所和手持照明灯应采用安全电压供电。在潮湿和易触及带电体场所应使用 24 V 安全电压照明;在特别潮湿场所和人工挖孔桩孔内照明应使用 12 V 安全电压。

（3）灯具金属外壳应接保护零线;灯具与地面、易燃物间的距离应符合规范要求,室外灯具距地面不得低于 3 m,室内灯具距地面不得低于 2.5 m。

（4）施工现场应按规范要求配备应急照明。

7. 避雷装置

塔架等高度较大的桩工机械在雷雨季节施工时应安装避雷装置。

二、物体打击及其预防措施

（一）物体打击

常见的物体打击人体方式有：桩工机械正常运转、修理或起吊物体作业过程中的高处落物；运动中的部件脱落飞出；灌注砼作业过程中导管跑钻时的抢插作业；基坑周边落物；桩机天车、水龙头等坠落。发生物体打击的主要原因是机械设备带病作业，控制和保护系统失灵，违章指挥、违规作业、违反操作规程或操作失误，作业人员未按规定穿戴劳动防护用品等。

（二）预防物体打击的措施

（1）对进场施工的所有施工机械进行入场检查和定期检查、保养和维护，特别是必须确保运动部件安全可靠、性能良好。

（2）在高处修理机械设备和起吊重物时，下面严禁有人工作、停留和通过，地面人员必须站在安全距离以外。

（3）两人以上合抬机具重物时，应有人指挥、行动一致，进出道路上无明显障碍物影响。

（4）基坑支护周边 2 m 范围内保持清洁，严禁堆放弃土、砖、机具、钢材与杂物等。

（5）任何人都不准从高处向有人或有人经过的地方抛掷物料，工具物料要放置牢固，以防坠落伤人。

三、机械伤害及其预防措施

（一）机械伤害

常见的机械伤害方式有：机械设备外露转动（运动）部位未安装防护装置或防护装置损坏失效，对作业人员引起的卷、绞、碾伤害；手持工具（如锤、镐、锹等）对人造成的砸、碰伤害；各类切割机对人造成的切割伤害；活动中的机械（如挖掘机）对人造成的碰、撞、碾压，或倾覆对人所造成的伤害事故等。

（二）预防机械伤害的措施

（1）深基坑支护工程施工中所有桩工机械、空压机、注浆泵等机械设备的外露传动轴、转动轴、齿轮、皮带轮、皮带等，凡是人体能触摸的地方都必须安装防护罩（栏）予以封闭，防护罩必须有足够的强度和刚度，安装必须牢固可靠。对可移式防护罩要用锁卡装置锁紧，以防松动。严禁人员站在防护罩上或坐在防护罩上进行操作。

（2）作业人员按规定正确佩戴劳动防护用品，操作人员严格遵守安全操作规程，正确把握和操作手持工具，做到"三不伤害"。

（3）吊车、挖掘机等作业时，其作业半径范围内严禁人员站立、走动或作业，应有专人指挥。

四、高处坠落及其预防措施

（一）高处坠落

常见的高处坠落方式有：在高度大于等于 2 m 的塔架上或平台上作业未系安全带或工

作台存在缺陷时,易发生坠落;在无防护栏杆、扶手等安全设施的深度大于等于2 m的基坑周边行走或作业时,易发生坠落;口径较大的桩孔孔口无盖板、无警示标识、夜间照明不足时,易掉落孔内发生坠落事故。

(二)预防高处坠落的措施

(1)在大于等于2 m高处作业时必须系好安全带,戴好安全帽,站在牢靠稳固的工作台上作业。安全带应垂直悬挂、高挂低用,并要求做到挂点牢固可靠。在高度为1.5～2.0 m的准高处进行作业或行走时,也应采取有效的安全防护措施,防止人员坠落滑倒受伤。

(2)当基坑开挖深度超过2 m时,基坑周边和上下走道必须安装高度不低于1.2 m的二道防护栏杆。

(3)桩工机架上操作平台防护栏杆内不准两人以上同时作业,严禁作业人员在平台上休息。

(4)严禁在六级及以上强风或大雨、雪、雾天从事露天高处作业。

五、坍塌及其预防措施

(一)坍塌

建筑基础工程施工发生坍塌主要形式有:基坑开挖过程中由于支护结构位移变形或漏水漏砂造成基坑坍塌,造成人身伤害或对周边临近构(建)筑物、交通道路、地下管线造成破坏;人工挖桩或桩孔浅部遇障碍物时孔壁坍塌,造成人身伤害等。造成坍塌的主要原因有:

(1)基坑支护结构(方案)设计不合理,施工质量未达设计要求,未按规定对称分层开挖,堵漏不及时,雨季施工时基坑排水不及时。

(2)桩基础施工由于孔壁维护不好或遇到地下溶洞等原因,极易发生桩孔孔壁垮塌,引发孔口塌陷、机具埋卡、护筒歪斜或坠落、设备倾斜甚至倾翻等。

(3)人工挖桩或桩孔浅部遇障碍物时,由于孔壁不稳,或地下水位较高而无有效降水措施,引发孔壁坍塌和人员伤亡。

(二)预防坍塌的措施

(1)深基坑支护工程的支护设计(方案)必须由有设计资质的单位设计,并通过专家组安全评审签认后方可施工。

(2)深基坑周边2 m内不准堆放土方和建筑材料,2 m外堆土高度不得超过1.5 m且不超过设计荷载值,严禁重型车辆在基坑周边行驶。

(3)深基坑开挖施工时,项目部实行24小时值班,时刻注意开挖过程中基坑的位移变形和漏水漏砂情况。若开挖过程中遇到轻微漏水漏砂时,必须及时用水泥、棉絮、海带、草包装黏土等进行堵漏,并插滤网导流管,防止漏失增大。

(4)开挖必须遵循"自上而下,先撑后挖,分层对称开挖,严禁超挖"的原则。深基坑开挖应连续施工,尽量减少无支护暴露时间,尽可能避开雨季施工,如果不能避开雨季开挖时,现场应配备足够的抽排水设备,及时抽排因下雨流入基坑内的积水。

(5)土方开挖过程中,挖斗严禁碰撞立柱桩、降水井和支撑体系,机械开挖到基坑底标高前留有0.2～0.3 m厚的土层,由人工挖掘修整,保证土体的原状结构。

(6)钻孔桩、深层搅拌桩和高压旋喷桩施工在浅部遇障碍物需要用人工清理,当孔深大于1.5 m时,必须下入钢护筒、钢筋笼等进行护壁。

（7）深基坑开挖时,现场应配备2～3台高压旋喷或压密注浆设备。当发现漏水或漏砂严重时必须停止开挖,迅速采用压密注浆方法在漏水或漏砂处进行快速注水泥和水玻璃进行止水堵漏,防止事态进一步扩大,确保基坑安全。

（8）按规定要求定期对基坑周围构(建)筑物等设施进行位移观测,发现位移波动大时必须加密观测,位移超限应立即采取补救措施。

六、车辆伤害及其预防措施

（一）车辆伤害

常见的车辆伤害形式有:由于各类车辆进出场或在场内行驶速度过快、驾驶员违章驾驶或疲劳作业、违章指挥、车辆机械故障、道路缺陷、夜间照明不良等,对人造成撞、挤、砸、碾压等伤害。

（二）预防车辆伤害的措施

（1）所有进入场内机动车辆必须定期检查和维护保养,保持性能良好,驾驶人员必须持有与所驾驶车辆相符的有效驾驶证照,严禁违章驾驶、疲劳驾驶、酒后驾驶、无证驾驶。

（2）进出现场大门应设专人检查车辆情况,场内装卸设备、材料、土方和倒车时应设有专人负责指挥。任何车辆在场内行驶或移动设备材料时,行驶速度不得超过5 km/h。

（3）运出场的设备、材料和土方车辆,应做到物品装车牢靠,严禁超高超宽超重,检查合格后方可出场。

七、火灾及其预防措施

（一）火灾

常见的火灾形式有:由于电气设备或线缆超负载使用、破损、老化、短路等原因造成电器火灾;氧气、乙炔、液化气以及油料、木材、橡胶塑料制品等易燃易爆品,由于储存、使用、作业不当等引起的火灾。

（二）防火的消防措施

（1）所有电气设备不得超负载使用。定期检查电气设备和电缆线路,发现损坏或老化破皮时应及时修理更换。

（2）现场宿舍、仓库、食堂、发电机房等场所应配备数量足够、类型相适的灭火器材。

（3）乙炔气瓶、氧气瓶及易燃气体和液体等严禁露天暴晒存放。焊割施工应办理动火证,氧气瓶、乙炔瓶之间应保持5 m以上距离,氧气瓶和乙炔瓶与明火之间应保持10 m以上距离,并设有专人监护和配合。高处切割焊接作业时,作业下方严禁有易燃物和可燃物,如有应移开或采取隔离措施。

（4）宿舍及机台上严禁使用大功率灯泡、明火取暖或烤衣服等。宿舍内吸烟后应及时熄灭烟头,严禁乱扔。食堂内煤气灶要有防回火装置,并与液化气瓶和其他易燃可燃物保持一定的安全距离,或采取隔热隔离措施。

八、职业病等伤害及其预防措施

（一）职业病等伤害

常见的职业病形式有:长期操作施工机械和柴油发电机等可能引起潜在的噪声聋;长期

进行水泥搅拌和焊接作业可能造成尘肺。在人工开挖桩孔深度较大时,由于桩孔底部没有充分进行通风置换,致使孔内含氧不足,桩孔内渗漏有毒气体或积累大量的有害气体,则可能引起窒息或中毒。此外,还存在夏季高温人员中暑、冬季低温人员冻伤等伤害。

(二)职业病等伤害的预防措施

(1)从事机械操作、焊接和水泥搅拌作业人员应佩戴相应的劳动防护用品,定期进行职业病健康体检,发现有职业病时应及时治疗或调换工作岗位,防止职业病伤害的发生。

(2)采用人工开挖桩孔,必须采取强制通风方法对桩孔内进行通风。

(3)夏季施工时,应合理安排作息时间,避开高温、强辐射时间作业,并配备配足茶水、绿豆汤、冰水等防暑降温用品和清凉油、风油精、藿香正气丸等防暑降温药品。

(4)冬季施工时,作业人员应穿戴齐全棉衣、棉鞋等御寒劳动防护用品。

(5)加强食堂环境和食品卫生管理,定期消杀,生熟食品应分开,严禁出售过期变质的食品,防止食物中毒。

第三节　深基坑工程施工安全影响因素

一、深基坑工程的概念及特点

(一)深基坑的概念

基坑是在基础设计位置按基底标高和基础平面尺寸所开挖的土坑。关于基坑和基槽的划分,底面积在 27 m² 以内且底长边小于三倍短边的为基坑,底宽度在 3 m 以内且底长大于 3 倍宽的为基槽。

根据《危险性较大的分部分项工程安全管理规定》(住建部令〔2018〕37 号),属于危险性较大的分部分项工程范围的基坑定义是:① 开挖深度超过 3 m(含 3 m)的基坑(槽)的土方开挖、支护、降水工程;② 开挖深度虽未超过 3 m,但地质条件、周围环境和地下管线复杂,或影响毗邻建、构筑物安全的基坑(槽)的土方开挖、支护、降水工程;属于超过一定规模的危险性较大的分部分项工程范围的深基坑是开挖深度超过 5 m(含 5 m)的基坑(槽)的土方开挖、支护、降水工程。由此来看,深基坑是指基坑深度超过 5 m 的基坑。

本书所述的深基坑是指:① 开挖深度超过 5 m(含 5 m)的基坑(槽)的土方开挖、支护、降水工程。② 开挖深度虽未超过 5 m,但地质条件、周围环境和地下管线复杂,或影响毗邻构(建)筑物安全的基坑(槽)的土方开挖、支护。基坑工程主要包括土方开挖、基坑支护体系的设计与施工,是一项具有较大危险性的综合性很强的系统工程。

(二)深基坑工程的特点

(1)临时性和风险性。基坑支护工程安全储备较小,具有较大的安全风险性。基坑工程施工过程中应进行监测并应有应急措施。在施工过程中一旦出现险情,需要及时抢救。

(2)不同区域的差异性。如软黏土地基、黄土地基等工程地质和水文地质条件不同的地基中基坑工程差异性很大,同一城市不同区域也有差异。基坑工程的支护体系设计与施工和土方开挖都要因地制宜。

(3)施工条件和环境的复杂性。基坑工程的支护体系和土方开挖不仅与工程地质、水文地质条件有关,还与基坑相邻构(建)筑物和地下管线的位置、抵御变形的能力、重要性以及周围场地条件等有关。

（4）技术综合性。基坑工程不仅需要岩土工程知识，也需要结构工程知识，需要土力学理论、测试技术、计算技术及施工机械、施工技术的综合。

（5）时空效应性。不仅基坑的深度和平面形状对基坑支护体系的稳定性和变形有较大影响，体现出空间效应，而且某些土体（如软黏土）具有较强的蠕变性，蠕变将使土体强度降低、土坡稳定性变小，土体作用在支护结构上的压力随时间发生变化，体现出时间效应。

（6）系统工程性。基坑支护体系是保证土方开挖安全施工并提供合理的施工空间，土方开挖的工艺技术方法也影响支护体系的稳定可靠，二者是相互影响的系统工程。

（7）环境效应性。基坑开挖将导致周围地基土体的变形，对周围构（建）筑物和地下管线产生影响，严重的将危及其正常使用。同时，大量土方开挖和外运也将对空气质量、交通和弃土点环境产生影响。

二、深基坑工程安全性影响因素分析

影响深基坑施工安全的因素很多，如施工时间、工程地质及水文地质条件、工艺技术、施工组织管理等，深基坑施工的安全事故主要表现为：① 围护结构整体失稳坍塌；② 围护结构局部或部分破坏；③ 围护结构体系滞水功能失效，基坑大量进水或涌泥沙；④ 基坑底土严重隆起；⑤ 由于基坑支护结构严重位移或破坏，引起基坑周边道路、地下管线、建筑物破坏等。

造成深基坑施工安全事故的原因较多，如工程勘察、基坑工程设计、地下水处理、施工管理、沉降监测、支护结构安装不当等。根据调查资料统计分析，设计不当（包括荷载取值、忽视基坑稳定性等）引发工程事故占比 45% 左右，施工管理、沉降监测、支护结构安装不当等诸多因素引发工程事故占比 30% 左右，地下水处理不当（如止水、降水、排水等）引发工程事故占比 22% 左右，工程勘察不当引发工程事故占比 3% 左右。这些方面的不当主要体现在以下几个方面。

（一）勘察质量问题

勘察是基坑工程施工的基础性、保障性工作，勘察报告的真实性、准确性、全面性，是保证高质量基坑工程施工设计的基础。勘察工作以下方面的问题将严重影响基坑工程设计及施工的安全：① 未严格执行有关规范要求，设计工作量不合理或工作量偏少；② 施工时偷工减料，钻孔深度不够，土层参数试验方法不正确或不全面，水文地质勘察工作深度和细度不够，如对上层滞水、潜水、承压水界定有误以及对承压水水位、水头标高及土层渗透系数等不进行专门试验，采取或提供的岩土水样和数据失实失真；③ 测试化验不规范，数据结果失真偏离，工程建议不正确，报告没有经过相关审查；④ 直接借用周边区域的勘察结果；⑤ 综合分析和编制勘察报告能力差；⑥ 勘察单位技术和管理水平低。以上几个方面将导致勘察数据资料不详、不准、疏漏、失误和勘察报告质量不高，造成基坑工程设计出现偏差失误。

（二）地下水处理问题

基坑工程施工安全和地下水处理密切相关。地下水处理措施包括降低水位、基坑周边止水、基坑内排水等，地下水处理的目的是确保基坑边坡稳定，保持基坑处于相对干燥状态。地下水处理不当主要体现在：① 降水井数量不详、成井质量差、深度不够（一般要求井底标高要比基坑底标高低 15 m），以及没有进行连续的降水工作，致使地下水位较高；② 连续

墙、挡水墙施工质量存在坑帮漏水问题;③ 没有及时排除降落或流入基坑内的水。

（三）基坑支护设计方案问题

深基坑工程设计涉及几门学科的综合技术。据统计,由于设计因素造成的深基坑事故比例占到50%,存在的主要问题是:① 无证设计、超越设计、私人设计,导致设计质量低劣;② 无地质资料或采用的地质资料不正确以及对周边环境调查不够、环境风险认识不足情况下的盲目设计;③ 计算错误,参数取值安全储备不够;④ 基坑锚杆结构设计失误;⑤ 基坑支撑结构设计失误;⑥ 围护结构设计失误;⑦ 基坑开挖设计、监控量测设计失误;⑧ 没有按规定组织召开专家论证等。因此,由有经验、有资质的单位承担设计是取得工程成功的关键。

（四）施工管理、质量及应急处置

深基坑工程施工要历经开挖、支撑、降水、围护等一系列过程,安全管理、技术管理与质量控制稍有疏忽,就有可能酿成大祸。施工引发事故的主要问题在于管理、互相协调、质量控制、监测、应急处置等。

1. 施工管理问题

在施工单位方面,导致深基坑工程安全问题的原因可能有:施工组织设计（或专项施工方案）生搬硬套,审批不严肃、走形式;没有严格按审批的施工方案组织施工,施工技术及经验不够;施工单位挂靠,项目经理及总工挂靠、挂名,实际不到岗;技术管理人员素质差,特殊工种没有上岗证;施工质量差,施工中偷工减料,进场材料构件假冒伪劣;规章制度形同虚设,施工队伍如同一盘散沙等。

（1）施工队伍资质不够或存在挂靠现象,项目管理组织机构不健全或人员实际不到位、不在岗,管理人员、技术人员素质能力差,未建立健全施工管理制度或未严格执行,安全生产责任未明确或不清楚,未有效开展危险因素辨识管控和事故隐患排查治理工作,特种作业人员未持证上岗,施工现场管理混乱。

（2）施工组织设计和地下连续墙、钻孔灌注桩、水泥土搅拌桩、高压旋喷桩、喷锚支护、桩锚支护、土钉墙以及土方开挖、抽水试验、降水工程、监测工程等专项施工方案存在生搬硬套、针对性和技术性指导不强的问题,既不科学合理也不详细全面。上述设计方案未经审查通过便开始施工或边干边编制边审批,导致工序混乱、盲目开挖。没有编制基坑支护、土方开挖、沉降倾斜等应急预案等,出了问题不能及时正确处置,造成事态发展后果扩大。

（3）施工用材料如钢筋笼、混凝土、水泥、锚索等,弄虚作假、偷工减料,强度、数量不符合设计要求。

（4）安全意识淡漠,施工期间不能有效地控制坑边荷载,没有有效的防排水措施,造成支护结构主动土压力增加、坑壁渗漏,引起支护结构大变形甚至破坏。

（5）机械振动对粉砂、淤泥类地层的敏感性没有引起注意。振动使土体发生液化、触变,降低了土的抗剪指标,增大侧向土压力,降低基坑稳定性。

（6）不按照设计和规范施工,随意改变设计意图。如支撑（锚杆）设置位置、间距不符合要求;取消锚杆,将锚固结构变成悬臂结构。

（7）没有季节性施工安全措施,如雨季防排水措施、冬季防冻措施。

（8）施工前对周边建筑物、地下管线等不调查或调查不认真、不彻底,造成挖断管线、保护不利等问题。

（9）不遵守施工规程。主要表现在:① 挖土机械压在支护桩附近反铲挖土;② 基坑开挖不分层,一次挖到底;③ 分层开挖时坡度过大;④ 支撑施工跟不上基坑开挖等,不及时、不规范、超挖严重,从而造成事故。

（10）监测不到位。对基坑及周围环境不监测、监测滞后或测点不正确、结果失真。

（11）对停工问题没有针对性措施,造成基坑开挖后长时间受载裸露。

2.相互协调问题

（1）相邻工程协调不够。主要表现在:① 相邻基坑施工时,由于两基坑开挖、支护、回筑不同步,造成压力不平衡、失稳;② 基坑锚杆与邻近隧道施工顺序错误;③ 降水施工没有达到允许开挖的要求就进行开挖,造成侧壁渗漏或坑底突涌;④ 坑外土体加固滞后于基坑开挖,注浆压力对围护结构产生超压作用,引起变形、破坏、浆液外冒;⑤ 施工期间对基坑周边环境风险工程保护不力,引起建筑物、地面、管线等沉降超标,或者引起管线断裂、漏水,水淹基坑等;⑥ 承压水地层内的勘察孔封孔不到位,注浆将降水井封堵导致降水不封闭。

（2）基坑自身工程协调不够。主要表现在:① 同一基坑工程,采用不同的支护形式,相连区的开挖、支护不协调可能造成局部超挖、支护缺失,造成侧壁变形过大、基坑滑移甚至破坏;② 坑底加固工艺的实施与坑内支撑布置要求相矛盾;③ 开挖时拉槽两侧的坡度或纵向土坡的坡度过陡,发生局部滑移、坍塌;④ 桩(墙)和锚杆强度未达强度要求就实施开挖;⑤ 底板下地下水处理深度不够,进行坑中坑的开挖;⑥ 架撑时机不合理引起支撑内温度变化较大,支撑体系产生较大的附加应力(钢筋混凝土支撑可达 20％左右),支撑体系出现险情。

3.施工质量问题

基坑常见的支护形式有地下连续墙＋内支撑形式,钻孔灌注桩＋内支撑形式,桩锚支护,喷锚支护,土钉墙,深层搅拌水泥土桩墙,SMW 工法桩,等等。其中,前三种形式用于较深基坑,后几种形式用于一般基坑,有的基坑支护采用多种支护形式。无论采用哪种方式,施工质量是引发基坑工程安全问题的重要方面。

（1）桩(墙)围护结构的问题。主要表现在:① 支护桩的直径(地连墙的厚度)或强度因施工过程中的塌孔、夹泥夹砂、浇筑不连续等原因造成其不符合设计要求,如桩缩径、漏筋、强度不连续等使之成为管涌的通道,对结构安全及土方开挖极为不利;② 水泥土搅拌桩墙施工工艺不符合要求,提升速度过快,没有严格执行"三搅两喷"或"两搅一喷"工艺,或搅拌深度不够,桩搭接施工长度不够,或临桩施工间隔时间太长导致整体性不好和渗水;③ 施工搅拌桩及旋喷桩时,施工队伍认为设计单位比较保守而且又是临时支护工程,使用的混凝土或水泥存在偷工减料现象,存在不会出事的侥幸心理;④ 桩(墙)深度、垂直度和位移偏差较大,导致嵌固深度不足;⑤ 钢筋笼焊接质量较差,钢筋布置或钢筋连接不正确,钢筋笼浮笼没有采取有效措施,随意割掉浮笼;⑥ 浇筑的混凝土质量不合格,浇筑不连续及导管埋入深度不够,下浇注时水泥浆流失过多,底部沉渣过多或墙体脚部注浆达不到要求引起墙体沉降,墙体接头质量差导致渗水、漏水;⑦ 地连墙接头或止水桩搭接出现缝隙。

（2）土钉墙围护结构的问题。主要表现在:① 土钉的长度、直径、倾角、端头锚固达不到设计要求;② 注浆质量差;③ 打入填土、泥质土、空洞中没有进行处理;④ 冬季施工没有考虑冻胀作用;⑤ 锚杆拉拔试验不正确,拉拔力数值失真。

（3）重力式挡土墙结构的问题。主要表现在:① 墙体厚度、深度不合格;② 质量、强度差;③ 接缝处出现缝隙,止水效果差。

（4）基坑内支撑结构的问题。主要表现在：① 立柱垂直度偏差大、偏心受力，型钢立柱插入桩基深度不够、加工质量不合格，支撑的规格、分段节点连接要求不满足设计要求；② 腰梁的拼接和分段连接存在缺陷，腰梁与围护结构不密贴，防坠落措施不合格；③ 中间临时立柱基础的施工、立柱的构造与施工精度不合格；④ 支撑杆件的安装位置、安装精度不符合设计要求；⑤ 中间临时立柱与支撑的约束有缺陷；⑥ 支撑与腰梁（冠梁）的连接有缺陷，支撑没有防脱落措施；⑦ 钢支撑活络头在基坑的同一侧；⑧ 钢支撑没有及时施加预应力或达不到要求，钢支撑预应力的施加过小或过大，预应力锁定有问题；⑨ 钢筋混凝土支撑配筋不够，节点处理不合理，养护时间不够，强度不合格，施工精度不满足要求；⑩ 大型基坑内栈桥的设计、施工不合理；⑪ 支撑上的施工荷载超出设计允许荷载；⑫ 架撑、拆除、倒撑不符合设计工序要求；⑬ 肥槽回填与拆撑、结构浇筑配合不一致；⑭ 支撑不及时，主体结构强度不足或换撑未及时安装就拆除相邻的水平支撑等。

（5）锚杆结构的问题。主要表现在：① 锚杆长度、直径、倾角、自由段、锚固段的长度达不到设计要求，钻孔角度偏差较大、孔径偏小、孔深不够，锚杆及土钉长度不够或材料不合格，锚杆施加预应力不够；② 压（拉）力分散型锚杆的制造工艺不合要求；③ 注浆压力不够，浆体水泥用量偏少，一次注浆和二次注浆质量差，锚固体不合格；④ 锚杆与土钉间距布置过大，钢筋网片网格尺寸过大，喷射混凝土强度和厚度达不到设计要求，在砂层中锚杆出现塌孔、流砂现象没有采取可靠的措施；⑤ 锚杆打入填土、泥质土、空洞中没有进行处理；⑥ 钢围檩刚度弱、连续性差，或钢围檩与围护间不密实；⑦ 锚杆张拉后养护时间短；⑧ 冻土地层的冻胀作用，使锚杆的锚固力下降；⑨ 锚头锁定失效，锚杆预应力施加不符合要求；⑩ 岩面倾斜的基坑，锚杆与岩面走向一致时，锚固力下降或者丧失；⑪ 锚杆施工打到管线、工程桩等地下结构导致锚杆无法机械施工；⑫ 锚杆拉拔试验不正确，拉拔力数值失真。⑬ 土方一次开挖深度过大，锚杆及土钉墙施工没有及时跟进。⑭ 没有重视墙体渗水、漏水的"时空效应"，一旦出现没能有效封堵或设置泄水孔，而是采取强行封堵。

（6）降水、止水存在的问题。主要表现在：① 止水帷幕存在水泥掺量不足、有效厚度或深度不足、止水帷幕不封闭；② 降水井存在降水井布置不合理，不能形成封闭降水；降水井施工质量差，出水量不符合要求；降水深度不合格；井管淤塞、死井等；降水与基坑开挖、结构施工的降水深度、降水时间配合不合理。

（7）土方开挖对基坑工程安全影响较大，也出现过重大安全事故，这方面存在的问题有：① 没有严格执行土方开挖方案，挖土无章法，无序大开挖，开挖分层深度、纵向开挖长度与设计要求不符，造成超挖或架撑不及时；② 土层临时坡比控制不当；③ 没有遵循"开槽支撑、先撑后挖、分层对称开挖、严禁超挖"原则，挖土方式不合理；④ 开挖过程中没有指挥人员，与基坑周边相邻工程的施工协调不到位；⑤ 降水方法不能满足开挖需要，不能有效降水时实施开挖工作；⑥ 锚杆或土钉的支撑强度未达到设计强度就向下开挖；⑦ 围护结构缝隙水土流失不处理，坑底垫层不及时浇筑，开挖与结构分段施工要求不配合；⑧ 土方车在栈桥上超载运输，基坑周边荷载超过限制荷载，引起支撑结构破坏；⑨ 开挖的施工顺序和方法不根据支护结构的监测结果及时调整；⑩ 基坑挖到设计标高，没有及时施工垫层及基础底板，造成基底土体隆起。

4. 内支撑拆除问题

内支撑拆除主要有人工拆除、施工机械拆除、爆破拆除等几种方式，型钢支撑用人工和吊车配合拆除,混凝土支撑用施工机械或爆破拆除,其中爆破拆除必须由具有相应爆破资质的专业队伍进行。爆破拆除应编制爆破工程专项施工方案、安全防护措施及安全保证方案,大型爆破工程应召开专家论证会,并向主管部门申请爆破有关手续。爆破时,应划定警戒区域,指定专人进行警戒,并请公安部门到场协调,防止损坏周边建筑及伤人。

支护结构拆除必须与地下主体结构施工协调进行,严格执行施工组织设计要求,不得为赶工期而提前拆除支撑。

5. 建设单位管理问题

部分建设单位认为深基坑工程施工是临时工程,常抱有侥幸心理,在深基坑工程管理方面主要存在以下缺陷:① 不愿投入,能省则省,发包无限压价;② 无设计、无组织、无规划地进行工程项目;③ 不能提供符合设计施工要求的基础资料,或资料不完整、不正确;④ 不按程序对基坑的设计、施工方案组织审查,轻信对某种支护结构的宣传,导致采用的支护结构不适用,甚至酿成施工安全事故;⑤ 任意发包给无资质的设计、施工、监测、监理单位,或者是无监测、无监理;⑥ 为了节省投资,随意变更设计;⑦ 对设计、施工、监测、监理等方面工作协调组织和检查管理不到位,发现问题不及时处理,应急处置措施不充分。

6. 监测问题

监测问题主要表现在以下几个方面:① 测点布置不全,监测时间不合理;② 未监测、少监测、监测滞后、监测技术不正确,造成监测数据不准确、不全面;③ 数据分析不及时、不全面,不重视监测数据反馈信息;④ 报警标准不正确,预警、报警不及时,错过抢险机会;⑤ 现场巡视不全面、不到位;⑥ 监测数据造假;⑦ 其他。

三、深基坑等危大工程的安全管理

(一)危险性较大和超过一定规模的危险性较大的分部分项工程范围

根据《危险性较大的分部分项工程安全管理规定》(住建部令〔2018〕37号)规定,与基坑工程施工相关的危险性较大和超过一定规模的危险性较大的分部分项工程如下。

1. 危险性较大的分部分项工程

(1)基坑工程

① 开挖深度超过3 m(含3 m)的基坑(槽)的土方开挖、支护、降水工程。

② 开挖深度虽未超过3 m,但地质条件、周围环境和地下管线复杂,或影响毗邻建、构筑物安全的基坑(槽)的土方开挖、支护、降水工程。

(2)拆除工程

可能影响行人、交通、电力设施、通信设施或其他建、构筑物安全的拆除工程。

(3)其他

① 人工挖孔桩工程。

② 采用新技术、新工艺、新材料、新设备可能影响工程施工安全,尚无国家、行业及地方技术标准的分部分项工程。

2. 超过一定规模的危险性较大的分部分项工程

(1)深基坑工程

开挖深度超过5 m(含5 m)的基坑(槽)的土方开挖、支护、降水工程。

(2)拆除工程

① 码头、桥梁、高架、烟囱、水塔或拆除中容易引起有毒有害气(液)体或粉尘扩散、易燃易爆事故发生的特殊建、构筑物的拆除工程。

② 文物保护建筑、优秀历史建筑或历史文化风貌区影响范围内的拆除工程。

(3) 其他

① 开挖深度在 16 m 及以上的人工挖孔桩工程。

② 采用新技术、新工艺、新材料、新设备可能影响工程施工安全,尚无国家、行业及地方技术标准的分部分项工程。

(二)深基坑等危险性较大的分部分项工程的安全管理

(1) 严格执行《危险性较大的分部分项工程安全管理规定》(住建部令〔2018〕37 号)和《〈危险性较大的分部分项工程安全管理规定〉有关问题的通知》(建办质〔2018〕31 号)有关规定。

(2) 建设单位、勘查单位和设计单位要切实做好勘查论证和设计工作。

(3) 施工单位应当在危大工程施工前组织工程技术人员编制专项施工方案,专项施工方案包括:工程概况、编制依据、施工计划、施工工艺技术、施工安全保证措施、施工管理及作业人员配备和分工、验收要求、应急处置措施和计算书及相关施工图纸。

对于超过一定规模的危大工程,施工单位应当组织召开专家论证会,对专项施工方案进行论证。实行施工总承包的,由施工总承包单位组织召开专家论证会。专家论证前专项施工方案应当通过施工单位审核和总监理工程师审查。

(4) 施工队伍要切实做好现场安全管理:

① 施工单位应当在施工现场显著位置公告危大工程名称、施工时间和具体责任人员,并在危险区域设置安全警示标志。

② 专项施工方案实施前,编制人员或者项目技术负责人应当向施工现场管理人员进行方案交底。施工现场管理人员应当向作业人员进行安全技术交底,并由双方和项目专职安全生产管理人员共同签字确认。

③ 施工单位应当严格按照专项施工方案组织施工,不得擅自修改专项施工方案。因规划调整、设计变更等原因确需调整的,修改后的专项施工方案应当按照规定重新审核和论证。

④ 施工单位应当对危大工程施工作业人员进行登记,项目负责人应当在施工现场履职。项目专职安全生产管理人员应当对专项施工方案实施情况进行现场监督,对未按照专项施工方案施工的,应当要求立即整改,并及时报告项目负责人,项目负责人应当及时组织限期整改。

(5) 危大工程验收合格后,施工单位应当在施工现场明显位置设置验收标识牌,公示验收时间及责任人员。

(6) 施工单位应当建立危大工程安全管理档案,应当将专项施工方案及审核、专家论证、交底、现场检查、验收及整改等相关资料纳入档案管理。

第四节　施工现场安全管理和文明施工

《建筑施工安全检查标准》(JGJ 59—2011)对建筑施工的文明施工和安全管理做出了明确规定并给出了量化考核指标,对于科学评价建筑施工现场安全、预防生产安全事故发生,保障施工人员安全和健康、提高施工管理水平均会起到非常重要的作用。

一、安全管理

建筑施工项目的安全管理包括：建立健全以安全生产责任制为首的各项安全生产管理制度办法，编制和审核施工组织设计和专项施工方案，开展危险因素辨识并制定管控措施、安全技术交底、安全教育培训、安全生产检查、应急救援以及对分包单位安全管理、持证上岗管理、生产安全事故处理等安全管理工作。

（一）建立健全安全生产责任制

建立健全横向到边、纵向到底的安全管理机构和管理网络，完善安全生产责任制，组织制定和实施符合现场生产实际的安全措施和规章制度。

（1）工程项目部应建立以项目经理为第一责任人的各级管理人员安全生产责任制，安全生产责任制应经责任人签字确认。工程项目部应按规定配备专职安全员。

（2）实行经济承包的工程项目，承包合同中应有安全生产考核指标。

（3）工程项目部应制定以伤亡事故控制、现场安全达标、文明施工为主要内容的安全生产管理目标。

（4）安全生产管理目标和项目人员安全生产责任制应进行安全生产责任目标分解；按考核制度应对项目管理人员定期进行考核。

（二）施工组织设计和专项施工方案

（1）工程项目部在施工前应编制施工组织设计。施工组织设计应针对工程特点、施工工艺制定安全技术措施。工程项目部应按施工组织设计、专项施工方案组织实施。

（2）危险性较大的分部分项工程，应按规定编制安全专项施工方案。专项施工方案应有针对性并按有关规定进行设计计算。

（3）超过一定规模的危险性较大的分部分项工程施工单位应组织专家对专项施工方案进行论证。

（4）施工组织设计、安全专项施工方案，应由有关部门审核，由施工单位技术负责人、监理单位项目总监批准。

（三）安全技术交底

（1）施工负责人在分派生产任务时，应对相关管理人员、施工作业人员进行书面安全技术交底。安全技术交底应由交底人、被交底人、专职安全员进行签字确认。

（2）安全技术交底应结合施工作业场所状况、特点、工序，对危险因素、施工方案、规范标准、操作规程和应急措施以及施工工序、施工部位等分部分项进行交底。

（四）安全检查

工程项目部应建立安全检查制度。安全检查应由项目负责人组织、专职安全员及相关专业人员参加，定期进行安全检查并填写检查记录。对检查中发现的事故隐患应下达隐患整改通知单，定人、定时间、定措施进行整改。重大事故隐患整改后，应由相关部门组织复查。

（五）安全教育培训

（1）工程项目部应建立安全教育培训制度。施工人员入场时，工程项目部应进行以国家安全法律法规、企业安全制度、施工现场安全管理规定和各工种安全技术操作规程为主要内容的三级安全教育培训和考核。

（2）施工人员变换工种或采用新技术、新工艺、新设备、新材料施工时应进行安全教育培训。

（3）施工管理人员、专职安全员每年度应进行安全教育培训和考核。

（六）应急救援

（1）工程项目部应针对工程特点进行重大危险源辨识。应制定防触电、防坍塌、防高处坠落、防起重和机械伤害、防火灾、防物体打击等内容的专项应急救援预案，并对施工现场易发生重大安全事故的部位和环节进行监控。

（2）施工现场应建立应急救援组织，培训、配备应急救援人员，定期组织员工进行应急救援演练。

（3）按应急救援预案要求，应配备应急救援器材和设备。

（七）分包单位安全管理

（1）总包单位应对承揽分包工程的分包单位进行资质、安全生产许可证和相关人员安全生产资格的审查。

（2）总包单位与分包单位签订分包合同时，应签订安全生产协议书，明确双方的安全责任。

（3）分包单位应按规定建立安全机构，配备专职安全员。

（八）持证上岗

从事建筑施工的项目经理、专职安全员和特种作业人员，必须经行业主管部门培训考核合格并取得相应资格证书，方可上岗作业。

（九）生产安全事故处理

（1）施工现场发生生产安全事故时，施工单位应按规定及时报告并按规定对生产安全事故进行调查分析，制定防范措施。

（2）施工单位应依法为施工作业人员办理保险。

（十）安全标志

（1）施工现场入口处和主要施工区域、危险部位应设置相应的安全警示标志牌，并根据工程部位和现场设施的变化调整安全标志牌设置。

（2）施工现场应绘制安全标志布置图，并设置重大危险源公示牌。

二、文明施工

文明施工的范围很广，总的要求就是应符合现行标准《建设工程施工现场消防安全技术规范》（GB 50720—2011）、《建设工程施工现场环境与卫生标准》（JGJ 146—2013）、《施工现场临时建筑物技术规范》（JGJ/T 188—2009）等的规定。主要内容包括现场围挡、封闭管理、施工场地、材料管理、现场办公和住宿、现场防火和综合治理、公示标牌、生活设施、社区服务等。

（一）现场围挡和封闭管理

（1）市区主要路段的工地应设置高度不小于2.5 m的封闭围挡；一般路段的工地应设置高度不小于1.8 m的封闭围挡；围挡应坚固、稳定、整洁、美观。

（2）施工现场进出口应设置大门并应设置门卫值班室；建立门卫职守管理制度并应配

备门卫职守人员。

（3）施工现场出入口应标有企业名称或标志，并应设置车辆冲洗设施；施工人员进入施工现场应佩戴工作卡。

（二）施工场地管理

（1）施工现场的主要道路和材料加工区地面应进行硬化处理，温暖季节应有绿化布置；施工现场道路应畅通，路面应平整坚实，并有防止扬尘措施。

（2）施工现场应设置排水设施，使排水通畅无积水，并有防止泥浆、污水、废水污染环境的措施。

（3）施工现场应设置专门的吸烟处，严禁随意吸烟。

（三）材料管理

（1）建筑材料、构件、料具应按总平面图布局进行码放整齐并标明名称、规格等，材料码放应采取防火、防锈蚀、防雨等措施。

（2）建筑物内施工的垃圾应采用器具或管道运输，严禁随意抛掷。

（3）易燃易爆物品应分类储藏在专用库房内并应制定防火措施。

（四）现场办公和住宿

（1）施工作业、材料存放区与办公、生活区应划分清晰，并应采取相应的隔离措施。在施工工程、伙房和库房不得兼作宿舍，宿舍、办公用房的防火等级应符合规范要求。

（2）宿舍应设置可开启式窗户，床铺不得超过 2 层，通道宽度不应小于 0.9 m。宿舍内住宿人员人均面积不应小于 2.5 m²，且不得超过 16 人。

（3）冬季宿舍内应有采暖和防一氧化碳中毒措施，夏季宿舍内应有防暑降温和防蚊蝇措施。生活用品应摆放整齐，环境卫生应当保持良好。

（五）现场防火

（1）施工现场应建立消防安全管理制度，制定消防措施。施工现场临时用房和作业场所的防火设计应符合规范要求。

（2）施工现场应设置消防通道、消防水源，并应符合规范要求。施工现场灭火器材应保证可靠有效，布局配置应符合规范要求。

（3）明火作业应履行动火审批手续，配备动火监护人员。

（六）公示标牌

（1）大门口处应设置公示标牌，主要内容应包括工程概况牌、消防保卫牌、安全生产牌、文明施工牌、管理人员名单及监督电话牌、施工现场总平面图。标牌应规范、整齐、统一。

（2）施工现场应有宣传栏、读报栏、黑板报以及安全标语。

（七）生活设施

（1）建立卫生责任制度并落实到人。必须保证现场人员饮水卫生，设置淋浴室且能满足现场人员需求。

（2）食堂与厕所、垃圾站、有毒有害场所等污染源的距离应符合规范要求。

（3）食堂必须有卫生许可证，食堂的卫生环境应良好，应配备必要的排风、冷藏、消毒、防鼠、防蚊蝇等设施。食堂使用的燃气罐应单独设置存放间，存放间应通风良好并严禁存放其他物品；炊事人员必须持身体健康证上岗。

（4）厕所内的设施数量和布局应符合规范要求，厕所必须符合卫生要求。生活垃圾应装入密闭式容器并应及时清理。

（八）社区服务和综合治理

（1）应制定施工不扰民措施，夜间施工前必须经批准后方可进行施工。

（2）施工现场应制定防粉尘、防噪声、防光污染等措施，严禁焚烧各类废弃物。

（3）施工现场应制定治安防范措施，建立治安保卫制度，责任分解落实到人。生活区内应设置供作业人员学习和娱乐的场所。

第八章　浅层地热能和污水处理工程施工与
运营安全管理

近年来,许多地勘单位纷纷涉足浅层地热能与污水处理领域的工程施工和运营管理,本章就这两个领域的项目工程施工和运营安全管理进行简要介绍。

第一节　浅层地热能空调系统施工

浅层地热能是指存在于地表以下 200 m 内的岩土体、地下水或地表水中且温度一般低于 25 ℃的低温地热能资源。我国浅层地热能资源比较丰富,据原国土资源部中国地质调查局 2015 年调查评价结果,全国 336 个地级以上城市浅层地热能年可开采资源量折合 7×10^8 t标准煤。浅层地热能多以地埋管地源热泵空调系统的方式进行开发利用。

地源热泵空调系统施工包括浅层地热能钻孔施工、地埋管换热器系统安装和机房系统及末端系统安装。

一、钻孔施工

（一）主要安全风险

主要安全风险有钻穿损坏地下管网、钻机倾覆、施工触（漏）电、物体打击、机械伤害、车辆撞击及碾压、跌落排水沟（泥浆池）等。

（二）安全防范措施

（1）施工前应充分了解埋管场区内已有地下管线、地下构（建）筑物及市政设施准确位置;了解埋管场区工程勘察资料或进行场地工程勘察和热物性测试;根据构（建）筑物制冷取暖负荷设计和热物性测试数据,最终确定埋管场区。

（2）埋管场区应避开永久性构（建）筑物、水井及室外排水设施。

（3）采用竖直地埋管换热器的,钻孔孔位必须与地下管线、地下构（建）筑物及市政设施保持安全距离。地下管线、地下构（建）筑物及市政设施埋深较浅的,在钻孔施工前,应对地表进行必要的铺垫加固。

（4）场地平整,平整度不大于±15 cm,对钻机布设地点进行碾压压实,确保地基牢靠。

（5）钻机在施工或移机作业时,如作业场地出现松软时,应进行碾压压实或铺垫木质（钢制）板材。

（6）施工动力用电,执行“三级配电、二级漏电保护、一机一闸、一漏一箱”配电及保护要求,电器设备必须有接地装置;电源线必须架空敷设,严禁随意丢弃在地面或水中,更不许拖拉电源线或用重物挤压电源线。

（7）钻机各种转动、传动部位，应设置防护网罩或栏杆。钻机施工过程中，手臂严禁靠近工作中的钻杆，严禁佩戴手套操作钻机，以防绞伤。

（8）在搬运、装卸钻机设备时，应明确分工，统一指挥。在起下钻具时，应规范操作，精力集中。

（9）在排水沟（泥浆池）旁应设置防护栏杆，并悬挂警示标识。

二、地埋管换热器系统安装

（一）主要安全风险

主要安全风险有水力打压试验、沟槽垮塌和热熔连接烫伤等。

（二）安全防范措施

（1）根据系统运行设计压力参数以及管材等进行水力打压试验设计，打压设备压力表要灵敏可靠，必要时对打压管线进行牢靠固定。打压试验时，作业人员在安全区域内。

（2）在开挖沟槽土方前，应据施工现场条件、土质、地下水等因素确定开挖设计。在开挖含水地层或软土不稳定地层时，要进行降水或排水，并设置沟槽支撑或采取地基处理等措施。当基坑开挖深度超过 2 m 且有地下水时，需采取降水或排水措施，且采取放坡施工。开挖形成的泥土，应与水平管沟边缘保持安全距离进行堆放，防止沟槽塌方。在沟、槽、坑边和坑内作业，必须经常检查沟、槽、坑壁的稳定性，上下沟、槽、坑应走坡道或梯子。

（3）无论是选用热熔对接还是热熔承接或电熔连接，在焊接热熔管道工程中，应做好绝缘保护工作，检查电线电缆有无破损，若有破损及时更换；手持操作时应佩戴绝缘手套，以防触电。管道、管件集中黏接的预制场所，严禁明火，场内应保持通风。黏接管道时，操作人员应站于上风处，佩戴防护手套、防护眼镜和口罩等。

三、机房系统及末端系统安装

（一）主要安全风险

主要安全风险有吊装作业、高处作业和触电等。

（二）安全防范措施

1.吊装作业

（1）吊装作业前，必须对吊装物、吊装作业环境［周边场地、构（建）筑物、架空线缆等］、吊装设备、吊装索具、天气状况等进行核实，制定吊装措施，并对现场人员进行安全交底。吊装措施应履行"编制、审核、批准"程序，经相关部门审核、技术负责人批准后实施。

（2）采用倒链（手拉葫芦）进行物件吊装时，必须对倒链的性能进行验查，倒链应固定牢靠。倒链及吊装物件下面严禁站人，以防吊装物件脱落伤人。

（3）对参与吊装作业的人员进行职责分工，并进行安全教育培训。

（4）在吊装作业区设置安全隔离带，拉警戒绳，挂安全标志牌，设专人警戒，非吊装人员严禁进入作业区。应避免上下层交叉作业，确需作业时，应有安全的隔离措施，并设专人看守，防止落物伤人。

（5）起吊前应做试吊工作，在吊离地面 $100\sim200$ mm 时，检查吊装机具工作状态，检查索具受力是否平衡，一切正常后方可正式起吊。

（6）吊装时，指挥人员应观察吊装状况和周围环境，发出正确指挥或预警信号；作业人员应精力集中,服从统一指挥,严禁吵闹和闲谈;起重臂下、吊装的重物下严禁站人,人员不得在起吊物件下通行;保持吊装物件平稳移动,控制吊装高度,必要时在吊装物上系上牵引控制麻绳,防止吊装物或起重臂碰到电线或建筑物等其他物体;作业人员要合理站位,不得站在空间狭小、无法退让的部位,防止重物晃动挤伤;严禁易滚动或未经捆扎的工件随设备或部件一并起吊;发现异常,应停止吊装。

(7)设备组装后就位对孔时,严禁用手插入连接面或用手去摸螺丝孔;吊装物到位后,应对其落位进行确认,将其平稳放落;设备和附件未经固定或放稳,严禁松钩、脱钩。

(8)任何人发现安全隐患,应立即报告,并及时采取措施排除,暂时不能排除时应停止吊装作业。

2. 高处作业

(1)高处作业人员进入施工现场应按规定佩戴安全帽、安全带等劳动防护用。

(2)使用“A”字形扶梯时,用橡皮包好扶梯脚,中间加铁链拉牢,使用时要摆稳扶梯,上下扶梯时防止断档及滑下跌伤,仰角不得小于60°。

(3)需要搭设脚手架、脚踏板等高处作业设施的,应按规范进行搭设。

(4)在顶棚上安装通风管道、部件时,事先应检查通道、栏杆、吊筋、楼板等处的牢固程度,并将孔洞、深坑盖好盖板,以防发生意外。

3. 安全用电

(1)施工临时用电,应严格遵守《施工现场临时用电安全技术规范》(JGJ 46—2005)相关规定。施工现场临时用电设备在5台及以上或设备总容量在50 kW及以上者,应编制用电组织设计;施工现场临时用电设备在5台以下和设备总容量在50 kW以下者,应制定安全用电和电气防火措施。设计及措施由电气工程技术人员组织编制,经相关部门审核、技术负责人批准后实施。

(2)电器安装、检修人员应持有电工作业特种作业许可证,其他工作人员要通过相关安全教育培训和技术交底,考核合格后方可上岗工作。

(3)配电系统设置配电屏、分配电箱及开关箱,采用三级配电系统、TN-S接零保护系统和二级漏电保护系统。

(4)同一配电箱内,动力和照明线路应分路设置。

(5)开关箱与其控制的固定式用电设备的水平距离不应超过3 m。

(6)配电箱、开关箱周围应有足够两人同时工作的空间和通道,不得堆放任何妨碍操作、维修的物品。

(7)配电箱、开关箱应采用铁皮制作,并装设端正、牢固,箱底与地面的垂直距离宜大于0.6 m,小于1.5 m。配电箱、开关箱应有门锁,有安全标志。

(8)配电箱、开关箱的金属箱体、金属电器安装板以及箱内电器不应带电的金属底座、外壳等必须做保护接零,保护零线应通过接线端子板连接。

(9)配电箱、开关箱内的电器必须可靠完好,不准使用破损、不合格的电器。

(10)总配电箱应装设总隔离开关、分路隔离开关和总熔断器、分路熔断器(或总自动开关、分路自动开关)以及漏电保护器。若漏电保护器同时具备过负荷和短路保护功能,则可不设分路熔断器和分路自动开关。

(11)分配电箱应装设总自动开关和分路自动分离开关。

（12）必须实行"一机一闸"制，严禁用同一开关电器直接控制两台及以上用电设备。

（13）开关箱内的开关电器必须能在任何情况下都可以使用电设备实现电源隔离，开关箱内必须装设漏电保护器。

（14）漏电保护器应装设在配电箱电源隔离开关的负荷侧和开关箱电源隔离开关的负荷侧。

（15）开关箱内的漏电保护器其额定漏电动作电流不大于 30 mA，额定动作时间应小于 0.1 s。

（16）施工用电应由专业电工负责，严禁乱拉乱扯。配电箱开关每天试跳一次，下班前断开电源。

（17）施工现场要有足够的照明，电线无老化、裸露、接头现象。

（18）潮湿场所照明应使用安全电压。

（19）配电箱、开关箱的进线和出线不得承受外力。

（20）在建工程不得在外电架空线路正下方施工、搭设作业棚、建造生活设施或堆放构件、架具、材料及其他杂物等。

（21）在建工程（含脚手架）的周边与外电架空线路的边线之间的最小安全操作距离应符合规定。

（22）起重机严禁越过无防护设施的外电架空线路作业。在外电架空线路附近吊装时，起重机的任何部位或被吊物边缘在最大偏斜时与架空线路边线的最小安全距离应符合规定。

（23）施工现场的机动车道与外电架空线路交叉时，架空线路的最低点与路面的最小垂直距离应符合规定

（24）架空线路应采用绝缘导线沿墙或在专用电线杆上敷设，并用绝缘子固定，严禁将绝缘导线拖挂在脚手架上。移动配电箱和开关箱的进出线，必须使用橡皮绝缘电缆。

（25）临时用电工程必须经编制、审核、批准部门和使用单位共同验收，合格后方可投入使用。

4. 其他

（1）在使用电容、热容设备时，必须遵守安全作业规程，避免烫伤。

（2）高低压配电、电焊、气割和起重吊装等作业，必须由持证的特种作业人员实施。

第二节　浅层地热能空调系统的运行及维护

浅层地热能空调系统属于中央空调系统，系统的运行管理涉及机电、热泵、给排水、暖通等系统，运行安全管理是一个系统性工程。

一、空调系统运行维护保养的一般通则

（1）从业人员持证上岗。所有从事中央空调系统安装、运行、维护及管理的人员必须经过国家认可的专业培训机构进行培训，掌握空调系统知识并取得特种作业、制冷作业操作证方可上岗。同时，操作人员还要接受设备操作和安全教育培训，熟练掌握机房内各种设备的原理和性能，能够进行熟练操作和一般维护保养工作。

（2）建立健全规章制度。建立健全各项规章制度,如热泵机组操作规程、安全用电规章制度、消防安全管理制度、制冷剂安全操作管理制度、热泵系统节能运行规定、空调系统清洗制度、巡回检查制度、交接班制度、压力容器安全阀和压力表定期检测制度、防护用品安全用具管理制度等。主要设备操作安全规程和安全管理制度应在机房内上墙悬挂。

（3）危险因素辨识管控。必须对机房进行全面的危险因素辨识,制定可行有效的管控措施,并对全员开展安全风险和管控措施的交底和教育培训。

（4）制定应急处置措施。制定突发事件的应急处置措施,如制冷剂泄漏处置措施、火灾处置措施、水管爆管处置措施、停水停电处置措施等,并进行定期培训演练,以便从容有序应对突发事件。

（5）机房进口处应张贴进场须知和安全风险提示,机房内应正确悬挂或张贴安全警示标识牌,配备种类、数量合适的消防器材。

（6）配备防护用具。配备必要的劳动防护用品与安全用具,如防护手套、冻伤膏、灭火器材等,要妥善管理并掌握其正确使用方法。

（7）机房管理。非操作人员未经许可不准进入空调机房,任何情况下非操作人员不得进行设备操作。

（8）检查巡视。对安全风险和重要部位加强定期检查和日常巡检工作,发现问题及时处理。经常检查设备所有阀门和仪表,保证其性能处于正常状态。保持空调清洁,定期对风管系统、循环水系统进行检查并积极清扫、清洗,必要时进行消毒处理,防止病菌的滋生扩散,确保人员的健康安全。

（9）应急处置。操作人员应不定时地检查机房安全防护设施和空调设备运转情况,发现紧急情况需马上停机时,按下"急停"按钮,并认真做好记录(内容应包括异常现象描述,记录现场参数、故障发生过程及原因)。急停按钮平时不得轻易使用。

（10）防火防爆。机房内应保证设备和工作场地整洁,禁止存放易燃易爆物品以及与设备运行无关的其他物品,配备类型合理、数量足够的灭火器材。

二、离心式热泵机组(空调机组)的安全操作

(一)安全风险

主要安全风险有高(低)压触电或发生火灾,安全阀、压力表失效,热泵机组误操作,等等。

(二)启动前的检查准备

（1）进行电源检查,如电压是否符合设备要求(一般为 380～420 V),机组通电是否正常,电器件接线是否有松动,等等。

（2）检查蒸发器及冷凝器进出水阀门开启情况;检查地源水系统及循环水系统的管路阀门开启情况;检查补水系统的管路阀门是否根据机组运行需要开启或关闭。

（3）检查机组整体外观,应无漏点、无障碍物、无松动。

（4）检查机组控制系统设定情况,设定制冷温度一般不低于 7 ℃,制热温度一般不高于 45 ℃,报警器应处于无报警状态。

（5）启动空调侧和地源侧循环水泵,观察水压力表指针显示,检查水系统压力是否正常。设定循环水温度,夏季进水不高于 30 ℃,冬季进水不低于 5 ℃。在夏季热失衡时,应根

据记录数据及时调整,以确保机组正常运行。

(6) 压缩机油电加热器应处于常供电状态,压缩机运行前至少 24 h 对压缩机曲轴箱预热,使润滑油温高于 23 ℃。

(7) 检测压缩机马达绝缘状况,其绝缘值应大于 5 MΩ;否则,严禁启动压缩机。

(8) 通过配电柜手动开启以确定水泵运转是否正常,并把水泵按钮调到自动状态。

(三) 启动运行

(1) 严格按照设备生产厂家的要求(空调机组使用手册)进行空调机的开启和运行。

(2) 将机组开关设置于开机位置。确认设备、电源、阀门和仪表处于正常状态后,按下触摸屏上的"启动"键启动机组,启动顺序为循环泵—地源泵—压缩机。

注意:压缩机启动前必须保证地源泵、循环泵已经正常启动并运转 5 min 以上。若未能正常启动,或正常运转低于 5 min,则应立即停机检查水泵,并做好记录。

(3) 机组启动后,应观察系统冷冻水、冷却水温度情况,同时检查各运行参数是否在规定范围内,并做好运行记录,保证数据准确无误。

(4) 机组运行时,值班操作人员应不定时检查机组视镜油位,确认油位在视镜范围以内(一般在油视镜1/3以上)。观察机组运行时是否有异常振动和声响,如有异常,立刻停止运行,并做好记录。

(5) 除检修外,不应将机组设置于手动状态并长期运行。

(6) 机组在运行中,不宜频繁进行开、关机操作,避免机组可能因此而受损。

(7) 机组制冷系统、制热系统、电气系统和水系统设置了一系列的保护装置,如压缩机、电气过热保护,喘振次数、过电流保护,排气、温度、高低压、断电保护,等等。当因系统故障致使保护装置频繁起作用时,严禁私自改装、拆卸保护装置或强制运行。

(8) 检查电源电压是否在设备额定电压±10%以内,检查电线电缆的电流和温度是否正常。

设备运行异常(如有烧焦气味等),立即切断电源并与售后或厂家取得联系。设备出现异常时继续使用,可能造成设备事故、电击或火灾。

(9) 设备入水口的 Y 形过滤器应根据水质情况定期或不定期清洗、更换。

(10) 控制箱门开启时不能启动机组。

(11) 禁止用水冲洗机组。

(12) 夏季制冷时,应将挂有"夏天打开,冬天关闭"的阀门打开,将"冬天打开,夏天关闭"的阀门关闭,其余阀门均处于打开状态。

(13) 冬季制热时,应将挂有"冬天打开,夏天关闭"的阀门打开,将"夏天打开,冬天关闭"的阀门关闭,其余阀门均处于打开状态。

(14) 观测设备运行状况,做好各类仪表数字和运行状况的记录。

(四) 设备关机

(1) 停机时,按下触摸屏上的"停机"键,停机顺序为压缩机—地源泵—循环泵,严禁不按顺序进行关机操作。

(2) 机组停机后,应对现场设备进行检查整理。

(3) 机组停机不运行时段,机组蒸发器及冷凝器中的水必须全部排空,关闭两器进出水阀门,注意管道防锈。

（4）严冬季节，设备停止运转时，应将蒸发器、冷凝器及空调系统内的水全部放掉，以防管道冻裂。

三、配电柜、启动柜的安全操作

（1）操作和维修人员须通过国家相关部门培训、考核并获得特种作业操作证，熟悉电气设备的基本情况、安全措施和操作程序，熟悉并正确使用电工安全用具和消防用具。

（2）高（低）压配电室为重要场所，配电室必须悬挂"高压配电，闲人免进""有电危险"等警示标志牌。

（3）作业时应两人进行，一人操作、一人监护。巡检时可以一人进行，巡视人员与带电体必须保持不小于 0.7 m 的安全距离，同时通知其他当班人员。

（4）操作及检修：

① 作业人员必须穿戴绝缘鞋和绝缘手套。

② 拉开或合上开关时，应迅速果断，但不能用力过猛；操作机构有故障时，不得强行拉、合闸。

③ 检查：(a) 柜门开关动作灵活可靠，屋顶无渗漏水，柜外、柜内清洁无杂物，柜门钥匙、操作棒、警示牌等齐全。(b) 各负荷开关手自动合闸分闸灵活可靠，过压、过流、欠压、失压保护功能完好，安装接线牢固可靠无灼痕，隔离开关合闸分闸灵活可靠，安装牢固，触点（连接处）接触牢固、无灼痕。(c) 各面板指示灯齐全，指示仪表指示准确且在有效期内使用。(d) 接地线油漆无脱落，紧固螺丝牢固，接线或排线无破损、硬伤、腐蚀现象。

④ 送电：(a) 合主开关→关后门→关前门→把手至分断闭锁→操作棒合上隔离→操作棒合下隔离→把手至工作位置→合断路口（自动合闸按钮）→挂"请勿合闸带电危险"。(b) 合分开关→关后门→关前门→把手至分断闭锁→操作棒合上隔离→操作棒合下隔离→把手至工作位置→合断路送电前必须断开负荷，停电时必须断开负荷开关，严禁带负荷的情况下用隔离开关来切断负荷电源。

⑤ 停电：(a) 分断断路器→把手柄至分断闭锁→操作棒分断下隔离→操作棒分断上隔离→把手柄至检修位置→开前门→开后门→挂"停电检修"。(b) 在紧急情况下，允许在合闸状态下开门，此时只许打开解锁装置。

⑥ 巡检：(a) 配电房严禁闲人进入，每天至少进行一次全面检查，电工抄表时必须对配电房的全面工作情况进行检查，发现问题必须记录，并即时解决。(b) 巡检必须有两人或以上，其中一人监护，与导体保持安全距离。(c) 严重情况必须立即停主电源并通知总部高压配电房停电。

⑦ 检修：(a) 检修人员必须配齐相关有效电工工具，穿戴好绝缘保护用品及悬挂警示牌。(b) 应挂接保护性临时接地线（在验电后复查无误，确认无电后才可装设接地线），装设接地线时人体要与导体保持安全距离；先接接地端，后接设备端，并应良好连接，拆时顺序相反。

（5）加强日常维护、检修，保证配电室内照明、应急照明设施等完好。

（6）发现问题或遇到故障应及时修理并向上级主管部门汇报。

（7）做好防水、防鼠工作，注意随手关闭门窗，经常查看防护网、密封条防护情况，谨防小动物窜入配电室而发生意外，以免造成停电事故。

（8）配电室严禁吸烟并保持室内整洁。

（9）禁止无关人员进入配电室。如需进入需经主管领导批准，并有运行维护人员跟随、监护，严禁在配电室内长时间逗留。

四、空调热泵系统维护保养检修过程的安全措施

在空调热泵系统运行结束后的换季间歇期，应对系统进行完善性检修、更换及清洗、清理，确保下一个运行季不发生影响系统运行的故障。在热泵系统维护过程中，除遵守系统运行管理规定外，还需采取以下安全措施。

（1）设备维护调检过程中，除非必要，必须切断电源，拆去保险丝并挂上"有人操作，禁止合闸"等警告牌。

（2）系统维保时应对热泵系统的室内外水系统、机房辅助设备、机房设备配电控制及热泵设备的氟系统、水系统、配电系统、控制系统、保护系统等做出细致的检查、调整、更换或维护，确保所有环节处于健康工作状态。

（3）预防性保养和维修性保养相结合，杜绝热泵系统跑、冒、滴、漏现象的发生，把所有故障解决在萌芽状态。

（4）对于配电系统，应紧固所有线缆接点，查损校误，校验交流接触器、热继电器、空气开关、漏电保护器等功能器件；对于控制系统，应检查并紧固电路上的各电线接点，摒除电控部分所受的外部干扰，测定其内部电器元件数值偏移并修正；对于温度传感器、压力传感器、流量传感器、防冻保护器等控制元件应进行测试，对系统所有控制保护装置应进行灵敏度检测。

（5）对两个水系统进行排污灭藻、清洗过滤网和补水排气；检查水泵声音、电流并进行电机、电器绝缘检测，检查及更换密封元件；检查水系统关键部位的阀门、过滤器、单向阀、压力表、温度计及保温系统有无开裂、破损、漏水等现象；检修定压补水、软化水系统，确保定压灵敏、软水有效。

（6）对于热泵机组，首先应检查冷冻机油、油滤芯、干燥过滤器，其次检查制冷剂和冷冻油是否有泄漏，然后检查压缩机运转电流、运转声音、工作电压是否正常，压缩机油位、颜色、油压、油温是否正常。同时还应检查相序保护器有无缺欠相、各接线端子有无松动，检查水流保护开关工作是否正常，检查中控单元、温压传感器阻值是否正常，检查机组空气、接触器、热继电器、配线等是否良好。影响正常运行的所有不良器（部）件、材料一律更换，杜绝安全事故发生，保障系统正常运行。

（7）末端系统运行一段时间后过滤网上就会聚积灰尘，应及时清洗回风过滤器、换热器翅片和离心风轮，同时应对轴承进行加油保养。由于风机盘管多高位安装，维保过程应遵守高空作业相关规程、规定，采取必要的安全措施。

（8）热泵系统节能运行属于安全运行范畴。在保障热泵机组节能运行的同时，应观察、调整并控制水泵运行与机组负荷的实时匹配，降低水系统的隐性能耗，减少水侧污垢、腐蚀及青苔影响，保证系统所有组件处于节能运行状态。

（9）在检修期间，擦洗机件或设备的汽油、柴油等易燃物应按防火规定妥善处理，严禁明火靠近。

（10）维修压缩机、水泵等设备时，若采用热装法，则加热温度不得超过 400 ℃。

第三节　污水处理基本知识

按污水来源分类,污水处理一般分为生产污水处理和生活污水处理。按照处理方式分类,污水处理可分为物理法、生物法和化学法三种。物理法是指利用物理作用分离污水中的非溶解性物质,在处理过程中不改变其化学性质,常用的有重力分离、离心分离、超滤、反渗透、气浮等。生物法是指利用微生物的新陈代谢功能,将污水中呈溶解或胶体状态的有机物分解氧化为稳定的无机物质,使污水得到净化,常用的有活性污泥法和生物膜法。生物法处理污水的程度比物理法处理污水的程度要高。化学法是指利用化学反应作用来处理或回收污水中的溶解物质或胶体物质的方法,多用于处理工业废水,常用的有混凝法、中和法、氧化还原法、离子交换法等。

按照处理程度来分,污水处理可分为一级处理、二级处理和三级处理。一级处理常用物理法去除污水中呈悬浮状态的固体物质,经过一级处理后的污水 BOD 去除率只有 20%,仍不宜排放,还需进行二级处理;二级处理常用活性污泥法和生物膜处理法,可以大幅度去除污水中呈胶体和溶解状态的有机物,经过二级处理的污水 BOD 去除率可达 80%～90%,基本达到排放标准;三级处理常用化学法进一步去除某种特殊的污染物质,如氟、磷、部分金属化合物等,属于深度处理。

污水处理主要设备包括离心机、污泥脱水机、曝气机、微滤机、气浮机、二氧化氯发生器等。污水处理药剂品种很多,最常用的是絮凝剂,絮凝剂可以分为无机絮凝剂和有机絮凝剂。

第四节　污水处理工程施工安全管理

污水处理厂施工主要工作内容涵盖建筑施工、机电安装及设备调试,主要安全风险是高处作业、吊装作业、触电、物体打击。

一、高处作业安全管理

高处作业是指在距坠落高度基准面 2 m 及其以上有可能坠落的高处进行的作业。高处作业应采取以下安全措施。

(1)从事高处作业的单位必须具备高处作业资质,落实安全防护措施后方可施工。从事高处作业的人员应经过安全教育培训,取得特种作业操作证。

(2)对患有职业禁忌症(高血压、心脏病、严重贫血、恐高症等)和年老体弱、疲劳过度、视力不佳及酒后人员等,不准进行高处作业。精神不振、心绪惶恐不安、心情过分激动等人员,暂时不宜进行高处作业。

(3)高处作业必须编制高处作业安全措施并进行审核。一级高处作业(作业高度 2～5 m)的安全措施,由项目经理审核;二级高处作业(作业高度 5～15 m)的安全措施,由单位技术负责人审核;三级高处作业(作业高度 15～30 m)、特级高处作业(作业高度大于 30 m)和特殊高处作业的安全措施,由单位组织有关专家审核。审核通过后,发放《高处作业许可证》。

（4）高处作业前,应对高处作业人员进行书面安全交底。作业人员应熟悉现场环境和施工安全要求,了解作业内容,掌握正确的操作方法,严格遵守有关高处作业的安全规定和操作规程。

（5）高处作业人员应按照规定穿戴劳动保护用品,作业前要进行检查,作业中应正确使用防坠落用品与登高器具和设备。

（6）高处作业应设安全监护人对高处作业人员进行监护,安全监护人应坚守岗位,监督高处作业人员的不安全行为和物的不安全状态。

（7）六级强风或其他恶劣气候条件下,或作业场所及附近有危险因素（高压电线,有毒有害气体泄放,有高温蒸、烟气喷发的,施工现场有冰、雪、霜、水、油等易滑物）时,禁止安排施工。抢险需要时,必须采取可靠的安全措施,项目经理要现场指挥,确保安全。

（8）做好高处作业施工前的准备工作,落实施工所需的安全设施（脚手架、照明等）,满足施工安全要求。不符合高处作业安全要求的材料、器具、工具、设备不得使用。

（9）高处作业同其他作业交叉进行时,必须同时遵守所有的有关安全作业的规定。交叉作业,必须戴安全帽和系安全带,并设置安全网。严禁上下垂直作业,必要时设专用防护棚或其他隔离措施。

（10）高处作业必须遵守"三个必有""六个不准""十不登高"的基本安全管理规定:

① "三个必有":有洞必有盖,有边必有栏,洞边无盖无栏必有网。

② "六个不准":不准往下乱抛物件,不准背向下扶梯,不准穿拖鞋、凉鞋、高跟鞋,不准嬉闹、睡觉,不准身体靠在临时扶手或栏杆上,不准在安全带未挂牢时作业。

③ "十不登高":患有禁忌症不登高,未经认可或审批的不登高,没戴好安全帽、系好安全带的不登高,脚手板、跳板、梯子不符合安全要求的不登高,攀爬脚手架或设备不牢不登高,穿易滑鞋、携带笨重物件不登高,石棉瓦上无垫脚板不登高,高压线旁无隔离措施不登高,酒后不登高,照明不足不登高。

（11）高处作业所用的工具、零件、材料等必须装入工具袋,必须从指定的路线上下,上下时手中不得拿物件;不准在高处抛掷材料、工具或其他物品;不得将易滚、易滑的工具、材料堆放在脚手架上,工作完毕应及时将工具、零星材料、零部件等一切易坠落物件清理干净,防止落下伤人,上下大型零件时,须采取可靠的起吊工具。

（12）在吊笼内作业时,应事先检查吊笼和拉绳是否牢固、可靠,承载物重量不能超出吊笼所承受的额定重量,同时作业人员必须系好安全带,并设有专人监护。

（13）使用各种梯子时,应注意以下事项:

① 首先检查梯子应坚固,放置要牢稳,立梯坡度一般以 $60°$ 左右为宜。

② 梯子上端应突出 600 mm 以上,并缚扎牢固,下端须采取防滑措施。

③ 梯顶无搭钩,梯脚不能稳固时必须有人扶梯。

④ 人字梯拉绳须牢固。

⑤ 金属梯不应在电气设备附近使用。

⑥ 大风中使用梯子必须戴安全帽,并有专人监护。

⑦ 上下梯子时,应扣好安全带、面向爬梯,做到"三点着力"（即两手两脚要保证有三肢受力）,不准一手拿物,一手抓扶梯,肩上不要负重,也不要在口袋里装手电或工具,如戴手套应戴五指手套。

⑧ 禁止两人同时站在同一梯子上作业,梯子上有人时不得移位。

(14) 作业场所不得违规作业,禁止攀上爬下、奔跑、跳越以及在管子等易滚动物件上行走;禁止在扶手和栏杆上站立或将扶手和栏杆当作垫脚物;禁止将物件搁在扶手上或将电焊皮带、氧气天然气皮带及其他管线挂放在扶手上;发现扶手有缺损或不牢固时,应通知有关人员尽快整修。

(15) 脚手架的搭设、使用及拆除时,应注意以下事项:

① 凡是高度超过 15 m 的脚手架,必须先经搭设部门设计,并经使用部门负责人审核后,报项目安全主管审批后方可搭设。

② 搭设、拆除脚手架时,施工单位应设专职安全员在现场进行监护。在搭设、拆除脚手架时,超过 2 m(含 2 m)的必须系好安全带。

③ 高处作业使用的脚手架,材料要坚固,能承受足够的负荷强度。几何尺寸、性能要求,要符合《建筑工程安全生产管理条例》及当地实际情况的安全要求。

④ 两层以上的多层脚手架(包括固定式脚手架),每层必须设固定的上下行人斜梯或直梯并设有扶手栏杆,梯级必须坚固,不得缺层,梯级间距不得大于 40 cm。

⑤ 各种脚手架、板的搭设,必须平稳牢固,不得松动摇晃,脚手板的临空一面,必须按规定设置 1.05～1.3 m 高的防护栏杆(悬空高度大于 15 m 时,护栏高度不得低于 1.3 m)。如因施工需要,局部不设防护栏杆的,必须通知搭架队在无防护墙杆处应用安全防护绳加以保护。脚手架、板的附近,不准架设高于 36 V 输电线和电气装置。如有无法拆除的原有电气设备,必须采取安全可靠的隔离措施。

⑥ 悬挂式脚手不能用麻绳等可燃物质作为吊挂物。单根角铁支撑的脚手架应有斜撑。

⑦ 脚手板的搭设宽度不得小于 60 cm,其搭头处伸出横档的长度不得小于 30 cm。板与板之间及搭头处必须紧固牢靠,防止滑动和翘起,板面不允许有易滑和有碍操作的杂物。

⑧ 木质板厚度不得小于 4 cm,使用的木质脚手板的长度在 4 m 以上的,其厚度不得小于 5 cm,并应三点受力支撑,两端搭头 30 cm 并绑扎牢固。禁止使用腐朽、扭曲、严重损伤以及有横透节的木质脚手架、板和锈蚀严重的钢质脚手架、板。

⑨ 搭好脚手架、板后,应按规定要求进行验收,验收合格的脚手架才能使用。对已验收合格的脚手架、板,任何人不得擅自拆卸、改设。

⑩ 使用过程中,应经常巡查脚手架的状态,发现问题及时采取措施。

⑪ 作业人员在脚手板上走动时,至少应用单手扶着扶手。脚手板等高处作业面,遇有水、油、泥、沙及其他易滑物应及时清除。

(16) 冬季及雨雪天登高作业时,要有防滑措施。

(17) 在自然光线不足或者在夜间进行高处作业时,必须有充足的照明。

(18) 上石棉瓦(或薄板材料、轻型材料)、瓦楞铁、塑料屋顶工作时,必须铺设坚固、防滑的脚手板,如果工作面有玻璃时必须加以固定。

(19) 当接到管理、监督人员发出暂停作业指令时,作业人员应绝对服从。

(20) 作业结束后应督促作业人员做好施工现场的文明生产工作,并对施工安全设施进行检查,包括安全栏杆、盖板、安全网及脚手架。

二、吊装作业的安全管理

（1）采用履带吊车、轮胎吊车、桥式吊车等定型起重吊装机械作业时，吊装作业人员必须持有特殊工种作业证。吊装质量大于 10 t 的物体必须办理"吊装安全作业证"。

（2）吊物质量大于 40 t 时，应编制吊装施工方案。吊物质量不足 40 t，但形状复杂、刚度小、比径比大、精密贵重以及施工条件特殊时，也应编制吊装施工方案，由项目安全主管审核。

（3）项目安全主管应对吊装作业人员进行安全教育和安全技术交底。

（4）各种吊装作业前，应预先在吊装现场设置安全警戒标志并设专人监护，非施工人员禁止入内。

（5）夜间吊装作业应有足够的照明，室外作业遇到大雪、暴雨、大雾及六级以上风时，应停止作业。

（6）吊装作业时必须分工明确、坚守岗位，并规定联络信号统一指挥。吊装作业人员必须佩戴安全帽等劳动防护用品。

（7）吊装作业前应对起重吊装设备、钢丝绳、缆风绳、链条、吊钩等各种机具进行检查，吊装设备的安全装置要灵敏可靠，必须保证安全可靠，不准带病使用。

（8）吊装前必须试吊，确认无误后方可作业。吊物质量接近或达到额定起重吊装能力时，应检查制动器，用低高度、短行程试吊后再平稳吊起。

（9）悬吊重物下方严禁站人、通行和工作。

（10）任何人不得随同吊装重物或机械升降。在特殊情况下，必须随之升降的应采取可靠的安全措施，并经现场指挥人员批准。

（11）吊装作业现场的吊绳索、缆风绳、拖拉绳等要避免同带电线路接触，并保持安全距离。

（12）在吊装作业中，有下列情况之一者不准吊装：指挥信号不明，超负荷或物体质量不明，斜拉重物，光线不足、看不清重物，重物下站人，重物埋在地下，重物紧固不牢、绳打结或绳不齐，棱刃物体没有衬垫措施，重物越过人头，安全装置失灵。

（13）用井架、龙门架、外用电梯垂直运输时，零散材料应码放整齐平稳，材料不得高出吊盘（笼），同时必须采取防滑落措施。

（14）在吊车、倒链吊起的部件下检测、清洗、组装时，应将链子打结锁止，并用道木或支架垫平、垫稳，确认安全无误后，方可操作。

三、电器安装的安全管理

（1）施工现场临时用电线路、用电设施的安装和使用，应符合《施工现场临时用电安全技术规范》（JGJ 46—2005）要求，严禁随意拉线接电。

（2）施工现场必须设有保证施工正常进行并符合安全要求的夜间照明，危险潮湿场所的照明以及手持照明灯具，必须使用规定的安全电压。

（3）电缆敷设及连接，应遵守以下规定：

① 挖电缆沟时，应根据土质和深度情况按规定放坡。在交通道路附近或较繁华地区开挖电缆沟时，应设置隔离栏杆和标志牌，夜间设红色警戒标志灯。

② 汽车运送电缆时,电缆应尽量放在车厢前部,并用钢丝缆绳固定。

③ 人工滚运电缆时,推轴人员不得站在电缆前方,两侧人员所站位置不得超过缆轴中心。电缆上、下坡时,应采用在电缆轴中心孔穿铁管,在铁管上拴绳拉放的方法,拉放时要平稳、缓慢。电缆停顿时,将绳拉紧,及时"打掩"制动。人力滚动电缆路面坡度不宜超过15°。

④ 架设电缆轴的地面必须平整坚实,支架必须采用有底平面的专用支架,严禁用千斤顶等代替。

⑤ 人力拉引电缆时,力量要均匀,速度应平稳,不得猛拉猛跑,看轴人员不得站在电缆轴前方。敷设电缆时,处于拐角的人员,必须站在电缆弯曲半径的外侧。过管处的人员送电缆时手不得离管口太近,迎电缆时,眼及身体严禁直对管口。竖直敷设电缆作业,必须有预防电缆失控下溜的安全措施。电缆放完后,应立即固定、卡牢。

⑥ 在已送电运行的变电室沟内进行电缆敷设时,电缆所进入的开关柜必须停电,同时采用绝缘隔板等措施。在开关柜旁操作时,安全距离不得小于1 kV(10 kV以下开关柜)。剩余电缆较长时,必须将电缆头进行绝缘包封,捆扎固定,保持绝缘强度,严禁电缆与带电体接触。

⑦ 在隧道内敷设电缆时,临时照明的电压不得大于36 V。施工前应清理地面,排净积水,必要时须进行气体检测,并加强通风,清除有毒有害气体。

(4) 安装电器及配电装置时,应遵守以下规定:

① 作业人员应持有与作业内容相适应的特种作业证书。

② 搬运配电柜时,应有专人指挥,保持步调一致。多台配电盘(箱)并列安装时,作业时手指不得放在两盘(箱)的接合部位,不得触摸连接螺孔及螺丝。

③ 调试电力传动装置系统及高低压各类型开关时,应将有关的开关手柄取下或锁上,悬挂标志牌,严禁合闸,必要时派人值守。

④ 安装高压油开关、自动空气开关等有返回弹簧的开关设备时,应将开关置于断开位置。

⑤ 电气调试时,进行耐压试验装置的金属外壳必须接地,被调试设备或电缆两端如不在同一地点,另一端应有专人看守或加锁,并悬挂警示牌。待仪表、接地检查无误,人员撤离后方可升压。

⑥ 电气设备或材料非冲击性试验,升压或降压,均应缓慢进行。因故暂停或试验结束,应先切断电源,安全放电,并将升压设备高压侧短路接地。

⑦ 用摇表测定绝缘电阻,严禁人员触及正在测定中的线路或设备,容性或感性设备材料测定后,必须放电,遇到雷电天气,停止摇测线路绝缘。

⑧ 电流互感器禁止以开路、电压互感器禁止短路和以升压的方式进行。电气材料或设备需放电时,操作人员应穿戴绝缘防护用品,采用绝缘棒放电。

(5) 设备试运转前,应对安全防护装置做可靠性试验,试运转区域应设明显标志,非操作人员严禁进入。必须按照试运转安全技术方案(交底)进行设备试运转操作,有条件时,应先用人力盘动,无法用人力盘动的大设备,可使用机械,但必须确认无误后,方可施加动力源,并遵照"从低速到高速,从轻载到满负荷"的原则,谨慎地逐步操作,同时做好试运转的各项记录。

第五节　污水处理厂运营安全管理

污水处理厂运营安全风险,主要是气体中毒或燃爆、触电、火灾、淹溺、机械伤害、高空坠落、生物或化学伤害以及化验室安全。

一、污水处理厂安全管理的一般规定

(1) 建立健全以安全生产责任制为首的安全生产教育培训、安全风险排查管控、安全生产费用投入、安全生产检查、事故隐患治理、消防用电等各项安全生产管理制度,建立健全各项操作安全规程。

(2) 建立安全生产管理组织机构,明确安全生产目标,制定年、月、周的安全生产工作计划。

(3) 全面准确辨识生产过程中的安全风险,制定和实施安全风险管控措施。较大安全风险应当在适当位置明示,重大安全风险应编制应急预案。

(4) 对工人开展以安全法律法规、安全制度办法、操作安全规程、岗位安全风险及管控、劳动纪律以及新工艺、新方法、新设备、新材料等方面的各类各级教育培训,对教育培训效果进行核查。

(5) 从事电工作业、锅炉作业(含水质化验)、压力容器操作等特种作业人员,必须具备与其岗位相适应的特种作业操作证书。

(6) 污水处理工是污水处理厂的主要工种,应认真学习安全操作规程,具备"四懂四会"能力,即懂污水处理的基本知识,懂污水处理厂内各构筑物的作用和管理方法,懂污水处理厂内各种管道的分布和使用方法,懂污水处理系统分析化验指标的含义及其应用;会合理配水配泥,会合理调度空气,会正确回流与排放污泥,会排除运行中的常见故障。

(7) 保证安全生产所需要的资金投入,各类安全防护设备、设施应齐全、可靠、有效,为工人配备劳动防护用品。

(8) 鉴于污水处理厂连续运转的特性,应根据污水处理厂生产规模和工艺方法,配备数量足够的作业工人,定岗、定人作业。

(9) 严格细致地开展班前检查、每日检查、每周检查等定期安全生产检查,以及不定期、季节性和专项安全生产检查,重点检查员工思想、意识和行为,检查安全风险是否发生变化、是否完全受控,检查设备运转运行情况,检查安全防护设备设施是否正常。

(10) 污水处理厂厂区和车间应按标准化要求开展建设,做到整洁、干净,划分工作区和非工作区。

二、有限空间作业及有毒有害气体防范

人员进入井、池、管道等属于有限空间作业。污水处理厂的各种池下和井下,都有可能存在有毒有害气体。有毒气体主要是硫化氢(H_2S)和一氧化碳(CO),对人的身体危害极大。易燃易爆气体主要是甲烷(CH_4),遇火种引起燃烧甚至爆炸而造成危害。

(一) 有限空间作业的安全注意事项

(1) 建立下池下井操作制度,控制下池下井次数,避免盲目操作。进入污水集水池底部

清理垃圾属于危险作业,应预先填写"有限空间作业安全许可证",经过安全主管批准后才能进行。

（2）作业工人应接受有限空间作业安全生产培训,遵守有限空间作业安全操作规程,作业前应检查作业场所安全措施是否符合要求,正确使用有限空间作业安全设施,按规定穿戴劳动防护服装、防护器具和正确使用工具。掌握人工急救基本方法和防护用具、照明器具和通信器具的使用方法。掌握与监护者进行有效的操作作业、报警、撤离等信息沟通,熟悉应急预案,掌握报警联络方式。严格按照"安全审批表"上签署的任务、地点、时间作业。

（3）患深度近视、高血压、心脏病等严重慢性疾病及有外伤疮口尚未愈合者不得从事井下、池下作业。

（4）下井作业时必须穿戴必要的防护用品,如悬托式安全带、安全帽、手套、防护鞋和防护服等。如果已采取常规措施,但无法保证井下空气安全性而又必须下井时,应当佩戴供压缩空气的隔离式防护装具,严禁使用过滤式防毒面具和隔离式供氧面具。

（5）作业人员超过 3 人时,应对人员进行清点和登记。有人在井下作业时,井上应有两人以上监护。如果进入管道,还应在井内增加监护人员作为中间联络人。无论出现什么情况,只要有人在井下作业,监护人就不得擅离职守。

（6）进入可能存在硫化氢、甲烷的密闭容器、坑、窑、地沟等工作场所,应首先测定作业场所空气中的硫化氢、一氧化碳和甲烷的浓度。安排专人进行有限空间气体检测时,必须详细地填写检测时间、检测地点、气体名称、检测结果,检测人应签字确认。

（7）通风能吹散硫化氢和甲烷,降低其浓度,是预防硫化氢、一氧化碳中毒和甲烷燃烧爆炸的有效措施。下池、下井前必须用通风机通风,并注意由于硫化氢比重大,不易被吹出的情况,在管道通风时,必须把相邻井盖打开,让空气一边进一边出。泵站中通风宜将风机安装在泵站底层,把毒气抽出。采取通风措施后,确认安全后方可操作。在作业中,还要定期监测作业环境空气中的硫化氢、一氧化碳和甲烷的浓度,当有限空间作业条件不符合安全要求时,终止作业。

（8）有限空间内作业应有足够的照明,照明要符合防爆要求且电压小于 24 V。如需要进行用火、临时用电、起重吊装、高处作业等作业,要遵守其有关安全规定,用火应办理"动火动焊许可证",不得以"有限空间作业安全许可证"代替。

（9）进入泵房集水池清理池底淤泥时,在清池前,先关闭进水闸或堵塞靠近集水池的检查井停止进水,并用泵将池内存水排空,再用高压水将淤泥反复搅动几次,然后要采用强制通风,在通风最不利的地点检测有毒气体的浓度和含氧量,在达到安全操作规定要求后,操作人员方可下池工作,同时池上必须有人监护。操作人员下池后,由于人对淤泥层的搅动仍可能释放出有毒有害气体,因此仍要保持一定的通风量。

（10）严禁进入管径 0.8 m 以下的管道作业。对深度不超过 3 m 的检查井,在穿竹片牵引钢丝绳和掏挖淤泥时,也不宜下井作业。

（11）有限空间每次作业的时间不应超过 1 h。

（12）人员进入密闭有限空间进行作业时,必须安排监护者。监护者必须有较强的责任心,熟悉作业区域的环境、工艺情况以及丰富的管理经验,能及时判断和处理异常情况;坚守岗位,全过程掌握作业者作业期间情况,保证在有限空间外持续监护,能够与作业者进行有效的作业、报警、撤离等信息沟通;防止未经授权的人员进入;在紧急情况时向作业者发出撤离警告,必要时立即呼叫应急救援服务,并在有限空间外实施紧急救援工作。

(13)一旦发现人员硫化氢中毒,救援人员必须戴好防毒面具进行施救,切不可盲目施救。迅速将患者脱离现场,脱去污染衣物,呼吸心跳停止者立即进行胸外心脏按压及人工呼吸,迅速送医。

(二)防止硫化氢中毒和爆炸

硫化氢是一种无色气体,相对密度为1.19,比空气略重。硫化氢室温下稳定,可溶于水,水溶液具有弱酸性。硫化氢有剧毒,即使稀的硫化氢也对呼吸道和眼睛有刺激作用,并引起头痛。硫化氢在空气中的最高容许浓度是 10 mg/m³。硫化氢属于易燃气体,能在空气中燃烧产生蓝色的火焰并生成 SO_2 和 H_2O,在空气不足时则生成 S 和 H_2O。与氧化剂反应很强烈,易起火或爆炸,在空气中的爆炸极限是 4.3%~46%。

由于硫化氢的毒性和燃烧爆炸性,作业时必须采取如下措施:

(1)对职工进行防硫化氢中毒的安全教育,使有关人员懂得硫化氢的性质、特征、预防常识和中毒后的抢救措施等,尽量做到事前预防,一旦发生问题,还要做到不慌不乱,及时施救,杜绝连死连伤事故的发生。

(2)掌握污水成分和性质,弄清硫化氢污染物的来源。对各个排水管线的硫化物浓度及其变化规律要做到心中有数,酸性污水和含硫污水是造成下水道、阀门井、计量表井、集水井(池)、泵站和构筑物腐蚀和硫化氢超标准的直接原因,因此要严格控制和及时检测酸性污水的 pH 值和含硫污水的硫化物浓度。一般情况下,每个泵站和污水厂每周应对进水的硫化物浓度做分析,连续监测集水井、出水井的硫化氢浓度。

(3)经常检测集水井(池)、泵站、构筑物等污水处理操作工巡检时所到之处的硫化氢浓度,进入污水处理厂的所有井、池或构筑物内工作时,必须连续检测池内、井内的硫化氢浓度。

(4)泵站尤其是地下泵站必须安装通风设施。硫化氢比空气重,所以排风机一定要装在泵站的低处,在泵房高处同时设置进风口。

(5)进入污水集水井(池)、污水管道及检查井清理淤泥属于密闭有限空间危险作业,必须办理安全作业票,执行进入有限空间作业安全防护规定:检测硫化氢气体含量;采用强制通风或自然通风,保证氧含量大于 20%;佩戴对硫化氢具有过滤作用的防毒面具或使用压缩空气供氧的防毒面具;携带好安全带(绳);要设专人监护,并与地面保持密切联系。

(6)在污水处理厂有可能存在硫化氢的地方,操作工巡检或化验工取样时不能一人独往,必须有人监护。

(三)防止沼气爆炸和中毒

厌氧消化污泥或厌氧处理高浓度有机污水产生的气体被称为沼气,其中甲烷(CH_4)占50%~75%,二氧化碳(CO_2)占 20%~30%,其余是 HCHO、N_2、H_2S 等。当空气中含有8.6%~20.8%(以体积计)的沼气时,就可能形或爆炸性的混合气体。作业时必须采取如下措施:

(1)定期对厌氧系统进行有效的检测和维护,如果发现泄漏,应立即进行停气修复。检修过的厌氧反应池、管道和贮存柜等相关设施,重新投入使用前必须进行气密性试验,合格后方可使用。

(2)埋地沼气管道上面不能有建筑物或堆放障碍物。

（3）一般情况下不允许将沼气直接向空气中排放，应安装燃烧器将其焚烧。燃烧器要设置在容易监视的开阔安全地区，与消化池池盖或贮气柜之间的距离要在 15 m 以上。

特殊情况下进行沼气放空时，应选择在晴天进行，严禁在雷雨或闪电的天气进行，同时还要注意下风向是否有明火或热源（如烟囱）。沼气放空应间断进行。

（4）在可能有沼气存在的房间内必须设置上下置换气孔，换气次数一般为 8～12 次/h。在沼气管道阀门及其他可能逸出沼气的地点，应该设置在线可燃气体报警器，并定期检查其可靠性，防止误报。所有电气设备、计量仪表、房屋建筑等，要按有关规定设置防爆措施。

（5）严禁在巡检、维修时出现明火，如抽烟、电气焊作业等，同时还要注意带铁钉鞋与混凝土地面的摩擦、金属工具互相撞击或与混凝土结构的撞击等均可产生明火。

（6）应在值班或操作位置以及巡检路线上设置甲烷浓度超标报警装置。人员在进入厌氧反应器内作业之前要进行空气置换，并进行甲烷和硫化氢浓度检测，符合安全要求后才能进入。作业中要有强制排风设施或连续向池内通入压缩空气。

（7）沼气系统区域周围应设防护栏，建立出入检查制度，严禁将火柴、打火机等火种带入。沼气系统的所有厂房均应符合国家规定的甲级防爆要求，例如是否有泄漏天窗，门窗与墙的比例、非承重墙与承重墙的比例等要达到防爆要求。

（四）气体中毒后的抢救方案

（1）报警：操作人员或管理人员发现有人中毒后，应立即大声呼救并迅速报告，在安全地带拨打急救电话和气防电话。

（2）抢救：在报警的同时，应安排人员立即施救。施救人员应按要求穿戴好空气呼吸器后，力争在最短的时间内把中毒人员抢救到通风无毒区，然后立即实施正确的心肺复苏术。

（3）心肺复苏：中毒人员无意识时，应立即实施人工呼吸、胸外按压等急救措施。如果是氯气中毒，为防止施救人员中毒，不能进行口对口的人工呼吸，应采用胸外按压法急救。

（4）注意事项：施救人员在到中毒区抢救中毒人员时，一定要注意做好自身的防护。在将中毒人员抢救出来后，立即隔离事故现场，防止未佩戴防护器具的人员进入而引起再次中毒事故。

三、用电的安全管理

（1）按照相关规定要求进行电气设备的选型和安装。

（2）对电气设备经常进行安全检查，包括电气设备绝缘有无破损、绝缘电阻是否合格、设备裸露带电部分是否有保护、保护接零线或接地是否正确可靠、保护装置是否符合要求、手提式灯和局部照明电压是否安全、安全用具和电器灭火器是否齐全、电气连接部位是否完好等。如有问题隐患，应立即整改处置。

（3）制定设备用电操作规程，并对操作人员进行教育培训。

（4）电气设备拆装及修复应由专业电工人员进行，电工作业人员应持有特种作业证上岗，作业时应佩戴劳动防护用品，使用绝缘工具。

（5）电器设备金属外壳应有有效的接地线，设置防护装置和警告牌，并在额定容量范围内使用。各种临时线必须限期拆除，不能私自乱接。

（6）移动电具要用三眼（四眼）插座和三芯（四芯）坚韧橡皮线或塑料护套线，室外移动性闸刀开关和插座等应装在安全电箱内。手提行灯必须采用 36 V 以下的电压，在潮湿的地方(如沟槽内)不得超过 12 V。

（7）做好电气设备火灾防范工作,配备电气火灾消防器材。

四、防溺水和高空坠落

污水池水深一般都在 3 m 以上,人员需要经常在污水池上检修、更换设备和巡检,要防范溺水事故发生。另外,均质池、沉砂池乃至曝气池都高于地面 3 m 以上,还要当心高空坠落事故发生。作业时必须采取如下措施:

（1）污水池等构筑物必须安装符合国家有关规定的栏杆,栏杆高度不低于 1.2 m。

（2）池上走道不能高低不平,也不能太滑,尤其是北方寒冷地区必须有防滑措施。雨、雪、风天和有霜的季节,有关人员在构筑物爬梯和池顶上行走时,必须手扶栏杆,注意脚下。

（3）人员不准随便跨越栏杆,必须跨越栏杆工作时,必须穿好救生衣或系好安全带,并有专人监护。在没有栏杆的污水池上工作时,必须穿救生衣。

（4）污水池栏杆必须设置救生圈等救生措施。

（5）各种井盖、排水沟盖板、走道踏板等要定期检查,一旦发现腐蚀损坏,必须及时更换。

（6）在对污水处理设施放空后进行检修或在外池壁上作业时,必须配备登高作业的"三件宝"(安全帽、安全带、安全网),并遵守登高作业的有关规定。

（7）工作人员应熟悉和掌握溺水急救方法。

五、化验室的安全管理

（一）一般规定

（1）建立安全生产管理制度和各项安全操作规程,进行危险因素辨识,制定风险管控措施,明确安全生产责任。

（2）每天工作前、后应打扫卫生,保持化验室清洁,做好排风通风,避免可燃性液态、气态物质外漏。

（3）各种仪器、器皿、实验室物品放置整齐,各种标牌整洁、清晰,仪器档案包括说明书、验收和调试记录以及保养、维修、校正和使用说明记录必须登记记录,并由专人保管。

（4）化验室中使用的试剂应标明浓度、名称、配制日期。药品出入库必须进行登记。

（5）化验室中要保持安静,严禁吸烟、用餐、嬉戏打闹等。

（6）化验室工作人员应穿戴防护用品,操作过程中按照安全操作规程和相关的技术标准进行,不得进行违规作业。

（7）按照《中华人民共和国环境保护法》的规定,妥善做好实验固、液、气废弃物的处置工作。

（二）药品的安全管理

（1）化学危险品仓库管理人员必须经过培训,考核合格后持证上岗,并坚持人员的相对稳定。

（2）药品仓库或储藏处要保持良好的通风,进入药品库区严禁吸烟。各类药品应分门别类安放整齐,堆垛之间的主要通道应当有安全距离,不得超量储存。取用后放回原处。

（3）化学性质或防护、灭火方法相互抵触的化学危险品,不得在同一仓库或同一储存室存放,如酸、碱尤其是挥发性酸、碱物品必须在不同的仓库内保存。

（4）剧毒药品应放在专门的特制柜内锁存放置,由专人负责保管。可燃、易燃及挥发性试剂必须放在阴凉及不易受震的地方,不能在没有盖子的器具里保存可燃性、易爆及挥发性试剂,用后注意盖紧瓶盖。强酸、强碱等腐蚀性药品,应分类妥善放置,在移动时应放入保护容器内,以免破碎伤人。易潮解或风化的药品,在取用后用石蜡封口,封口应在防止着火的情况下进行。药品柜和存放药品的冰箱内不得存放食品。

（5）遇火、遇潮容易燃烧、爆炸或产生有毒气体的化学危险品,不得在露天、潮湿、漏雨和低洼容易积水的地点存放。

（6）受阳光照射容易燃烧、爆炸或产生有毒气体的化学危险品和桶装、罐装等易燃液体、气体应当在阴凉通风地点存放。

（7）库存物资应做到账、物相符,建立严格的出入库验收、领用、审批制度。

（8）化学危险品应随用随领。仓库要有专人负责化学危险品的管理,单独存放,贴好标签,建立明细账目,要有出入库时间、数量、库存等项,并有出入库人员的签字。

（9）剧毒品必须执行双人管理、双把锁、双人运输、双人收发、双人使用的"五双"制度,领用时必须经主要负责人审批。

（10）在保管、领取、使用化学危险品的过程中,如发现可疑或差错,应立即向部门领导或有关部门报告,以便及时处理。

（三）仪器的安全管理

（1）精密及贵重仪器应有专人负责保养,并安置在一固定地点。要建立仪器设备档案管理制度及使用记录。

（2）一切精密和贵重仪器在使用时必须严格遵守操作规程。未弄懂其使用方法以前,不得使用。

（3）一切精密仪器的维修,只能由有经验的人或委托给专门修理部门进行,禁止不熟悉者乱动乱修。

（4）非玻璃仪器,如比色管架、喷灯、电炉、水浴锅等应放在一定的地方,用毕及时放回原处。

（5）玻璃仪器应分门别类安放妥当,用后洗刷干净放回原处。

（6）领用玻璃仪器必须登记,如有破损应填写破损登记,注明日期、名称、规格、数量、破损者姓名及破损原因。

（四）化验采样的安全事项

在城市污水处理厂和工业废水处理厂采样时,必须采取必要的预防措施,配备相应的设备和仪器,采样人员必须注意以下安全事项：

（1）在排水检查井、泵房集水池及均质池等存在高浓度有机污水或待处理污水的地方取样时,要有预防可燃性气体爆炸的措施。

（2）在泵房、检查井等半地下式或地下式构筑物处取样时,要当心硫化氢、一氧化碳等有毒气体引起的中毒危险和缺氧引起的窒息危险。

（3）取样时,如果需要上下曝气池、二沉池、事故池等较高构筑物和地下式泵房的爬梯,要注意预防滑跌摔伤,尤其是在雨、雪、霜、风等恶劣天气条件时上、下室外爬梯更要十分当心。

（4）在泵房集水池、曝气池等各种水处理构筑物上取样时，必须小心操作，以防止溺水事故的发生。

（五）操作的安全管理

（1）加热挥发性或易燃性有机溶剂时，禁止用火焰或电炉直接加热，必须在水浴锅或电热板上缓慢进行。

（2）可燃物质如汽油、酒精、煤油等物，不可放在煤气灯、电炉或其他火源附近。

（3）当加热蒸馏及有关用火或电热工作中，至少要有一人负责管理。高温电热炉操作时要戴好手套。

（4）电热设备所用电线应经常检查是否完整无损。电热器械应有合适垫板。

（5）电源总开关应安装坚固的外罩，开关电闸时，不可用湿手并应注意力集中。

（6）稀释酸时必须仔细缓慢地将硫酸加入水中，而不能将水加入硫酸中。

（7）用吸液管吸取酸、碱性和有害溶液时，不能用口吸，而必须用橡皮球吸取。

（8）倒、用硝酸、硫酸、烧碱溶液、氨水和氢氟酸等强腐蚀性药剂时必须戴好橡皮手套。开启乙醚和氨水等易挥发的试剂瓶时，不可使口对着自己或他人，尤其在夏季时试剂极易大量冲出，如不小心，会引起严重伤害事故。

（9）使用挥发性溶剂、试验会产生有害气体或进行加热消解（如测定 COD_{cr}）操作时，必须在通风橱内进行。

（10）操作离心分离机、六联搅拌机等转动仪器时，必须在仪器完全停止转动后才能进行开盖等操作。

（11）氢气锅瓶、氮气钢瓶等压力容器必须远离热源，并停放稳定，且不能放在操作间内，应在隔开的单独存放间内存放。

（12）接触污水和药品后，应立即洗手，手上有伤口时不可接触污水和药品。

（13）化验室应备有消防设备，如黄沙桶和四氯化碳灭火机等，黄沙桶内的黄沙应保持干燥，不可浸水。

（14）化验室内应保持空气流通，环境整洁，每天工作结束应进行水、电等安全检查。在冬季，下班前应进行防冻措施检查。

（六）明火及用电的安全管理

（1）可燃性物质（如汽油、煤油、酒精等）不可放在喷灯、电炉、火炉或取暖器附近，要远离火源、热源 2 m 以外。

（2）在倾注容易引火的物质时，禁止附近有燃着的火焰，若有溅出，应立即用湿布擦去。

（3）在进行可能引起火灾或爆炸的操作时（如易燃液体的蒸发、蒸馏可燃气体的发生等），要注意通风，并严禁吸烟。

（4）易于挥发的易燃性有机液体的浓缩，沸点在 100 ℃ 以下的必须在水浴锅上进行，沸点在 100 ℃ 以上的必须在沙浴或电热板上进行，禁止用火焰或电炉直接加热，并保持室内良好的通风。

（5）使用电炉时，底部应垫放石棉板或砖块。

（6）未熄灭的火柴梗等不得抛入污物桶或随意乱抛，应投入盛水的瓶内。

（7）在加热蒸馏、用火和用电的过程中，不允许无人看管，有自动控制的仪器除外。

（8）化验室中发生意外燃烧，首先关闭火源（喷灯、加热器等）和电源，并将着火点附近可燃物移开,然后及时采用有效办法灭火。容器内着火时,可以用湿布或木板盖灭;溶液倾倒着火时,用灭火砂、麻袋或灭火器扑灭,切勿用水冲;衣服着火时,可用麻袋裹灭或卧倒滚灭,切勿跳跑。如实验室有淋浴设备,可迅速用水冲灭。

(9)电源开关应安装坚固的外罩。要经常检查化验室用电器保护接地的可靠性,并经常检查用电线的绝缘层是否完好,如有破损应立即予以更换。

(10)化验人员下班前应检查化验台是否整理干净,门窗是否关好,室内是否有余火,水阀、电门是否关好,气体钢瓶是否关闭,易燃性及有毒药品是否安放妥当等。

六、噪声及生物伤害的安全管理

(1)污水处理厂的风机房、泵间等处产生噪声和振动,应尽量缩短在该环境下的工作持续时间,并采用佩戴防噪声耳塞等防护措施。

(2)污水和污泥中含有很多有害的生物成分,如寄生虫、微螺旋体病毒、甲型肝炎病毒等,污水、污泥以及污水处理设施产生的雾气、水气等都可能传播细菌和病毒,良好的个人卫生习惯是防御细菌和病毒感染最好的办法。

① 在水气高度凝结的地方工作,应佩戴防护口罩。

② 工作时,手和手指应远离鼻子、嘴、眼睛和耳朵。

③ 清洗工作、处理污水、处理格栅栅渣、排除污泥,或做其他直接接触污水和污泥的操作时,要戴胶皮手套。

④ 手被划伤、烧伤或皮肤破损时,要戴手套工作。

⑤ 工作完成后,要用热水和香皂彻底洗手。每天工作后淋浴。

⑥ 指甲要短,要用小刷子洗掉指甲上的异物。工作服与非工作服应分开放置。

⑦ 工作时若受伤应及时上报并接受紧急处理。

第九章　化验室安全管理与技术

随着我国地勘单位的改革发展,地勘单位化验室已从煤质、水质、矿产化验分析等单一服务向涵盖气、水、土、声、力学、多种矿产和有机物等综合性测试化验转变,服务范围更广,化验项目更加复杂,但化验室多数情况下仍为地勘单位辅助生产部门,因而对其安全生产管理往往容易被忽视。实际上,目前很多地勘单位化验室已具有相当规模,检测设备与人员多,实验室面积大,多数化验室的化验测试药品(试剂)有强酸、强碱、强腐蚀性或具有毒有害特性,有的化验作业还会产生有毒有害气体、液体、固体以及易燃易爆物质,控制不当会造成火灾、爆炸事故。因此,做好化验室安全管理至关重要。

第一节　化验室的危险因素分析

一、火灾(爆炸)的危险因素分析

化验室发生燃烧的危险具有普遍性,而且易燃易爆物质在化验作业的使用、搬运、储存过程中很有可能引发火灾和爆炸事故。

(1)化验室中经常使用易燃、易爆、自燃和强氧化剂等类药品,而且还要经常进行加热、灼烧、蒸馏等实验操作,因此存在着火可能。

(2)低温着火性物质(P、S、Mg)受热或与氧化性物质混合,即会着火。

(3)乙醚、乙醛等有机溶剂,其着火温度和燃点很低且易着火。

(4)易爆物品如强氧化性物质(高氯盐酸、无机氧化物、有机过氧化物等),此类物质因加热撞击而容易发生爆炸,故要远离烟火和热源。

(5)实验中常使用高压气体钢瓶、低温液化气体、减压蒸馏和干馏等设备,如果处理不当,再遇上明火或撞击,往往会酿成火灾事故,轻者造成人身伤害、仪器设备破损,重者则造成人员伤亡、房屋破损。

二、中毒的危险因素分析

化验室中大多数化学药品都具有毒物质,进行实验时用量很少,一般不会引起中毒事故。化验室中接触的有毒药品对人体的毒害途径和程度各不相同,有些气态或烟雾状毒物,如 CO、HCN、Cl_2、NH_3、酸雾及有机溶剂蒸气等,是经呼吸道进入人体的;有些是操作时不慎沾在手和皮肤上,洗涤不干净,在饮水进食时经消化系统进入人体内的;有的是通过伤口进入血液而致毒,如氰化物、砷化物、汞盐、钡盐等毒品;有些则是因触及皮肤和五官黏膜进入身体的,如 Hg、SO_2、SO_3、氮的氧化物等。如不注意都可能引起中毒事故发生,甚至会危及生命。

三、灼伤(腐蚀)的危险因素分析

化验室涉及的物料多数具有腐蚀性,如盐酸、硫酸、氢氧化钠、氨水等,在化验作业过程中,如果操作人员操作不慎、容器破裂、设备和管道泄漏,取样时高温样品喷(飞)溅,化验结束回收药品、清洗器皿,等等,均会导致腐蚀性物质外泄或与人员直接接触,从而造成人员灼伤和对设备造成腐蚀。

四、触电危险因素分析

化验作业离不开电气设备,如加热用的电炉、灼烧用的高温炉、测试用的各类仪器设备等,这些都直接与电有关,在分析测试过程中如果不认真执行操作规程,就可能造成触电,甚至会由触电引发更大的事故。

五、割伤、烫伤和冻伤等危险因素分析

化验作业经常用到玻璃器皿,如配制标准溶液、滴定分析操作,有时还要割玻璃管用于连接胶管操作,用电炉等加热设备进行样品溶解,用冷冻剂进行某种实验,等等,如果操作者在操作过程中疏忽大意或思想不集中,就会造成皮肤和手指等部位割伤、烫伤或冻伤。

六、机械伤害危险因素分析

对工程岩体钻取芯样进行试验是获得其物理力学性质的必要手段,而其中切割岩样又是一个必不可少的关键环节。传统的岩样切割机在采样、制样、做样的作业过程中存在许多隐患,如果操作人员安全意识不够,对作业环境观察不够,设备安全防护设施缺失或防护措施不到位或操作人员违规操作,都有可能引发机械伤害事故。

七、危险化学品库房的危险因素分析

(1)禁忌物混放,有导致火灾、爆炸的危险。

(2)储存中发生包装物的破裂或泄漏、抛洒等,导致人员与有毒物料的接触或吸入其蒸气而中毒。

(3)泄漏的易燃物料与高热或火接触发生火灾事故。如泄漏出的物料与空气混合形成爆炸性混合物,遇火源即能发生爆炸事故并引发火灾事故。

(4)如果甲类易燃物料露天存放,由于阳光曝晒或其他热源作用,可能使包装物破裂,有发生火灾或爆炸的可能。

(5)库房电气设施安装不符合要求等亦有引发爆炸、火灾的可能。

(6)库房地坪的静电接地不合格,可能使包装物产生静电积聚,发生静放电从而有引发爆炸火灾的可能。

八、管理缺失或操作人员操作危险因素分析

(1)安全生产意识不强。未落实安全生产责任制或安全责任未落实到人,造成安全管理缺失,"三违"现象时有发生,可能造成事故。

（2）规章制度不健全或执行不严格。安全措施不落实,操作人员安全意识淡薄,有章不循和无章可循,是发生安全事故的又一重要原因。

（3）安全教育培训不到位。安全教育培训工作不到位,对化验作业过程中的危险源和危险因素不了解,缺乏化验作业的安全知识和技能,不掌握操作规程,从而导致误操作或违章作业,使一些事故发生。

第二节　化验室作业的安全管理

一、安全管理制度和安全教育培训

（一）化验室安全管理制度

化验室应制定安全生产责任制度、安全生产管理制度和安全操作规程,主要包括:

（1）危险药品(有毒、易燃易爆物品)的使用、储存管理制度。

（2）化验室安全操作规程。

（3）烘箱、箱型电阻炉使用管理制度。

（4）用电安全管理制度。

（5）化验室安全教育培训制度。

（6）化验室有毒有害废弃物处理制度。

（7）化验室交接班制度。

（8）岗位责任制度(主任岗位责任制、安全员岗位责任制、班长岗位责任制、技术员岗位责任制、化验员岗位责任制等)。

（9）各检测设备仪器的安全操作规程。

（二）化验室安全教育培训管理

化验室工作中存在着许多的危险源和危险因素。例如,化验室中的有毒气体、液体、固体物质,易燃易爆物质,强酸、强碱和腐蚀剂等,都属于"危险化学品"。在实验中某些化学反应还会产生有毒有害气体,也有可能因反应控制不当而造成燃烧或爆炸等。特别是化验室的技术人员和工作人员经常接触这些有毒气体、液体和固体物质及易燃易爆物质,操作实验过程中稍有不慎就会引起生产安全事故。因此,化验室是"使用和储存危险化学品的生产经营单位",应当属于"高危行业的安全管理类型"。化验室的安全教育培训应该结合本单位的实际,按照"高危行业"的有关内容和时间要求进行。

1. 教育培训的主要内容

（1）国家、省市及有关部门制定的安全生产方针、政策、法规、标准、规程。

（2）《危险化学品从业单位安全标准化通用规范》(AQ 3013—2008)有关内容。

（3）化验仪器设备性能和化验作业安全操作规程。

（4）化验室存在的危险源和危险因素及预防措施。

（5）防火知识、防爆知识、防毒知识和急救知识等。

（6）所从事的化验作业可能遭受的职业伤害和伤亡事故。

（7）自救互救、急救方法,疏散和现场紧急情况的处理,发生生产安全事故的应急处理措施。

（8）安全管理制度、岗位安全生产责任制和劳动纪律。

（9）有关事故案例。

2. 安全教育培训的时间要求

安全教育培训的时间要求应该按照"使用和储存危险化学品的生产经营单位"的要求执行：

（1）化验室主要负责人和安全生产管理人员培训时间不得少于 48 学时，每年再培训时间不得少于 16 学时。

（2）新上岗的从业人员安全培训时间不得少于 72 学时，每年接受再培训的时间不得少于 20 学时。

二、化验室通常作业的安全要求

化验室作业人员在日常作业过程中经常接触有毒和易燃易爆物质，因此作业人员必须严格遵守作业安全规程，才能有效预防安全事故的发生。

（1）稀释硫酸时必须在烧杯和锥形瓶等耐热容器内进行，必须将浓硫酸沿玻璃棒缓缓加入水中且要不断搅拌；配制王水时，应将硝酸缓缓注入盐酸中，同时用玻璃棒随时搅拌，严禁将水加入浓硫酸和硝酸中。

（2）试剂瓶都要贴有标签，有毒药品要在标签上注明。严禁试剂入口。如需要以鼻鉴别试剂时，须将试剂瓶远离，用手轻轻扇动稍闻其气味，严禁鼻子接近瓶口。严禁食具和实验器具混在一起或互相挪用。

（3）溶解氢氧化钠、氢氧化钾等发热物质时，必须置于耐热容器内进行。发生有毒气体的操作必须于通风柜内进行，通风装置失效时禁止操作。

（4）易发生爆炸的操作，不得对着人进行。例如 NO_2O_2（过氧化钠）熔融时，坩埚口不得对着人并应事先避免可能发生的伤害，必要时应戴好防护眼镜或设置防护挡板。

（5）折断玻璃管（棒）时，必须用钢锉在折断处锉一小槽，再垫布折断，使用时要把断口烧圆滑。如将玻璃管（棒）插入橡皮管或橡皮塞时，应垫布插入，防止折断伤手。

（6）身上或手上沾有易燃物时，应立即洗干净，不得靠近明火。使用酒精灯、煤气灯时，注意被无色火焰烫伤。蒸馏易挥发和易燃体所用的玻璃器具必须完整无缺陷，禁止用火直接加热。

（7）处理后的浓酸和浓碱废液，必须先将水门放开方可倒入水槽。一切废液如含有害物质超过安全标准，必须先行按有关要求处理达标后方可排放，不准直接排入下水系统。一切固体不溶物和浓酸严禁倒入水槽，以防堵塞和腐蚀水道。

（8）高温物体（灼热的磁盘或烧坏的燃烧管等）要放于不能起火的地方；取下正在沸腾的水或溶液时须先用烧杯夹子轻轻摇动后才能取下使用，以免使用时液体突然沸腾而溅出伤人。

三、化学毒物的使用安全和防中毒措施

化验室的分析检验工作离不开化学试剂，而大多数化学试剂是有毒的。因此，在化验作业过程中必须了解所用试剂的性质，掌握正确的使用方法，才能有效避免中毒事故的发生。

（1）化验室有毒气体主要包括一氧化碳、硫化氢、氟化氢、氯化氢、二硫化碳、氯、碘、二氧化硫、氧化锰、二氧化氮等。

（2）凡能产生有毒气体和刺激性气体的操作均应在通风柜内进行，同时应尽量站在上风口。进行有毒物质的试验时，必须穿工作服，戴口罩(面罩)和手套，工作人员应在饭前和试验后洗手，试验中禁止饮食、吸烟，禁止用试验容器盛装食品。

（3）化验室使用的有毒物质比较多，主要有汞及汞盐、铅盐及铅、砷化物及砷、氰化物、白磷及磷化氢、氟化物、二硫化碳以及钾、钠、锂、氨的氯酸盐和铬的化合物、所有的有机化合物。使用剧毒物质时必须按双人双重管理制度处置，即二人领、二人发、二把锁、二本账、二人管；对其他易燃易爆物和有强烈毒性、腐蚀性的物质，操作也必须采取专门的防护措施或设人监护。

（4）含毒物的溶液必须由该试验的工作人员作一定的安全处置，合乎排放标准后再倒入下水道，然后仔细洗净仪器和工作地点。

（5）工作人员手、脸、皮肤有破裂时，不许进行有毒物质尤其是氢化物的操作。

（6）所有装有药品的瓶子均应贴有明显的标签，并分类、分层、分室存放。禁止使用没有标签的药品。处理无名药品不许用口尝，如要嗅其味，可用手掌在位于药品表面上方的脸部扇动嗅之。

（7）有毒液体、生产污水或其他腐蚀性强烈的液体在取样时，不许用口吸取，只能用抽气管吸取或用滴定管。

（8）水银使用的安全要求：

① 装水银的容器表面应盖一层甘油，脏水银则盖一层脏水。

② 当水银可能与大气直接连通时，不许在表面上覆盖其他物质，应在水银和大气中间接一段内装活性二氧化锰的玻璃管。

③ 装水银的容器应放在金属浅盘中，当水银溅出地面时应填死或以高锰酸钾溶液灌泡。

④ 回收脏水银，可用 10％的硝酸(浓度不许再高)在通风柜内处理，分离后用水洗 3～4 次，先用滤纸吸干，然后再于真空中干燥 2 h 左右，不许采用加热蒸干。

四、强酸、强碱和腐蚀剂的使用安全和防灼伤措施

在化验室的作业过程中经常要接触到强酸、强碱等具有强烈腐蚀性的物质，稍有不慎就会被灼伤。因此，在化验作业过程中，必须了解强酸、强碱和腐蚀剂的性质，严格按照操作规程操作，掌握正确的使用方法，才能有效避免灼伤事故的发生。

（1）化验室腐蚀性强烈的物质有溴及溴水、硝酸、硫酸、王水、氢氟酸、铬酸溶液、氢氰酸、五氧化二磷、磷酸、氢氧化钾、氢氧化钠、氢氧化铵、冰醋酸、磷、硝酸银、盐酸。

（2）搬运和使用腐蚀性药品(如强酸、强碱和溴等)，要系上围裙，戴橡皮手套和眼镜，并穿深筒胶鞋，在工作地应备有洁净洗用水、毛巾、药棉和急救中和的溶液，其他人员应熟悉药品的性质和操作方法，工作负责人应负责检查其是否适应所做的工作。

（3）搬运酸、碱前应仔细做下列几项检查：装运器具的强度是否可靠；装酸或碱的容器是否封严；容器的位置固定得是否稳定。搬运时不许一人把容器背在背上。

（4）移注酸碱液时，要用虹吸管，不要用漏斗，以防酸碱溶液溅出。酸碱或其他奇性液体禁止用嘴直接吸取，如无吸气器可用量筒量取。

（5）开放盛有溴、过氧化氢、氢氟酸、氨水和其他苛性溶液的容器时,应先用水冷却,然后开瓶。开瓶时瓶口不准对人。

（6）在稀释酸液（尤其是硫酸）时,应当一面搅拌冷水一面慢慢地将浓酸少量滴入水内。禁止将水注入酸内。当浓酸倾撒在室内时应先用碱将其中和,再用水冲洗或先用泥土吸收扫除后再用水冲洗。

（7）拿取碱金属及其氢氧化物和氧化物时,必须用镊子夹取或用磁匙取用,操作人员必须戴橡胶手套、口罩和眼镜。

（8）废酸、废碱必须倒在专门的缸子内,缸子应放在安全的地方。废酸、废碱的处理必须按《中华人民共和国环境保护法》有关要求进行无害化处理,不能随意用水稀释后排入下水系统。

（9）强酸如果溅到眼睛内或触到皮肤上,应立即用大量清水冲洗,再用 0.5% 的碳酸氢钠溶液清洗。如果是强碱溅到眼睛或皮肤上,除用大量的清水冲洗外,再用 2% 的稀硼酸溶液清洗眼睛,或用 1% 的醋酸清洗皮肤。经过上述紧急处理后,应立即送医院治疗。

五、易燃物质的使用安全和防火措施

化验室作业过程中会使用很多的易燃物质,如醇类、醚类、丙酮、苯、甲苯、酚、汽油、二硫化碳、磷、过氧化钠、钾、钠、镁、碳化钙等,这些易燃物质在加热、灼烧、蒸馏等实验操作的过程中,都存在着火的可能。例如,低温着火性物质（P、S、Mg）受热或与氧化性物质混合,即会着火;乙醚、乙醛等有机溶剂,它们的着火温度和燃点很低且易着火;易爆物品（如高氯盐酸、无机氧化物、有机过氧化物等）因加热撞击也会发生爆炸并引发火灾。因此,在化验作业过程中加强易燃物质的使用安全管理是非常重要的。

（1）不许将易燃物质放置在明火附近和试验地区附近,在贮存易燃物质的周围不应有明火作业,如点着的煤气（酒精）灯、燃着的火柴等。

（2）使用蒸馏或升华的易燃物质时不许用明火加热,加热可用水（油）浴器、电热板或电砂浴,周围也不应有明火;工作地点应通风良好,四周不可放置可燃性物料。

（3）在试验室内存放各种可燃性物质总量不许超过 3 kg,每种不得超过 1 kg。随用随取,用后送回专门的贮放地点。

（4）遇水易燃物质（如黄磷、过氧化钠、金属钠、钾等）禁止丢入废液桶内。凡能引起火的物质（如废油、废有机溶剂）均应集中在专门的容器内放在安全的地方,不得任意乱放。禁止将性质相抵触的、能引起燃爆的易燃物贮存在一起。使用中应留有安全距离。

（5）一旦发生失火事故,首先应撤除一切热源,关闭煤气和电闸,然后用沙子或石棉布盖住失火地点或用四氯化碳等灭火器灭火。除酒精外,化学物品失火均不许用水灭火。

（6）进行加热、蒸馏及其他有关用火的工作时要有专人负责管理,不许随便离开,用完后立即关掉热源。

（7）做蒸馏提纯或蒸馏试验必须用明火加热时,每次蒸馏物的数量不得超过 100 mL,附近不许存放易燃物质,同时应有防火措施。

六、易爆品的使用安全和防爆措施

（1）使用气瓶时不能使气瓶受碰撞或冲击;不许用人背或在地下滚动的办法运气瓶;立

着使用应有固定措施,开气时气嘴不能对人;气瓶不能放在电炉暖气附近,不能放在日光照射的地方,禁止在气瓶旁抽烟。氧气瓶的氧气表和导管,禁止与油类物质接触。

(2)有爆炸危险性的药品(过氧化钠、过氧化氢、浓高氯酸等),在实验室内只许放一小部分,并应保存在干燥阴凉的地方。

(3)禁止将有可能引起燃烧爆炸的物品贮存在一起或使用中安全距离不够;禁止浓硫酸和结晶状高锰酸钾接触;禁止和有机物一起研磨氯酸钾;禁止和有机物一起研磨硝盐;有机物不得和浓硝酸一起混合或加热。

(4)乙炔铜、乙炔银的干粉最易爆炸,故在试验完毕时应将其和溶液一同倒在室外,用土深埋。

(5)使用乙醚时,首先应检查是否存在过氧化醚。取 10 mL 乙醚放入试管中,加入新制的 10%碘化钾溶液 1 mL,摇匀后放置 1 min,如乙醚层显黄色,则不能用该乙醚。

七、化验室的废弃物处理和防污染措施

化验室的废弃物,主要指实验中产生的废气、废水和废渣(简称"三废")。由于各类检验项目不同,产生的"三废"中所含化学物质的危害性也不同,数量也有明显差别。为了防止"三废"造成环境污染,保证检验人员和他人健康,对排放的废弃物应按照有关法律法规及规章制度要求,采取适当的处理措施,使其浓度达到国家环境保护相关规定的排放标准。

(一)废气的处理

废气主要是指对那些在实验中产生的危害健康和环境的气体,如一氧化碳、甲醇、氨、汞、酚、氧化氮、氯化氢、氟化物气体或蒸汽等。实际上,这一类实验都是在通风橱中完成的,操作者只要做好防护工作就不会受到任何伤害。在实验过程中所产生的危害气体或蒸气,可直接通过排风设备排到室外。这对少量的低浓度的有害气体是允许的,但对于大量的高浓度的废气,应当收集到专用废气容器中,或在排放之前必须进行预处理,使排放的废气达到国家规定的排放标准。常用的预处理方法有吸附法、氧化法、分解法等。

(二)废液的处理

化验室废液的处理意义很大,这是因为排出的废液直接渗入地下或流入江河,会直接污染水源、土壤和环境,危及人类健康。对此,检验人员必须引起高度重视。

化验室的废液多数含有化学物质,其危害较大。因此,在废液排放之前,首先应了解废液的成分和浓度,按照国家和行业标准要求对废液进行处置。

化验室废液应该分别收集进行处理,下面介绍几种废液处理方法:

(1)无机酸类:可将废酸缓慢地倒入过量碱液中,边倒边搅拌,然后用大量清水冲洗排放。

(2)无机碱类:可采用稀废酸中和方法,中和后再用大量清水冲洗排放。

(3)含六价铬的废液:可采用先还原后沉淀的方法。在 pH 值小于 3 的条件下向废液中加入固体硫酸钠至溶液由黄色变成绿色为止,再向此溶液中加入 5%的 NaOH 溶液,调节 pH 值为 7.5~8.5,使 Cr^{3+} 完全以 $Cr(OH)_3$ 形式存在,分离沉淀后,上层液再用二苯基酸酰二肼试剂检查是否有铬,确保不含铬后才能排放。

(4)含砷的废液:一采用氢氧化物沉淀法。在 pH 值为 7~10 的条件下,向废液中加入 $FeCl$,使其生成沉淀。放置过夜,分离沉淀,检查上层液不含砷后,废液再经中和后即可

排放。

（5）含氰化物的废液：采用分解法。在 pH 值大于 10 的条件下加入过量的 3% $KMnO_4$ 溶液，使氰基本分解为 N_2 和 CO_2；如果 CN^- 含量高，可加入过量次氯酸钙和氢氧化钠溶液。检查废液中不含氰离子后排放。

（6）含铅、镉的废液：采用氢氧化物共沉淀法。即向废液中加氢氧化钙，将 pH 值调为 8～10，再加入硫酸亚铁，充分搅拌后放置，此时 Pb^{2+} 和 Cd^{2+} 与 $Fe(OH)$ 共同生成沉淀，检查上层液中不含有 Pb^{2+} 和 Cd^{2+} 时，把废液中和后即可排放。

（7）含重金属的废液：采用氢氧化物共沉淀法，将废液用 $Ca(OH)_2$ 调节 pH 值为 9～10，再加入 $FeCl_3$，充分搅拌后放置，过滤沉淀。检查滤液中不含重金属离子后，再将废液中和排放。

（8）可燃性有机物废液：用焚烧法处理。焚烧炉的设计要确保安全，保证废液充分燃烧，并设洗涤器以除去燃烧后产生的有害气体（如 SO_2、HCl、NO_2 等）。不易燃烧的物质和低浓度的废液，用溶剂萃取法、吸取法和水解法进行处理。

（9）汞及含汞盐的废液：如果不慎将汞散落或打破压力计、温度计，必须立即用吸管、毛刷或在酸性硝酸汞溶液中浸过的铜片收集起来并用水覆盖。在散落过汞的地面、实验台上应撒上硫黄粉或喷上 20% 的 $FeCl_3$ 水溶液，干后再清扫干净。含汞盐的废液可先调节 pH 值为 8～10，加入过量的 Na_2S，再加入 $FeSO_4$ 搅拌，使 Hg^{2+} 与 Fe^{3+} 共同生成硫化物沉淀。检查上层液不含汞后排放，沉淀可用焙烧法回收汞或再制成汞盐。

（三）废渣的处理

废弃的有害固体药品或反应中得到的沉淀严禁倒在生活垃圾中，必须进行处理。废渣处理方法是先解毒后深埋。首先根据废渣的性质，选择合适的化学方法或通过高温分解方式等使废渣中的毒性减小到最低限度，然后将处理过的残渣挖坑深埋。

第三节　化验室的用电安全和灭火措施

化验室常用的电器设备有电炉、高温电炉、马沸炉、电热干燥箱、电热恒温水浴、电冰箱、真空泵和电磁搅拌器等，为了保证电器设备在使用过程中的安全，需要掌握有关设备的性能、使用方法和安全用电等方面的知识。

一、电炉的安全使用要求

电炉是化验室最常用的加热设备之一，由炉盘和电阻丝（常用的是镍铬合金丝）构成。按电阻丝的功率大小，电炉有 500 W、800 W、1 000 W、1 500 W 和 2 000 W 等不同规格，功率越大，发热量也越大。电炉还可分为暗式电炉、球形电炉和电热套。暗式电炉，即电阻丝被铁盖封严，实质是一种封闭式电炉，具有使用安全、功率可调的特点，常用于加热一些不能用明火加热的实验。球形电炉，用于加热圆底烧瓶类容器。电热套是加热烧瓶的专用电热设备，其热能利用效率高、省电、安全，常用于有机溶剂的蒸馏等实验。使用电炉时，应遵守以下几个方面要求。

（1）电源应采用空开电闸开关，不要只靠插头控制，最好与调压器相接，以便通过电压调节控制电炉的发热量，以获得所需的工作温度。

（2）电炉不要放在木质、塑料等可燃的实验台上，若需要可在电炉下面垫上隔热层，如石棉板等。

（3）炉盘凹槽中要保持清洁，及时清除污物（必须在断电时进行），保持电阻丝传热良好，以延长电炉的使用寿命。

（4）加热玻璃容器时必须垫上石棉网。加热金属容器时注意容器不能触及电阻丝，最好在断电情况下取放被加热的容器。更换电阻丝时，新换上的电阻丝的功率应与原来的相同。

二、高温电炉的安全使用要求

高温电炉有箱式电阻炉（马沸炉）、管式电阻炉（管式燃烧炉）和高频感应加热炉等。下面主要介绍箱式电阻炉的使用。

箱式电阻炉常用作称量分析中沉淀灼烧、灰分测定、挥发分测定和样品熔融等操作的加热设备。箱式电阻炉的炉膛是由耐高温材料制成的，炉膛内外壁之间有空槽，电阻丝穿在空槽里，炉膛四周都有电阻丝，通电后整个炉膛被均匀加热。炉膛的外围包着耐火砖、耐火土、石棉板等，其作用是保持炉膛内的温度，减少热量损失。炉膛的温度由控制器控制。使用箱式电阻炉时，应遵守以下几方面要求：

（1）高温电炉必须安装在稳固的水泥台上或特制的铁架上，周围不得存放易燃易爆物品，更不能在炉内灼烧有爆炸危险的物质。

（2）高温电炉要用专用电闸控制电源，不许用直接插入式插头控制。高温电炉所需电压应与使用电压相符并配置功率合适的插头、插座和保险丝（熔断器）且接好地线。炉前地上铺一块橡胶板，以保证操作安全。

（3）炉膛内应衬一块耐高温的薄板，使用中避免用碱性溶剂，以免碱液逸出而腐蚀炉膛。

（4）使用高温电炉时不得随意离开，以防自控系统失灵而造成意外事故。高温电炉用完后，立即切断电源，关好炉门，防止耐火材料受潮气侵蚀。

三、马沸炉的安全使用要求

马沸炉一般需要与控温仪配套使用，对温度的升降和恒温时间有一定要求。选用程序温控仪，便能在所设置的升温、恒温程序下工作。另外，还要选择热电偶与其配套使用。一般 $1\,000\,℃$ 以下用镍铬—镍铝热电偶，$1\,000\,℃$ 以上的用铂铑—铂热电偶。使用马沸炉时，应遵守以下几方面要求：

（1）马沸炉要放置在牢固的水泥台面上，设备周围不可存放易燃易爆品和腐蚀性物品。

（2）经常保持炉膛内清洁，及时清理炉内氧化物之类的杂物。马沸炉第一次使用或长期停用后再次使用时必须进行烘炉。

（3）马沸炉要有专用电闸控制电源，所用电缆规格应满足设备工作电流要求。通电时先检查马沸炉电气性能是否完好，接地是否良好，并应注意是否有断电漏电现象。

（4）禁止向炉膛内灌注各类液体和易溶解金属。灼烧有机物需经预先灰化再放在炉内灼烧。用完后要先断电，待温度降至 $100\,℃$ 以下后才能打开炉门。

（5）工作室内应放置足够的消防灭火器材。

四、电热恒温干燥箱的安全使用要求

电热恒温干燥箱(简称烘箱),常用于水分测定、基准物质处理、干燥试样、烘干玻璃器皿及其他物品,是化验室中最常见的电热设备。烘箱的型号很多,但基本结构相似,一般由箱体、电热系统和自动恒温控制系统三部分组成。常用的温度为 $100\sim150$ ℃,最高工作温度可达 300 ℃。使用烘箱时,应遵守以下几方面要求:

(1)烘箱应安装在室内干燥和水平处,防止振动和腐蚀。根据烘箱的功率,所需电源电压指标,配置合适的插头、插座和保险丝并接好地线。

(2)使用烘箱时,首先打开烘箱上方的排气孔,不用时把排气孔关好,防止灰尘及其他有害气体侵入。

(3)烘干物品时,物品应放在表面皿上或称量瓶、瓷质容器中,不应将物品直接放在烘箱内的隔板上。

(4)烘箱只供实验中干燥样品和器皿等用,烘箱内严禁烘易燃易爆、有腐蚀性的物品,严禁在烘箱中烘烤食品,以防发生事故。

五、化验室的灭火措施

化验室一旦发生火灾,工作人员应冷静沉着,快速选择合适的灭火器材进行扑救,同时注意自身安全保护。

(1)防止火势扩展。首先切断电源,关闭煤气阀门,快速移走附近的可燃物,根据起火的原因和性质采取妥当的措施扑灭火焰。

(2)火势较猛时,应根据具体情况选用适当的灭火器,扑救有毒气的火情时一定要注意防毒,并立即请求火警救援。

(3)根据火源类型选择合适的灭火器材。若能与水发生猛烈作用的金属钠、过氧化物等失火时,不能用水灭火;比水轻的易燃物品失火时也不能用水灭火。

(4)电器设备和电线着火时须关闭总电源,再用四氯化碳灭火器熄灭已燃烧的电线和设备。

(5)实验过程中若敞口的器皿中发生燃烧,在切断加热源后再设法找到适当材料盖住器皿口,将火熄灭。

第四节　化验室的事故案例和原因分析

一、事故危险因素分析

(1)蒸馏甲苯的过程中,忘记加入沸石,发生爆炸而引起着火。

(2)将剩有有机溶剂的容器进行玻璃加工时,引起着火爆炸而受伤。

(3)将残留有机溶剂的玻璃容器进行加工时,引起着火爆炸而受伤。

(4)把沾有废汽油的东西投入火中焚烧时,产生意想不到的猛烈火焰而致烧伤。

(5)用丙酮洗涤烧瓶、然后置于干燥箱中进行干燥时,残留的丙酮气化而引起爆炸,干燥箱门被炸坏飞至远处。

（6）把经加热的溶液于分液漏斗中用二甲苯进行萃取，打开分液漏斗的旋塞时喷出二甲苯而引起着火。

（7）将润滑油进行减压蒸馏时用气体火焰直接加热，蒸完后立刻打开减压旋塞，烧瓶中进入空气时发生爆炸。

（8）将油浴加热到高温过程中，当熄灭气体火焰、关闭空气开关时突然伸出很长的摇曳火焰而使油浴着火。

二、事故案例

【事故案例一】 硫酸灼伤事故原因分析和整改措施

1. 事故经过

某生产技术科中心化验室技术员在溶液室配制氨性氯化亚铜溶液（1体积氯化亚铜，加入2体积25％的浓氨水）时，在量取200 mL氯化亚铜溶液放入500 mL平底烧瓶中后，需加入400 mL氨水。该技术员从溶液室临时摆放柜里取了自认为是两个500 mL的瓶装氨水试剂（每瓶约200 mL，其中一瓶实际为98％的浓硫酸，浓硫酸瓶和氨水瓶的颜色较为相似），将第一瓶氨水试剂倒入一只500 mL烧杯中后又拿起第二瓶，在没有仔细查看瓶子标签情况下误将约200 mL实为98％的浓硫酸倒入烧杯中，烧杯中的溶液立即发生剧烈反应，烧杯被炸裂，溶液溅到技术员脸上和手上，当时另一名化验员正好去溶液室拿水瓶经过，脸上也被喷溅出的溶液粘上，造成两人脸部和手部局部化学灼伤。

2. 原因分析

（1）技术员在配制溶液过程中，在没有仔细查看试剂瓶标签的情况下，错把98％的浓硫酸当作氨水，注意力不集中，操作责任心不强。

（2）中心化验室的零散试剂管理不到位，酸、碱试剂长期混放，存在习惯性违章现象。

（3）在配制有刺激性试剂时，没有按照规定在通风橱中操作，执行规范标准不到位。

（4）自我防范意识差，未按规定佩戴防护用品。

3. 责任分析

（1）技术员在配制溶液过程中，注意力不集中，操作责任心不强，应负主要责任。

（2）溶液配制员在前一天配制溶液结束后，没有将剩下的浓硫酸按规定进行收藏，存在习惯性违章，亦负主要责任。

（3）中心化验室组长对零散的酸、碱试剂长期混放这一违章现象的危险认识不足，管理不到位，负主要管理责任。

（4）生产技术科分管中心化验室副科长平时管理不力，要求不严，负管理责任。

（5）生产技术科科长负管理责任。

4. 整改措施

（1）对中心化验室的各项标准制度进一步完善，强调仪器设备、药品安全等管理制度的执行力度，要求一切化验工作必须按标准制度和操作流程执行，以确保万无一失。

（2）要培养每个人的工作责任心，按照"团队、规范、认真、用心"要求做好身边的每一件事，按照岗位操作标准流程做每件事，不疏忽每一个细节。

（3）加强业务学习，强化检验基础知识的学习，普及危险化学品、电器设备等安全知识，不断提高业务知识和操作技能。

（4）立即彻底检查安全隐患，发动各岗位对照岗位制度标准自查自纠，消除安全隐患。

（5）以此次事故为警示，让公司所有化验人员增强防范意识，确实做到"三不伤害"，杜绝类似事故再次发生。

【事故案例二】 浓硝酸燃烧事故

1. 事故经过

某化验室刚竣工，由于室内地砖上存在建筑污垢，用普通方法难以清除干净，有人提议用浓硝酸处理。于是，有些同志就用拖布蘸浓硝酸擦污垢，很快就将污垢处理干净。由于室内弥漫着大量刺激性气味，在场的人马上离开了化验室。大约一小时后，有人发现室内冒出浓烟，蘸有浓硝酸的拖布亦化为灰烬。幸亏室内没有家具和其他可燃物，否则将出现一次重大的火灾事故。

2. 事故原因

浓硝酸具有强氧化性，与易燃物和有机物（如糖、纤维素、木屑、棉花、稻草或废纱头等）接触会发生剧烈反应，甚至会引起燃烧。

【事故案例三】 原子吸收分光光度计爆炸事故

1. 事故经过

某化验室新进一台 3200 型原子吸收分光光度计，而该仪器在分析人员调试过程中却发生了爆炸。爆炸产生的冲击波将窗户内层玻璃全部震碎，仪器的上盖崩起 2 m 多高、3 m 多远。事故造成 3 人受伤，其中 2 人轻伤，另 1 人由于一块长约 0.5 cm 的玻璃射入眼内而住进医院治疗。

2. 事故原因

分析认为，仪器内部用聚乙烯管连接燃气乙炔，接头处漏气，分析人员在使用过程中安全检查不到位。查明原因后，厂家更换了一台新的原子吸收分光光度计，并把仪器内部的连接管全部换成不锈钢管。

【事故案例四】 润滑油开口闪点分析燃烧事故

1. 事故经过

某化验室做润滑油开口闪点分析，当班化验员做实验时加热速度过快，使润滑油很快达到燃烧温度，即遇火发生爆炸。化验员当时慌了手脚，没有采用旁边的灭火器灭火，而是大叫起来，结果在通风橱风力作用下火焰更大、烟雾弥漫，其他人听到喊叫声冲进化验室，及时用灭火器将大火扑灭。灭火后发现整个木制通风橱被烧得面目全非，玻璃都被烧变形了。

2. 事故原因

化验员经验少，升温速度过快，发生事故后又慌作一团，忘记使用放在附近的灭火器。主要是平常演习次数少，遇事不冷静。

【事故案例五】 煤油二甲苯燃烧事故

1. 事故经过

某化验室做粗酚中的酚和同系物试验,需制一种溶剂——煤油二甲苯。制作过程是:煤油经硫酸洗涤并与碱中和再进行蒸馏,先取 200~300 ℃的馏出物,再同二甲苯混合配成5：3的溶剂。但在蒸馏时化验员急于求成,擅自加快蒸馏速度,把电炉上的石棉网取下,而且烧瓶内的液体体积也超过烧瓶容积的 2/3,当煤油沸腾后烧瓶忽然破碎,煤油在电炉上剧烈燃烧起来,顿时大火夹杂着浓烟笼罩了整个化验室。化验员惊慌失措,大声喊叫,这时正在走廊干活的其他人员见状,马上使用灭火器将大火扑灭。灭火后发现,电炉导线绝缘皮已被烧焦,附近一塑料桶和烘箱都被烧焦变形,粗酚样品也被烧毁。

2. 事故原因

主要是化验员为了加快蒸馏速度调大了加热功率,撤掉了石棉网,烧瓶内的液体太多,同时蒸馏瓶壁太薄、质量差。

【事故案例六】 色谱仪柱箱爆炸事故

1. 事故经过

某化验室在 2 个月前维修一台 102G 型气相色谱仪柱箱时,维修人员把色谱柱自行卸下。另一名操作员对此不知情,在开启氢气、通电后准备开启气相色谱仪时,气相色谱仪柱箱突然爆炸,柱箱的前门被炸出 2 m 多远,柱箱变形,柱箱内的加热丝、热电偶、风机等均损坏。当时,幸亏这名操作员站在仪器旁边,幸免了伤害事故。

2. 事故原因

(1) 仪器维修人员对仪器进行改动后应通知相关的使用人员并挂牌;操作员在每次开机前都应检查一下气路,而两人都没有按规定操作。

(2) 化验室安全管理不到位。

第十章　自然灾害的预防与应急自救

第一节　常见地质灾害的预防与应急自救

一、泥石流的预防与自救

（一）泥石流的概念

泥石流，是指由暴雨（暴雪）或冰雪融水等水源激发的、在很短时间内忽然暴发的含有大量泥砂和石块的特别洪流。按流域形态分类，泥石流可分为标准型泥石流、河谷型泥石流和山坡型泥石流三种类型。

泥石流常出现在山区或者其他沟谷深壑、地形险峻的地区，具有突然性以及流速快、流量大、物质容量大和破坏力强等特点，比洪水更具有破坏力，常给人的生命和财产造成重大损失。

（二）泥石流形成的三个基本要件

（1）有陡峭便于集水集物的适当地形。

（2）上游堆积有丰富的松散固体物质。

（3）短期内有突然性的大量流水来源。

（三）泥石流的分布

（1）泥石流常发生在地形陡峭、树木植被很少的半干旱山区或高原冰川区。

（2）泥石流常发生在地质构造复杂、断裂褶皱发育、新构造活动强烈、地震烈度较高的地区。

（3）泥石流的分布受地形、地质和降水条件的控制，其中地形条件影响最大。在我国境内，泥石流多集中分布在一些大断裂、深大断裂发育的河流沟谷两侧。另外，黄土高原、祁连山和昆仑山的山前地带，秦岭、太行山地区以及北京的西山、辽宁西部的山区和吉林长白山地区，均有泥石流分布，甚至在我国东南沿海地区，也时有泥石流灾害发生。而我国西南横断山区，则是我国泥石流发生最频繁、危害最严重的典型分布区。

（四）野外施工作业预防泥石流的措施

（1）前往山区沟谷开展野外地质工作时，应事先了解当地近期天气情况和地质灾害预报，严禁大雨或连续阴雨天气前往山区沟谷作业。

（2）要选择平整的高地作为营地或钻场，避开有滚石和大量堆积物的山坡及山谷和河沟底部。

（3）沿山谷徒步时，一旦遭遇大雨，要迅速转移到安全的高地，不要在谷底过多停留。

（4）在山谷作业或行走，一旦有泥石流发生，应选择最短最安全的路径跑向沟谷两侧山坡或高地，切忌顺着泥石流前进方向奔跑；不要停留在坡度大、土层厚的凹处；不要上树躲避；避开河（沟）道弯曲的凹岸或地方狭小、高度又低的凸岸；不要躲在陡峻山体下，防止坡面泥石流或崩塌的发生。

二、滑坡的预防与自救

滑坡，是指斜坡上的土体或者岩体，受河流冲刷、地下水活动、地震及人工切坡等因素影响，在重力作用下沿着一定的软弱面或者软弱带，整体或者分散地顺坡向下滑动的自然现象。滑坡也俗称"走山""垮山""地滑""土溜"等。

产生滑坡的条件和滑坡的破坏程度主要与岩土类型、地质构造条件、地形地貌条件、水文地质条件以及地壳运动和人类工程活动等因素有关。滑坡的空间分布规律主要与地质因素和气候因素有关。

（一）滑坡的易发多发地区

（1）江、河、湖（水库）、海、沟的岸坡地带，地形高差大的峡谷地区，山区、铁路、公路、工程建筑物的边坡地段，等等，这些地带为滑坡形成提供了有利的地形地貌条件。

（2）地质构造带之中，如断裂带、地震带等。通常地震烈度大于Ⅶ度的地区，坡度大于25°的坡体在地震时极易发生滑坡；断裂带中的岩体破碎、裂隙发育，也容易产生滑坡。

（3）易滑（坡）的岩、土分布区。如松散覆盖层、黄土、泥岩、页岩、煤系地层和土的存在，为滑坡的形成提供了良好的物质基础。

（4）暴雨多发区或异常的强降雨地区。在这些地区，异常的降雨为滑坡发生提供了有利的诱发因素。

上述地带的叠加区域，就形成了滑坡的密集发育区。我国从太行山到秦岭，经鄂西、四川、云南到藏东一带就是这种典型地区，滑坡发生密度极大，危害非常严重。

（二）滑坡的避让措施

（1）在选择营地、钻场时不要选择在陡峭的高山、高坡、塬附近。

（2）野外作业如遇山体滑坡首先应沉着冷静，然后迅速撤离到安全地点。

（3）避灾场地应选择在滑坡地点两侧边界外围。

（4）当遇到山体崩滑无法继续逃离时，可躲避在结实的障碍物下或蹲在地坎、地沟里。

（5）系牢安全帽以保护好头部。

第二节　常见气象灾害的预防与应急自救

一、洪水的预防与自救

（一）洪水灾害概述

洪水，是由暴雨、急骤融冰化雪、风暴潮等自然因素引起的江河湖海水量迅速增加或水位迅猛上涨的水流现象。当洪水威胁到人类安全和影响社会经济活动并造成损失时称为洪水灾害。我国的洪水灾害十分频繁，新中国成立以来我国发生过多次较大洪水，造成了重大损失，如 1981 年长江上游洪水，1982 年黄河洪水，1991 年淮河和太湖洪水，1995 年长江、辽河、松花江洪水,1996 年珠江、长江、海河洪水,1998 年长江、嫩江、松花江、珠江、闽江等流域洪水,2020 年长江及淮河中下游洪水。

（二）避让洪水的措施与自救

（1）在选择营地时,不要选择在河谷、山谷等低洼处或者干枯的河床上。

（2）洪水来临,如果来不及跑上山坡等高地,可爬上附近的大树或大块岩石上暂避洪水。若不幸落水切勿惊慌,可抓住洪流中的树木等漂浮物漂流而下,在河湾等水流较缓处游到河边爬上河岸。

（3）洪水到来时来不及转移的人员,要就近迅速向山坡、高地、楼房、避洪台等地转移,或者立即爬上屋顶、楼房高层、大树、高墙等高的地方暂避。

（4）如果已被洪水包围,要设法尽快与当地政府防汛部门取得联系,报告自己的方位和险情,积极寻求救援。注意:千万不要游泳逃生,不可攀爬带电的电线杆、铁塔,也不要爬到泥坯房的屋顶。

（5）发现高压线铁塔倾斜或者电线断头下垂时,一定要迅速远避,防止直接触电或因地面"跨步电压"触电。

（6）洪水过后,要做好各项卫生防疫工作,预防疫病的流行。

二、雷电及预防措施

（一）雷电概述

雷电,是指一部分带电的云层与另一部分带异种电荷的云层相遇,或者是带电的云层对大地之间迅猛的放电。这种迅猛的放电过程产生强烈的闪电并伴随巨大的声音。

云层之间的放电主要对飞行器有危害,对地面上的建筑物和人、畜没有太大影响。但云层对大地的放电,则对建筑物、电子电气设备和人、畜危害甚大。

雷电造成的危害与其他因素造成的危害形式不同,闪电袭击迅猛,人们在尚未听到雷声之前就已触电而来不及躲避。更有甚者,雷击瞬间就有可能引起建筑、仓库、油库等着火和爆炸,造成物资和人员的巨大损失和伤亡。因此,很有必要了解雷电基本知识,掌握雷电预防措施。

（二）雷击的主要形式
雷击主要有以下三种形式。

1. 直击雷

直击雷是指带电的云层与大地上某一点(建筑物或防雷装置等地面目标)之间发生迅猛的放电现象。雷电直接击在受害物上,产生电效应、热效应和机械力,从而对设施或设备造成破坏和人畜造成伤害。地球上每年发生的直击雷占 31 亿次雷电总量的 1/5~1/6。直击雷放电电流可达 200 kA 以上,并有 1 MV 以上的高电压。雷云放电大多具有重复放电的性质,一次雷电的全部时间一般不超过 500 ms。大约 50% 的直击雷每次雷击有三四个冲击,最多能出现几十个冲击。

2. 感应雷

感应雷是指雷闪电流产生的强大电磁场变化与导体感应出的过电压、过电流形成的雷击。感应雷可由静电感应产生,也可由电磁感应产生。由静电感应产生的感应雷,其静电电压(感应电压)幅值可达到几万伏到几十万伏,往往会造成建筑物内的导线、接地不良的金属物导体和大型金属设备放电而引起电火花,从而引起火灾、爆炸,危及人身安全或对供电系统造成危害。由电磁感应产生的感应雷,其危害主要是使电子设备被击穿或烧毁,但其地点距离直接雷击的发生地很远,近则数百米,远则数千米或几十千米。

3. 球形雷

球形雷就是球形雷电(球形闪电),是一种十分罕见的闪电形状,通常都在雷暴之下发生。球形雷直径多为几十厘米,小的仅几厘米,大的达几十米,常呈橙色或红色,有时也显出绿色、蓝色或黄色。球形雷行走路线飘忽不定,喜欢钻洞,可以从烟囱、窗户、门缝钻进屋内,在房子里转一圈后一声闷响而消失。球形雷威力极大,它的中心温度一般超过 1 000 ℃,甚至达数千摄氏度,同时还带有高能量的电荷。球形雷有"跟风"的习性,即跟着气流运动。人碰到球形雷时若拔腿就跑,球形雷常会紧随而至。最好的避险方法是立即双手抱头,双脚并拢蹲下。

(三)雷电的能量

雷电电流平均约为 20 000 A(甚至更大),雷电电压大约是 1×10^{10} V(人体安全电压为 36 V)。一次雷电的时间大约为千分之一秒,平均一次雷电发出的功率达 200 亿 kW。我国建造的世界上最大的水力发电站——三峡水电站,其装机总容量为 1 820 万 kW,只有一次雷电功率的千分之一。

当然,雷电的电功率虽然很大,但由于放电时间短,所以闪电电流的电功并不算大,一次约为 5 555 度。全世界每秒就有 100 次以上的雷电现象,一年里雷电释放的总电能约为 17.5 万亿度。若一度电的电费为 0.30 元,全世界一年的雷电价值即为 5.25 万亿元,这是一笔巨大的财富,但目前人类还无法有效利用这种电能。

(四)雷电的危害

全球每年因雷击造成人员伤亡、财产损失不计其数。据不完全统计,我国每年因雷击以及雷击效应造成的人员伤亡达 3 000~4 000 人,财产损失在 50 亿~100 亿元人民币。其危害主要体现在以下几个方面。

1. 电效应的破坏作用

在雷电放电时,能产生高达数万伏甚至数十万伏的冲击电压,它的破坏力十分巨大,若不能迅速将其泄放入大地,将导致放电通道内的物体、建筑物、设施和人畜遭受严重的破坏或损害。它可能毁坏发电机、电力变压器等电气设备的绝缘,烧断电线和劈裂电杆,造成大规模停电,还可能引起短路、电子电气系统摧毁,导致可燃易燃物着火和爆炸等,甚至危及人畜的生命安全。

2. 热效应的破坏作用

当几十至上千安培的强大雷电流通过导体时,在极短的时间内将转换成大量的热能。雷击点的发热量为 500~1 000 J,这一能量可熔化 50~200 mm^3 的钢棒,如果雷击在易燃物上更容易引起火灾和爆炸。由于雷电的热效应,还将使雷电通道中的木材纤维缝隙和其他结构中间缝隙里的空气剧烈膨胀,同时使水分及其他物质分解为气体,造成被击物遭受严重破坏或造成爆碎。

3. 静电感应

当金属物处于雷云和大地电场中时,金属物上会感生出大量的电荷。雷云放电后,云与大地间的电场虽消失,但金属上感应积聚的电荷却来不及立即逸散,因而产生高达几万伏的对地电压,称为静电感应电压。它可以击穿数十厘米的空气间隙,发生火花放电。

4. 电磁感应

雷电具有很高的电压和很大的电流,同时又是在极短的时间发生的,因此在它周围的空间里将产生强大的交变电磁场,使电磁场中的导体感应出较大的电动势,同时还会使构成闭合回路的金属物也产生感应电流,若回路接触电阻过大就会局部发热或发生火花放电。

5. 雷电波侵入

雷击在架空线路、金属管道上会产生冲击电压,使雷电波沿线路和管道迅速传播。若侵入建筑内可造成配电装置和电气线路绝缘层击穿而产生短路,或使建筑物内的易燃可燃物品燃烧或爆炸。

6. 防雷装置上的高电压对建筑物的反击作用

当防雷装置接受雷击时,在接闪器和引下线接地体上都具有很高的电压,如果防雷装置与建筑物内外的电气设备、电气线路或其他金属管道的相隔距离很近,它们之间就会产生放电,可能引起电气设备绝缘破坏、金属管道烧穿,这种现象称为反击。

（五）构（建）筑物的雷电保护

雷电保护原理很简单,就是通过提供和造就一种手段,使雷闪放电能进入或离开大地,而不致被保的人员受到伤害和财产受到损失。雷电保护系统要能起到两个作用:一是当雷闪放电但电流尚未击中被保护对象时把它截住;二是接收雷闪电流,但把它无害地释放至大地。根据第二个作用原理,在构（建）筑物上方安装避雷器[构（建）筑物的金属构件也与避雷器连接作为其组成部分],把雷击电流引至大地。

（六）人身防雷

做好雷击期间的人身防护,主要注意以下几点。

（1）避免进入不加防雷保护的构（建）筑物内,尽快躲入采取防雷保护措施的构（建）筑物内,或者是进入地下掩蔽所、地铁、隧道、洞穴以及大型金属或金属框架结构建筑物内。

（2）尽可能离开空旷的田野、运动场、游泳池、湖泊和海滨,尽快躲入低洼地区或茂密树林中的空地,但不应在大树下躲避雷雨。

（3）尽量避开铁丝网、晾衣绳、架空线路、孤立的树木等,避免使用或接触电气设备、电话以及管道装置,不应把带有金属的物体扛在肩头或高过头顶。

（4）不要在山顶、山脊或建筑物顶部停留,最好的办法是寻找一个沟谷或凹地,不得已时就在平地上双脚并拢蹲下,既降低了高度又可以防止跨步电压。

（5）在野外要及时关闭移动电话、GPS手持机、无线对讲机等无线电发射和接收装置。在平坦的开阔地带,最好不要骑马、骑自行车、驾驶摩托车或敞篷拖拉机。

（6）地震、电法、测量等野外作业停止。炸药运输车、仪器车、测量设备应收起车载天线、断开地震大线。地震勘探施工晚间不收采集链大线情况下,必须收起交叉站。注意收听查看施工地天气预报,预报有雷电时,应在雷电到来之前把采集大线接头都断开。

（7）在户内时,应远离照明线、电话线、广播线、收音机及电视机电源线和天线以及与其相连的各种金属设备。

第三节　火灾的预防与应急自救

一、火灾的概述

火灾是指在时间或空间上失去控制的燃烧所造成的灾害。在各种灾害中,火灾是威胁公众安全和社会发展的主要灾害之一,具有经常性和普遍性。火灾每年都会夺走成千上万人的生命和健康,造成数以亿计的经济损失,因此火灾的消防工作重要性越来越突出。我国《消防法》规定,为了预防火灾和减少火灾危害,加强应急救援工作,保护人身、财产安全,维护公共安全,消防工作的方针是"预防为主、防消结合",消防工作的原则是"政府统一领导、部门依法监管、单位全面负责、公民积极参与",实行消防安全责任制,建立健全社会化的消防工作网络。

二、灭火的主要措施

燃烧的三要素是可燃物、氧化剂及温度,对于有焰燃烧一定存在自由基的链式反应这一要素。火灾一般经历初始、成长、极盛和衰减(熄灭)四个阶段,灭火的主要措施就是控制可燃物、减少氧气、降低温度和化学抑制。

1. 初起阶段

一般是电火花、未熄灭烟头等将易燃可燃物点着,经过一段时间阴燃而变成范围很小的明火,这时明火附近温度极不平衡,空气对流加剧,使得燃烧温度缓慢升高。这一阶段一般持续几分钟到十几分钟,若能及时发现火情,很容易将火险扑灭在萌芽阶段。

2. 成长阶段

此时可燃物的燃烧面积迅速扩大,着火处附近温度快速上升,在短时间内燃烧可转化为轰燃的全面燃烧状态。

3. 极盛阶段

可燃物处于全面燃烧状态,火势猛烈且温度迅速上升。极盛阶段持续时间长短主要取决于可燃物的数量、通风情况及围护结构材料的传热性能等。

4. 衰减阶段

当可燃物已燃烧约80%时,由于热量大量向四周散失,温度开始下降,直到火势熄灭。

三、常见的火灾伤亡事故

(1)被火直接烧伤烧死:主要是被困人员或扑救人员身处险地,来不及撤离。从实验数据来看,火的温度达到$800\sim1\,000\ ℃$,人只能生存$7.5\sim18\ s$。

(2)窒息伤亡:一是因一氧化碳中毒昏迷或死亡。当空气中的一氧化碳含量达到1%以上时,身体较弱者$1\ min$即可死亡,身体较强者$2\ min$即会死亡。二是在吸入火焰高温气流后,咽喉发生水肿堵死气管而导致死亡。

(3)坠落砸伤:主要是指被困人员和扑救人员从高处坠落伤亡,或被断木、落石等重物砸死砸伤。

四、火灾的类型及适用的灭火器类型

火灾按照燃烧物类型分为 A、B、C、D、E、F 等 6 类,火灾分类及扑救火灾选用的灭火器如下。

(一)A 类火灾

指固体物质火灾,这种物质通常具有有机物质性质,一般在燃烧时能产生灼热的余烬,如木材、煤、棉、纸张等火灾。扑救 A 类火灾可选择水型灭火器、泡沫灭火器、磷酸铵盐干粉灭火器、卤代烷灭火器等。

(二)B 类火灾

指液体或可熔化的固体物质火灾,如煤油、柴油、原油等火灾。扑救 B 类火灾可选择泡沫灭火器(化学泡沫灭火器只限于扑灭非极性溶剂)、干粉灭火器、卤代烷灭火器、二氧化碳灭火器等。

(三)C 类火灾

指气体火灾,如煤气、天然气、甲烷等火灾。扑救 C 类火灾可选择干粉灭火器、卤代烷灭火器、二氧化碳灭火器等。

(四)D 类火灾

指金属火灾,如钾、钠、镁等火灾。扑救 D 类火灾可选择粉状石墨灭火器、专用干粉灭火器,也可用干砂或铸铁屑末代替。

(五)E 类火灾

指物体带电燃烧的火灾,如家用电器、电子元件、电气设备(计算机、发电机、电动机、变压器等)以及电线电缆等燃烧时仍带电的火灾。扑救 E 类火灾可选择干粉灭火器、卤代烷灭火器、二氧化碳灭火器等。

(六)F 类火灾

指烹饪器具内的烹饪物(如动植物油脂)火灾。扑救 F 类火灾可选择干粉灭火器。

灭火器的种类很多,按其移动方式可分为手提式和推车式;按驱动灭火剂的动力来源可分为储气瓶式、储压式、化学反应式;按所充装的灭火剂则又可分为泡沫、干粉、卤代烷、二氧化碳、酸碱、清水等。

五、火灾救援和自救九诀

发生火灾时要及时打 119 火警电话。火场极为危险,随时可能爆炸,万万不可围观!

在火势越来越大、不能立即扑灭时,被困人员存在生命危险,此时应尽快设法脱险。如果门窗、通道、楼梯已被烟火封住,确实没有可能向外冲时,可向头部、身上浇些冷水或用湿毛巾(湿被单)将头部包好、用湿棉被(湿毯子)将身体裹好后再冲出险区。如果浓烟太大难以呼吸,可用口罩或毛巾捂住口鼻,身体尽量贴近地面行进或者爬行穿过险区。当楼梯已被烧断、通道已被堵死时,应保持镇静,设法从别的安全地方转移。

第一诀——通道出口,畅通无阻

楼梯、通道、安全出口等是火灾发生时最重要的逃生之路,应保证畅通无阻,切不可堆放杂物或设闸上锁,以便紧急时能安全迅速地通过。请记住:自断后路,必死无疑。

第二诀——争分夺秒,扑灭小火,惠及他人

如火灾发生时火势不大且尚未对人造成很大威胁时,并且周围有足够的消防器材(如灭火器、消防栓等),此时应奋力将小火控制、扑灭。请记住:千万不要惊慌失措地乱叫乱窜,置小火于不顾而酿成大灾。

第三诀——保持镇静,明辨方向,迅速撤离

突遇火灾,面对浓烟和烈火,首先要保持镇静,迅速判断危险地点和安全地点,尽快决定逃生办法和撤离险地。千万不要盲目地跟从人流和相互拥挤、乱冲乱窜。撤离时,要向外面空旷地方跑,尽量往楼层下面跑,若向下通道已被烟火封阻,则应背向烟火方向离开,逃至楼顶,或通过阳台、气窗、天台等往室外逃生。请记住:人只有沉着冷静,才能想出好办法。

第四诀——防止烟雾中毒,蒙鼻匍匐,预防窒息

逃生时,经过充满烟雾的路段要防止烟雾中毒、预防窒息。在浓烟中逃离,应尽量采取低姿势爬行,头部尽量贴近地面,同时采用毛巾、口罩蒙鼻方法防止浓烟呛入,也可以用充满空气的大的透明塑料袋罩住头部。穿过烟火封锁区,可向头部、身上浇冷水或用湿毛巾、湿棉被、湿毯子等将头部和身体裹好再冲出去。请记住:多件防护工具在手,总比赤手空拳好。

第五诀——善用通道,莫入电梯

按规范标准设计建造的建筑物,都会有两条以上逃生楼梯、通道或安全出口。发生火灾时,要根据情况选择进入相对较为安全的楼梯通道。除可以利用楼梯外,还可以利用建筑物的阳台、窗台、天面屋顶等攀到周围的安全地点,沿着落水管、避雷线等建筑结构中凸出物滑下楼。在高层建筑中,电梯的供电系统在火灾时随时会断电,电梯因受热而变形,电梯井犹如贯通的烟囱般直通各楼层,因此在火灾发生时严禁乘坐电梯逃生。请记住:逃生的时候,乘电梯极危险,禁止乘坐电梯逃生。

第六诀——缓降逃生,滑绳自救

高层、多层公共建筑内一般都设有高空缓降器或救生绳,人员可以通过这些设施安全地离开危险的楼层。如果没有这些专门设施而安全通道已被堵,救援人员又不能及时赶到,比较低的楼层可用结实的用水打湿的绳索(如果找不到绳索,可将床单或结实的窗帘布等物撕成条、拧成绳)拴在牢固的窗框或床架上,从窗台或阳台沿绳缓滑到下面楼层或地面而安全逃生。请记住:胆大心细,救命绳就在身边。

第七诀——避难场所,固守待援

假如用手摸房门已感到烫手,此时一旦开门,火焰与浓烟势必迎面扑来。在逃生通道被切断且短时间内无人救援时,可采取创造避难场所、固守待援的办法。首先应关紧迎火的门窗,打开背火的门窗,用湿毛巾或湿布塞堵门缝或用水浸湿棉被蒙上门窗,然后不停地用水淋透房间,防止烟火渗入,固守在房内,直到救援人员到达。请记住:坚盾何惧利矛!

第八诀——火已及身,切勿惊跑

火场上的人如果发现身上着了火,千万不可惊跑或用手拍打,应及时跳进水中或让人向身上浇水或使用水基灭火器(禁止用干粉灭火剂喷射人体)进行灭火,或者赶紧设法脱掉衣服,或者就地打滚压灭火苗。请记住:就地打滚虽狼狈,烈火焚身可免除。

第九诀——跳楼有术,虽损求生

跳楼逃生,也是一个逃生办法,但应该注意的是,只有在不跳楼即烧死且消防队员准备好救生气垫或楼层不高(一般4层以下)的情况下,才可以选择跳楼逃生。跳楼时应尽量往

救生气垫中部跳或选择有水池、软雨篷、草地等方向跳。如有可能,要尽量抱些棉被、沙发垫等松软物品或打开大雨伞跳下,以减缓冲击力。如果徒手跳楼,一定要扒窗台或阳台,使身体自然下垂跳下,以尽量降低垂直距离。落地前要双手抱紧头部,身体弯曲卷成一团,以减少伤害。请记住:跳楼不等于自杀,关键是要有办法。

六、野外森林、山林火灾的预防和自救

（一）野外森林、山林火灾的预防

（1）在林区、草原地区开展流动式施工,严格遵守"严禁携带火柴、打火机等火种进入施工区""禁止野外用火"等防火规定,必要时配备流动（轻便）灭火器,一旦发生火险,立即扑灭。

（2）在林区、草原区动用明火,必须严格动火审批程序,采取严格的防范措施。尽量不动用明火,进行加温作业时,要采取防止枯草树叶阴燃的措施。

（3）对于固定区域作业施工,要做好作业区域消防管理,建立制度,明确职责,加强教育,控制好可燃易燃物,消除掉点火源,配备好消防器材设施,经常性地开展火灾隐患大排查大整改工作,不漏死角,不留后患,发现问题立即整改。

（二）野外森林、山林火灾的自救

（1）发现或发生森林、山林、草原火灾时,应该及时拨打 12119 火警报警调度中心电话,准确报告起火单位或具体方位、火场的燃烧面积以及燃烧的植被种类。

（2）如果被大火围困在半山腰,要快速向山下跑,切记不能往山上跑。

（3）当发现自己处在森林火场中央,要保持头脑清醒,选择火已经烧过或杂草稀疏、地势平坦的地段转移。如附近有水,可把身上的衣服浸湿。穿越火线时,用衣服蒙住头部,快速向逆风的方向冲越火线,切记不能顺风在火线前方逃跑。

（4）陷入危险环境无法突围火圈时,应该选择植被少、火焰低的地区扒开浮土直到看见湿土,把脸放进小坑里面,用衣服包住头,双手放在身体正面,避开火头。

第十一章　交通运输安全管理

第一节　交通安全的危险因素分析

一、道路交通安全概况

交通安全是一个世界性的难题。据世界卫生组织报告,自 20 世纪以来,全世界已有 3 200 余万人死于交通事故,自 20 世纪 90 年代以来,全世界每年约有 50 余万人死于交通事故。交通事故已成为世界上最严重、危害最大的社会负面效应之一。

我国是一个道路交通事故高发且事故死亡率高的国家。据公安部公布的数据显示,2013 年以来我国机动车及汽车保有量呈现逐年增长态势,2020 年我国机动车保有量达 3.72 亿辆,其中汽车保有量达 2.81 亿辆,同比 2019 年(扣除报废注销量)增长了 3.56%,数量位居世界第二。庞大的机动车数量,导致每年发生汽车交通事故数量很大。据国家统计局统计,2019 年发生汽车交通事故 24.8 万起,直接财产损失 13.46 亿元,死亡人数 6.28 万人,意味着平均不到 8 min 就有一个人因交通事故丧生!交通事故不仅造成大量人员伤亡,给无数家庭带来不幸,而且严重影响经济发展和社会稳定。

二、我国道路交通安全风险因素分析

(一)绝大多数交通事故均由交通违法引起

《道路交通安全法》《道路交通安全法实施条例》等对道路交通安全尤其是驾驶人、行人等交通参与者的行为做了明确规定,但许多交通参与者交通安全规则意识淡薄,缺乏道路交通安全意识及责任意识,交通行为缺乏规范和秩序。

调研发现,机动车驾驶人的交通违法、违章行为仍然是事故发生的主要原因,因驾驶人因素导致的交通事故占比近 90%。交通违法、违章行为具体表现为超速行驶、违法超车、违法占道行驶、疲劳驾驶、无证驾驶、酒后驾驶、超载行驶、疏忽大意、措施不当、随意转弯且不开转向灯、路口抢行、夜间会车不变灯、乱停乱放、遇路口信号或堵车时逆行超车插队以及驾驶人开车不系安全带、跨越中心实线、违章掉头、闯禁行线、客运车辆随意停车上下乘客、大型车长时间占用小型车车道、机动车占用非机动车车道和开车打电话等行为。此外,很多行人对交通法规和交通安全基本常识缺乏了解,部分行人文明出行、遵守交通规则意识淡薄,如横过马路不走人行横道及闯红灯等违章现象,是发生交通事故造成人员伤亡的另一重要原因。

（二）驾驶员素质和驾驶技术差别很大

部分驾驶员素质不高，缺乏职业道德，安全驾驶技术水平不高，交通违法行为严重，特别是随着私家车保有量的高速增长，考取驾照的新手迅速增多，私家车交通事故亦大幅上升。低龄机动车驾驶员成为交通事故的主体现象尤其突出。

（三）车辆状况和安全性能各异

我国机动车种类多，动力性能差别大，安全性能低，管理难度大。特别是机动车拥有量增加速度已大大超过了道路增长速度，使得本来就不宽裕的路面更是雪上加霜，导致交通事故绝对数和交通事故伤亡人数急剧上升。此外，我国高速公路总里程已超过16万公里，位列世界第一，虽然我国加大机动车辆的报废淘汰力度，但车辆高速行驶的可靠性和安全性较差的状况导致了我国高速公路交通事故处于快速增长趋势。

（四）道路设施尚需完善提高

我国目前道路设施总体安全技术水平尚处于较低阶段，低等级公路的交通安全设施不齐全，交通标志线和交通控制设施尚不完善，个别道路交通负荷度过大，交通安全性差。道路建设方面缺乏有效的交通影响分析，缺乏足量配套措施、管理措施和停车设施，容易形成交通安全隐患。尤其是城市道路交通构成不合理，交通流中车型复杂，人车混行、机非混行问题严重。

（五）交通安全管理存在一定缺陷

交通安全管理涉及的部门较多，道路交通安全管理出现"三多三少"现象，即面上管理多、源头管理少，上路执勤多、深入到单位宣传少，经济处罚多、实际教育少。道路交通安全管理相对滞后，部分地区在车辆检验、牌照管理、年度审核和车辆报废等方面执行规定不严；对驾驶员培训、考核以及违章违法处罚和再教育的监督方面不严格，交通事故防治措施的科学性、有效性和长期性方面有待提高。

（六）不同地区发生交通事故存在较大差异

受社会经济、机动车保有量、人口数量和道路状况等因素影响，不同地区发生交通事故存在较大差异。根据国家统计局2018年交通事故情况，全国发生244 937起交通事故，广东、河南、广西、山东及江苏道路交通事故位于全国前五位，合计86 430起，占全国交通事故总数的38.3%。交通事故死亡人数位于前五位的分别为广东、湖北、江苏、广西、山东，合计死亡22 303人，占全国交通事故死亡总人数的35.3%。尤其是广东省，2018年共发生24 133起交通事故，死亡4 917人，受伤人数达24 025人，直接财产损失7 865.8万元。

三、地勘单位的交通安全管理特点

地勘单位的野外施工工作特点决定了其交通安全管理存在较大难度。虽然单位本部处于市区，但其施工地点多分布于荒郊野外，项目施工地的道路多为山路、土路，路况极差，存在诸多交通事故隐患，冰雪雨雾等恶劣天气使其更为加剧。项目施工区域跨度大，无论是设备材料运输，还是业务接洽和工作指导检查，都存在长距离的交通安全问题，特别是目前地勘单位的货物运输、吊装等作业多使用不固定的社会资源，以及野外施工项目车辆专职驾驶员比例较低，使得交通安全管理难度加大。

第二节　地勘单位道路交通安全管理

地勘单位道路交通安全管理应遵守国家交通安全法律法规,还应根据自身特点制定交通安全管理制度。

一、建立交通安全管理机构,明确交通安全管理目标

(1)坚持"生命至上、安全第一"的原则,建立和落实交通安全责任制度。各单位主要负责人是本单位交通安全第一责任人,各项目部(车间、钻机)负责人是本部门交通安全第一责任人。

(2)单位应成立在安委会指导下开展工作的交通安全管理领导小组,分管安全生产的领导担任组长,安全、生产和行政办公部门负责人担任副组长,明确交通安全管理责任部门。

(3)确定交通伤亡事故为零的、较为严格的交通安全管理目标。

(4)各单位、各项目部(车间、钻机)应制定本单位、本部门交通安全管理办法,负责本单位、本部门交通安全管理工作。

二、加强机动车驾驶人员的安全管理

(1)单位本部办公车辆驾驶员应是专职驾驶员。生产车辆驾驶员原则上应是专职驾驶员,确实不能配备专职驾驶员的,经单位主要负责人同意后,可指定兼职驾驶员。专(兼)职驾驶员应经本单位安全生产管理部门考核审定。

(2)驾驶员应具备与所驾驶车辆相适应的机动车驾驶证证书和能力。其中,兼职驾驶员必须具备3年及以上实际驾龄,驾驶技术良好;近3年内没有发生扣满12分/年情形及严重违法违章行为;无酗酒等不良嗜好,无高血压、心脏病、心脑血管、癫痫等影响交通安全的病例和病史。

(3)确需使用外聘人员当驾驶员的,要对外聘人员进行认真考察和体检,外聘人员必须满足上述条款要求,且经单位主要负责人同意后,签订相关安全协议。外聘驾驶员的身份证和驾驶证复印件应交各单位安全生产管理部门备案。

(4)驾驶和操作特种机动车辆的,除满足上述条款要求外,还要具有特种车辆驾驶证。

(5)驾驶员应认真学习和遵守交通安全法规。出车前应对车辆进行认真检查,不得"带病"出车。遵守交通安全规定,不得超速行车,不得疲劳驾车,严禁酒后驾车,严禁在驾车期间做影响安全驾驶的行为。

(6)安全生产管理部门负责组织驾驶员每年与所在单位签订在岗期间不饮酒"交通安全承诺书",不签订承诺书的,按自动离开驾驶工作岗位处理。

(7)驾驶员因违章违法行为一次性扣满12分的,应暂停驾驶资格3个月,或取消其驾驶资格;发生暂扣驾驶证6个月及以上处理的,不得再驾驶本单位车辆。

三、加强机动车辆的安全管理

(1)车辆的各项性能应满足行车安全需要。出车前,驾驶员应对车辆制动、转向、胎压等基本性能进行检查。平时应按照车辆行驶里程或其他要求,及时进行车辆保养。

（2）车辆所在单位应为车辆购买交强险以及必要的商业保险。

（3）车辆应在规定检验期限内进行安全技术检验。不得非法改变改装改造车辆。达到报废年限、报废标准的，应进行报废处理。

（4）车辆应装备三角警告牌、灭火器等必要的安全器材。

（5）建立车辆完整的技术档案，主要包括车辆履历、历次大修的时间以及更换的零部件、车辆损坏修复情况等。

四、加强车辆租用的安全管理

（1）野外项目部没有特殊情况不得租用外部车辆。确实需要的，必须详细了解外部车辆有关情况，报请单位主要负责人同意。不符合安全行车条件的不得租用。租用外部车辆，要制定相关的租用制度，签订交通安全协议，明确双方的责任和义务。

（2）因搬迁、吊装、工程施工等需要雇用外部车辆（吊车、运输车辆、交通车辆、工程车辆等）时，应选择有资质的正规单位，签订相关协议，明确双方的责任和义务。对驾驶员证件、能力、安全意识以及车辆能力、状况、车辆手续、保险等应进行认真核查，确保满足安全使用要求。

（3）在吊装等特殊作业过程中，要安排人员统一指挥，专人旁站，进行安全监督管理。重大吊装运输作业，应编制作业指导书和应急处置措施。

五、加强道路车辆交通安全的日常管理

（1）使用车辆必须办理申请审批手续。单位本部由行政办公室批准，项目部（车间、钻机）等部门由其负责人批准。

（2）执行紧急任务，需要日夜兼程的车辆，必须配备两名或以上的驾驶人员，禁止疲劳驾驶。

（3）未经批准，驾驶人员不得将车辆交给他人驾驶。严禁私自用公车教练他人学习驾驶。

（4）非疫情防控或其他特殊原因，长途出差原则上乘坐公共交通工具，减少带车出差。到项目工地开展检查指导工作时，应视检查人数合理选择交通工具。

（5）遇雪、雾、雨、风等恶劣天气以及道路损坏等不具备安全行车条件时，不得安排或从事机动车行车活动。道路路况不能确保安全行车的，不得强行通过。

（6）一线施工作业车辆收工回到单位本部，超过 2 d 后，小车由行政办公室负责管理，大车由生产部门负责管理。节假日期间，除应急、抢险车辆外，其余车辆一律封存。

（7）项目工地与职工宿舍不在同一场区，需要通勤车辆时，项目部应统一安排通勤车辆，职工不得私自驾车。在项目工地施工期间，职工不得私驾车辆离开工地或住宿区域，确需离开的，应请假并获得批准后方可离开。

（8）测井工程车辆应当遵守有关法规，做好车辆、设备和放射性物品交通安全管理工作，依法依规运输，保障车辆、设备和放射性物品安全。

六、加强交通安全考核

（1）各单位、各项目部（车间、钻机）应积极开展交通安全教育和交通安全考核，每季度

不少于一次,并记录在案。

(2) 驾驶人员应遵守交通安全法律法规。发生交通安全事故时,按交管部门出具的责任认定书和单位安全生产管理办法,对责任人进行处理。

(3) 驾驶人员因违反交通安全法律法规受到处罚时,驾驶人员承担全部责任。因饮酒、闯红灯或接打电话等情况受到处罚时,不但驾驶人员承担全部责任,而且乘车人员和本单位(本部门)安全负责人要负连带领导责任。

(4) 交通安全情况纳入安全考核,并计入经营业绩考核。

第三节　特殊环境下的安全行车

一、高速公路上的安全行车

(1) 机动车驶入高速公路前应仔细检查轮胎、燃料、润滑油、制动器、灯光、灭火器具、反光的故障车警告标志等装置装备,保证齐全有效。

(2) 保持安全车速行驶,切忌车速过高。在超车、减速、变换车道、并线、驶出主路前,应及早地对前后左右的车辆发出信号。

(3) 复杂气象多注意安全。遇大风、雪、雾天或者路面结冰时,将车速降至安全行驶速度,按规定使用灯光。情况紧急时,应将车辆驶离高速公路。

(4) 如遇前方堵车时,应保持安全停车车距。情况紧急危及人身安全时,应立即通知人员迅速撤离危险区段。

(5) 车辆发生故障时,要立即开启"双闪灯",把故障车标志放置在来车方向 150 m 外。如果是夜间或雾天等能见度较低的天气,还必须开启宽灯和尾灯,人员迅速撤离危险区域。

二、山地中的安全行车

(1) 行车前需准备千斤顶、钢丝绳、铁锹等救援设备,要检查车况,确认车况良好。

(2) 行车时要注意靠山崖一侧留有一定的安全距离,以防石崖或树干等刷碰车辆或货物而发生事故。

(3) 遇到特殊路段应下车踏勘道路情况,确认能够安全通行时再驾车通过。在通过急转弯道路时,车辆必须减速沿弯道外侧缓慢行驶,以防后轮掉入内侧或碰撞内侧障碍物。

(4) 山地驾车因汽车动力不足或换挡不成突然溜滑,应立即使用手刹、脚刹制动停车,停车后在车轮下垫塞三角木、石块等物再重新起步。制动无效汽车继续向后溜滑时,应注意控制方向,使车尾向路边的山体、岩石、大树等天然障碍物靠拢,利用路边天然障碍物阻止汽车下滑。或将汽车驶入路边农田、沙地,以缓冲并消耗汽车的惯性能量,减少事故损失。

三、沙漠中的安全行车

(1) 行车前需准备如 GPS、车载电台、卫星电话、钢丝绳、铁锹、木板、千斤顶、应急物品、衣物等设备和物品。此外,还必须备足燃料、水、粮食和应急药品等。

(2) 出行前要检查车况,确认车况良好。出行前务必要对车辆进行认真检查,特别是制动系统、发动机、轮胎、机油以及水箱一定要保持完好状态,车辆冷却液循环处于正常。

（3）在行驶中如果前方有大的沙丘或陡坡,要采用大油门高转速,利用车速惯性冲上去。一旦冲不上去车速下降时,应采取右转或左转调头下坡,尽量不让车子停下来。

（4）行驶中途遇到问题需要停车,要找路（地）面较硬或有草的盐碱地或略带下坡的路面停车,便于车子再次起步。

（5）沙漠陷车时,应立即停车排除车轮周围的积沙,将车后倒一段距离再前进,不可原地继续驱动,防止越陷越深。车辆冷却液温度过高时,应立即找一块地面较硬的地方停车,将车头迎风摆放,打开引擎盖,在车怠速的情况下,利用自然风降温。

（6）在沙漠中遇见沙暴应将汽车停在迎风坡,关紧车门车窗躲避沙暴。千万不要到沙丘的背风坡躲避,防止被沙暴埋没。

四、冰雪路段的安全行车

车辆在冰雪道路上行驶,路面摩擦系数小,车轮容易空转或滑溜,造成起步、制动困难或方向失控。冰雪路段的安全行车要点如下:

（1）起步时应柔和缓慢,减少驱动轮滑转,使用较小的摩擦力。起步困难时,可在驱动轮下铺垫沙土、炉渣等物料,或在驱动轮下的冰面上刨挖出横向沟槽以提高摩擦力。条件允许或确有必要时,应采用防滑轮胎、加装防滑链等措施。

（2）转弯时应减速,增大转弯半径,不可猛转猛回以防侧滑。

（3）尽量不超车,必须超车时应选择好的路段,待到前车让车后方可超车。结队行驶时,要加大车与车之间的安全距离。

（4）通过冰雪坡道,应根据坡度的大小选择适当挡位,避免中途换挡。路滑不能上坡时,应铲除冰雪或铺垫沙土、炉渣等物料后再上坡。下坡用低速挡,利用发动机控制车速,严禁空挡滑行,避免紧急制动。

第四节 特殊气候条件下的安全行车

一、雾天、雨雪天行车

雨、雪、雾天能见度低,容易使轮胎与路面附着力减小、车轮打滑,从而使制动距离增加,对安全行车有严重影响。雨、雪、雾天安全行车的要点如下:

（1）降低车速,使制动距离小于驾驶员的可见距离。

（2）充分利用各种车灯（如雾灯、尾灯、应急灯）提高自身车辆的视认性。

（3）增大跟车距离,防止发生追尾事故。

（4）不论道路有无中心线,车辆都不要超过道路中心行驶,以免迎面来车避让不及。同时,密切注意路面行人和非机动车状况。

（5）雨、雪、雾天天气恶劣不能行车时,车不能停在路口或弯道上。停车时,应开启示宽灯、尾灯、应急灯,予以警告。人员应撤离危险区域。

（6）雨、雪、雾天行车时的不可预测因素太多,驾驶车辆一定要降低车速,慢速行驶,给驾驶人留出更多的思考和动作时间,从而做出正确的操作。

（7）雨、雪、雾天行车,给自己车辆和对方车辆多留点量,不要争抢车道,发现情况时应提前减速。

二、大风天气的安全行车

(1) 在大风伴有扬沙时,应打开雾灯,便于其他车辆提早发现。

(2) 在普通道路上行驶时应尽量靠近中央,同时多注意行人和非机动车的动态。

(3) 在高速道路和国道上行驶时,应注意大货车,提防车上物品坠落。超越大型车辆时,应加大超车的距离,以较小的速差匀速接近大车,切勿速度过快,以减少大车的空气扰流对己车的影响。

(4) 适当降挡行驶,增大扭力输出,提高车轮对地面的附着力操控,加大安全系数。

(5) 及时清洁空气滤清器。

三、高温天气的安全行车

(1) 防中暑。气温高,驾驶员流汗多,精力消耗大,易中暑。应适当安排好休息时间,带齐水壶、毛巾和防暑药品。

(2) 防疲劳驾驶。长时间驾车容易疲劳,在行车过程中应定时停车休息,当出现打瞌睡、精力不集中等预兆时,应立即停车休息。

(3) 防爆胎。汽车高速行驶,尤其在行驶环境温度较高时,容易爆胎,所以要经常检查轮胎的温度和压力。若胎温、胎压过高,需将车停在阴凉处,以降低轮胎的温度和压力,切勿采用放气方法减小胎压。冷水喷冲高温轮胎,虽可以降低轮胎的温度和压力,但会加快轮胎的老化速度,大大降低轮胎的使用寿命,一般不采用。

(4) 防"开锅"。要经常检查散热器的工作性能,定期清洁,使其保持良好散热功能。车辆行驶过程中应注意观察水温的变化,一旦出现"开锅"现象,待水温下降后再加注冷却水。

(5) 防火灾。应经常检查各处电线和燃油管的接头,以防引发车辆火灾。同时在车上要保证灭火器等消防器材完好齐全。

四、低温天气的安全行车

(1) 低温条件下,润滑油黏滞度增加,不易流动,启动发动机后应让发动机保持1 100 rpm 左右,让车预热后再起步。

(2) 车辆起步应柔和缓慢,一方面让发动机在未达到正常运转温度时负载尽量小,另一方面让处于较冷硬状态的轮胎有一个渐热的过程。

(3) 车辆行驶过程中应保持匀速,切忌猛加油狠减速。

(4) 在冰雪路面上行车时,应加装防滑链,保持直线行走,不要频繁变更车道,有车辙处最好沿车辙走,没有车辙处应注意周围参照物,辨明道路的走向,提防覆雪掩盖下的坑洼。

第五节　货物运输装卸的安全要求

采用车辆运输货物,货物装卸直接影响着运输安全,因此在装卸时必须做到以下几个方面:

(1) 不准超载、超高、超宽、超长。确需超高、超宽、超长时,应办理超限通行证,并做出明显标识。

（2）装卸成件货物，应紧靠稳固。对大件和易移、滚动的货物，应用绳索捆紧、拴牢，用支杆、垫板或挡板固定。高出车厢的货物应捆紧绑牢，以免车辆行驶在转弯或急刹车时造成货物滚动，造成货物翻滚出车厢等事故。

（3）应使货物重量分布均匀，车厢前后、左右要基本相等，切勿偏重一边。

（4）吊钩、吊环、钢丝绳等吊挂用具，应在使用前进行检查，严禁使用不合安全标准的吊挂用具。

（5）除上述要求外，车辆驾驶员应负责监督装卸工作。用吊车装卸货物时，车辆驾驶员和随车人员应远离车辆。

第十二章　常见危险作业安全知识

安全生产,在本质上是安全和生产的有机统一,安全是前提,生产是主体,生产必须安全,安全为了生产。安全的内容十分丰富,涉及各行各业、方方面面。本章主要就地勘单位生产施工涉及的机械安全、电气安全、特种设备安全、起重作业安全、焊接与切割作业安全等知识和技术予以介绍。

第一节　机械安全技术

机械是现代生产经营活动中不可缺少的装备,它给人们带来高效、快捷和方便的同时,也会带来不安全的因素。由于人—机—环境系统的危险因素不能及时被发现、排除,由机械引发的意外事故不断增加,机械伤害事故在生产经营单位的工伤事故中占相当大的比例。机械安全技术,是指从人的安全需要出发,在使用机械全过程的各种状态下达到人的身心免受外界因素危害的存在状态和保障条件。

一、机械的组成

机械,是指一种由若干相互联系的零部件按一定规律装配组成、能够完成一定功能的装置。机械设备在运行中,至少有一部分按一定的规律做相对运动。一般机械装置由原动机、传动部分、控制操纵系统和执行部分等组成。

（一）原动机

原动机是驱动整部机器以完成预定功能的动力源。通常一台机器只用一个原动机,复杂的机器也可能有几个动力源。现代机器中使用的原动机大都以电动机和热力机等为主。

（二）传动部分

机器中的传动部分,是指将原动机和工作机联系起来,传递运动、动力或改变运动形式的部分。例如,把旋转运动变为直线运动、高转速变为低转速、小转矩变为大转矩等。

（三）控制操纵系统

控制操纵系统,是指用以控制机器的运动和状态的系统,如机器的启动、制动、换向、调速、压力和温度等。控制操纵系统包括各种操纵器和显示器。

（四）执行部分

执行部分,是指用以完成机器预定功能的组成部分。它通过利用机械(如刀具或其他器具与物料的相对运动或直接作用)来改变物料的形状、尺寸、状态或位置的机构。

二、机械设备的危险

（1）刺割伤：钳工使用刮刀、机加工产生的切屑、木板上的铁钉、厨师的刀具等都是十分锐利的，高速水流、高压气流也同快刀一样对人体未加防护的部位都可以造成刺割伤害。

（2）打砸伤：高空坠物及工件或砂轮高速旋转时沿切线方向飞出的碎片、爆炸物碎块、起重机械等都可导致打砸伤。

（3）碾绞伤：运动的车辆、滚筒、轧辊、钢丝绳以及旋转的皮带、齿轮等均可导致碾绞伤。

（4）烫伤：熔融的金属液、熔渣，爆炸引起的高温溶液飞溅，灼热的铸件、锻件等发热体及金属加工件，与人体裸露部分接触都会导致烫伤。

三、机械伤害的原因

伤害事故隐患可存在于机器的设计、制造、运输、安装、使用、维护等机器的整个生产使用的各个环节。用安全系统的分析观点看，机械伤害的主要原因有物的不安全状态、人的不安全行为和安全管理上的缺陷等。

（一）物的不安全状态

在机械安全方面，物的不安全状态主要表现在以下方面：

（1）设计不合理、计算错误、安全系数值小、对使用条件估计不足等。

（2）在使用过程中缺乏必要的安全防护，润滑保养不良，零部件超过其使用寿命而未及时更换。

（3）不符合卫生安全标准的不良作业环境等也可能造成机械伤害事故。

（二）人的不安全行为

引发机械伤害的主要原因，是人缺乏安全意识和安全操作技能差。人的不安全行为主要表现在以下方面：

（1）不了解机器性能及存在的危险，不按操作规程操作。

（2）缺乏自我保护意识和处理意外情况的能力。

（3）工具随手乱放，清理机器或测量工件不停机等。

（4）指挥失误、操作失误、监护失误等是人的不安全行为的常见表现形式。

（三）安全管理缺陷

安全管理缺陷，是造成机械伤害的间接原因，但在一定程度上又是主要原因。它反映一个单位的安全管理水平，包括领导的安全意识、安全管理人员的监管水平、维护机械的安全技能、安全生产规章制度的建立和对员工的教育培训等。

四、典型机械设备危险及防护措施

（一）典型机械设备危险因素

1. 压力机械的危险因素

（1）误操作：工序单一、操作频繁，容易引起人的精神紧张和身体疲劳。如果是手工下料，特别是在采用脚踏开关的情况下，极易引发误动作，造成事故。如冲床操作极易造成轧手事故或设备受到损坏。

（2）动作失调：速度快、生产率高，在手工上下料的情况下体力消耗大，容易产生动作失调而发生事故。

(3) 设备故障:压力机械本身的一些故障,如离合器失灵、调整模具时滑块下滑、脚踏开关失控等,都会出现人身伤害。

2. 剪板机械的危险因素

剪板机是将金属板料按生产需要剪切成不同规格的机械。剪板机的刀口非常锋利,是个危险的"虎口",而工作中操作的手指又经常接近刀口,只要操作不当就会发生剪切手指等严重事故。

3. 车削加工的危险因素

(1) 切屑飞溅及缠绕伤害:车削加工最主要的不安全因素是切屑的飞溅、崩碎屑飞溅,特别是切削过程中形成的切屑卷曲、边缘锋利、连续呈螺旋状,容易缠绕操作者的手或造成身体伤害。

(2) 车削加工时卷入伤害:车削加工时,暴露在外的旋转部分钩住操作者的衣服或将手卷入转动部分造成伤害事故,长棒料工件和异形加工物的突出部分更容易伤人。

(3) 清除切屑伤害:车床运转中用手清除切屑、测量工件或用砂布打磨工件毛刺,均易造成手和运动部件摩擦而造成伤害事故。

4. 铣削加工的危险因素

高速旋转的铣刀及铣削中产生的振动和飞屑,是铣削加工操作中的主要危险因素。

5. 钻削加工的危险因素

(1) 旋转的主轴、钻头卷入伤害:在钻床上加工工件时,主要的危险因素是旋转的主轴、钻头以及随钻头一起旋转的长螺旋形切屑卷住操作者的衣服、手和长发而造成伤害事故。

(2) 工件夹装不牢伤害:工件夹装不牢或根本没用夹具而是用手握住进行钻削,在切削力作用下工件松动歪斜,甚至随钻头一起旋转伤人。

(3) 用手清除切屑伤害:切削中用手清除切屑、用手制动钻头、主轴而造成伤害事故。

6. 刨削加工的危险因素

直线往复运动部件(如牛刨床滑枕、龙门刨床工作台等)发生飞车,或将操作者挤向固定物(如墙壁、柱子等),工件"走动"甚至滑出,飞溅的切屑,等等,都是主要的危险因素。

(二) 机械设备加工作业的安全防护措施

车削、铣削、钻削、刨削、磨削等机械加工作业,其安全防护措施在许多方面都是共性的。

(1) 开始操作前,必须认真检查防护装置是否完好,离合器制动装置是否灵活和安全可靠。

(2) 各种机械的传动部分必须要有防护罩和防护套。在切屑飞出的方向安装合适的防护网或防护板。使用套丝机、立式钻床、木工平刨作业等,操作人员严禁戴手套。使用砂轮机、切割机,操作人员必须戴防护眼镜。

(3) 随时用毛刷清除切屑,对切下来的带状切屑、螺旋状切屑,应用钩子进行清除,切忌用手拉。

(4) 加工工料时应该用专用工具送料,最好安装自动送料装置,严禁直接用手送料。机械设备在运转时严禁用手调整,不得用手测量零部件或进行润滑、清扫杂物等。两人以上协同操作时,必须确定一个人统一指挥。

(5) 按照用电安全技术规范要求,做好各类电动机械和手持电动工具的接地或接零保护,防止发生漏电。现场固定的加工机械的电源线必须加塑料套管理地保护,以防止被加工件压破发生触电。

(6)机械在运转中不得进行维修、保养、紧固、调整等作业。机械在运转中操作人员不得擅离岗位或把机械交给别人操作,作业时思想要集中,严禁酒后作业。

第二节　电气安全技术

电能源已成为当代人生产、生活的重要依赖。目前,地勘单位在生产施工时,也越来越多地使用电器设备,设备的功率、电压、电流等差异也很大。如果不懂得用电安全常识和缺少安全防护措施,或由于安全管理缺位和运行维护不当等,也会使人受到电的伤害。《地质勘探安全规程》(AQ 2004—2005)中对电气安全有专门规定。本节主要按照电能形态,对预防触电事故、电磁辐射事故和电气装置事故的安全技术做简要介绍。

一、触电事故基本知识

触电事故,是指由电流及转换成的能量造成的事故。为了更好地预防触电事故,人们应该了解一些关于电的基本知识。

(一)电击

通常所说的触电,即指的是电击。电击是电流对人体内部组织造成的伤害,是最危险的一种伤害,绝大多数的触电死亡事故都是电击造成的。

按照发生电击时电气设备的状态,电击分为两种:一是正常状态下的电击,人体触及设备和线路正常运行时的带电体发生的电击;二是故障状态下的电击,人体触及正常状态下不带电,而当设备或线路发生故障时意外带电发生的电击。

(二)电伤

电伤,是指由电流的热效应、化学效应和机械效应等对人体造成的伤害。电伤分为电弧烧伤、电流灼伤、皮肤金属化、电烙印、机械性损伤和电光眼等伤害。电弧烧伤是弧光放电造成的烧伤,是最危险的烧伤。电弧温度高达 8 000 ℃左右,可造成大面积、大深度的烧伤,甚至烧焦、烧毁人的四肢及其他部位。

(三)单相触电

当人体直接碰触带电设备其中的一相时,电流通过人体流入大地,这种触电现象称为单相触电。对于高压带电体,人体虽未直接接触,但由于超过了安全距离,高电压对人体放电,造成单相接地而引起的触电,也属于单相触电。

(四)两相触电

人体同时接触带电设备或线路中的两相导体,或在高压系统中人体同时接近不同相的两相带电导体而发生电弧放电,电流从一相导体通过人体流入另一相导体,构成一个闭合回路,这种触电方式称为两相触电。发生两相触电时,作用于人体上的电压等于线电压,因此这种触电是最危险的。

(五)跨步电压触电

当电气设备发生接地故障时,接地电流通过接地体向大地流散,在地面上形成电位分布时,若人在接地短路点周围行走,其两脚之间的电位差就是跨步电压。由跨步电压引起的人体触电,称为跨步电压触电。

二、触电事故规律分析

为防止触电事故,应当了解触电事故的规律。从发生触电事故的统计资料看,可总结出以下触电事故规律。

(一)触电事故的季节性明显

统计资料表明,每年二、三季度事故较多,特别是6~9月份的事故最为集中。主要原因是这段时间天气炎热,人体衣单且出汗,触电危险性大;该季节多雨、潮湿,地面导电性增强,容易构成电击电流的回路,而且电气设备的绝缘电阻低,容易漏电。

(二)电气连接部位触电事故多

统计资料表明,很多触电事故均发生在接线端子、缠接接头、焊接接头、电缆头、灯座、插销、插座、控制开关和接触器等的分支线、接线处,主要是这些连接部位牢固性较差,接触电阻较大,绝缘强度较低以及可能发生化学反应等缘故。

(三)错误操作和违规作业造成的触电事故多

统计资料表明,有85%以上的触电事故是由于错误操作和违规作业造成的,其主要原因是安全教育不够、安全制度不严和安全措施不完善以及操作者技能和素质不高等。

(四)矿业及建筑行业触电事故多

矿业(冶金、煤炭等)、建筑、机械行业触电事故多。主要原因是这些行业的移动式设备和携带式设备多,施工人员多为缺乏电气安全知识的合同工和临时工,现场管理较乱;生产现场多在野外,常伴有潮湿、高温、作业环境艰苦且交通不便等。

三、防触电安全技术

(一)绝缘

绝缘,是指用绝缘物把带电体封闭起来。电气设备的绝缘,应符合其相应的电压等级、环境条件和使用条件。电气设备绝缘部分不能受潮,表面光泽不得减退,不得有裂纹或放电痕迹,不得有粉尘、纤维或其他污物,运行时不得有异味。绝缘电阻不得低于每伏工作电压1 000 Ω,并应符合专业标准的规定。

(二)双重绝缘和加强绝缘

1. 双重绝缘

双重绝缘,是指工作绝缘(基本绝缘)和保护绝缘(附加绝缘)。前者是指带电体与不可触及的导体之间的绝缘,是保证设备正常工作和防止电击的基本绝缘;后者是指不可触及的导体与可触及的导体之间的绝缘,是当工作绝缘损坏后用于防止电击的绝缘。

2. 加强绝缘

加强绝缘,是指具有与上述双重绝缘相同水平的单一绝缘。具有双重绝缘的电气设备属于Ⅱ类设备,在其明显部位应有"回"形标志。

(三)屏护

屏护,是指采用遮拦、护罩、护盖、箱闸等将带电体同外界隔绝开来。屏护装置应有足够的尺寸,应与带电体保证足够的安全距离。遮拦与低压裸导体的距离不应小于0.8 m;网眼遮拦与裸导体之间的距离,低压设备不宜小于0.15 m,10 kV设备不宜小于0.35 m。屏护装置应安装牢固,金属材料制成的屏护装置应可靠接地(或接零),遮拦、栅栏应根据需要悬挂标示牌、警示牌,遮拦出入口的门上应根据需要安装信号装置和连锁装置。

（四）间距

间距,是指将可能触及的带电体置于可能触及的范围之外,其安全作用与屏护的安全作用基本相同。带电体与地面之间、带电体与树木之间、带电体与其他设备之间、带电体与带电体之间,均需保持一定的安全距离。安全距离的大小取决于电压高低、设备类型、环境条件和安装方式等因素。

（五）安全电压

安全电压,是指在一定条件、一定时间内不危及生命安全的电压。具有安全电压的设备属于Ⅲ类设备。我国规定工频有效值的额定值,有 42 V、36 V、24 V、12 V、6 V 等几种。

（1）凡特别危险环境使用的携带式电动工具应采用 42 V 安全电压。

（2）凡有电击危险环境使用的手持照明灯和局部照明灯应采用 36 V 或 24 V 安全电压。

（3）金属容器内、隧道内、水井内以及周围有大面积接地导体等工作地点以及狭窄、行动不便的环境,应采用 12 V 安全电压。

（4）水上作业等特殊场所,应采用 6 V 安全电压。

（六）漏电保护（剩余电流保护）

漏电保护装置,主要用于防止间接接触电击和直接接触电击,同时也用于防止漏电火灾和监测一相接地故障。电流型漏电保护装置的动作电流分为 15 级:0.006 A、0.01 A、0.015 A、0.03 A、0.05 A、0.075 A、0.1 A、0.2 A、0.3 A、0.5 A、1 A、3 A、5 A、10 A、20 A 等。30 mA 及 30 mA 以下属于高灵敏度漏电保护装置,用于防止触电事故;30~1 000 mA属于中等灵敏度漏电保护装置,用于防止触电事故漏电火灾;大于 1 000 mA 属于低灵敏度漏电保护装置,用于防止漏电火灾和监视一相接地故障。

（七）保护接地（IT 系统）

保护接地,就是将电气设备在故障情况下可能呈现危险电压的金属部位经接地线、接地体与大地紧密地连接起来。其安全原理是把故障电压限制在安全范围内,以保证电气设备(包括变压器、电机和配电装置)在运行、维护和检修时,不因设备的绝缘损坏而导致人身事故。保护接地也称 IT 系统,字母 I 表示配电网不接地或经高阻抗接地,字母 T 表示电气设备外壳接地。所谓接地,就是将设备的某一部位经接地装置与大地紧密连接起来。在 380 V不接地低压系统中,一般要求保护接地电阻 $R<4$ Ω,当配电变压器或发电机的容量不超过 100 kV·A 时,要求 $R<10$ Ω。

（八）保护接零（TN 系统）

TN 系统,即保护接零系统。在 TN 系统中,所有电气设备的外露可导电部分均接到保护线上,并与电源的接地点相连,这个接地点通常是配电系统的中性点。当故障使电气设备金属外壳带电时,形成相线和零线短路,回路电阻小,电流大,能使熔丝迅速熔断或保护装置动作切断电源。TN 系统分为 TN-S、TN-C-S 和 TN-C 三种类型。

TN-S 系统是具有专用保护零线的中性点直接接地的系统,俗称三相五线制系统,N 线和 PE 线是分开的,它的安全性能最好,用于有爆炸危险、火灾危险性大及其他安全要求高的场所。TN-C-S 系统的安全性能次于 TN-S 系统,用于厂内低压配电的场所及民用楼房。

TN-C 系统的安全性能相较于前两项最低,适用于触电危险性小、用电设备简单的场所。

四、安全用电及事故的预防

(1) 不要随便乱动车间内的电气设备。自己使用的设备、工具如果电气部分出了故障,应请电工修理,不得擅自修理,更不得带故障运行。

(2) 自己经常接触和使用的配电箱、配电板、闸刀开关、按钮开关、插座、插销以及导线等,必须保持完好、安全,不得有破损或将带电部分裸露出来。

(3) 电气设备的外壳应按有关安全规程进行防护性接地和接零。对接地和接零的设施要经常检查,保证连接牢固,接地和接零的导线没有任何断开的地方。

(4) 移动某些非固定安装的电气设备,如电风扇、照明灯、电焊机等时,必须先切断电源再移动。导线要收拾好,不得在地面上拖来拖去,以免磨损。导线被物体轧住时不要硬拉,防止将导线拉断。

(5) 使用手电钻、电砂轮等手用电动工具时,必须安设漏电保护器,同时工具的金属外壳应进行防护性接地或接零,操作时应戴好绝缘手套和站在绝缘板上。

(6) 使用的行灯要有良好的绝缘手柄和金属护罩。灯泡的金属灯口不得外露,引线要采用有护套的双芯软线并装有"T"型插头,避免插入高电压的插座上。一般场所,行灯的电压不得超过 36 V,在特别危险的场所,如锅炉、金属容器内、潮湿的地沟处等,其电压不得超过 12 V。

(7) 一般禁止使用临时线路,必须使用时应经过技安部门批准。临时线路应按有关安全规定安装好,不得随便乱拉乱拽,还应在规定时间内拆除。

(8) 使用汽油洗涤零件、擦拭金属板材等,容易产生静电火灾、爆炸事故,必须有良好的接地装置,以便及时导除聚集的静电。

(9) 在雷雨天,不要走近高压电杆、铁塔,以免雷击时发生跨步电压触电事故。

(10) 发生电气火灾时,应立即切断电源,用黄沙、二氧化碳、四氯化碳等灭火器材灭火。切不可用水或泡沫灭火器灭火。救火时,应注意自己身体的任何部分及灭火器具不得与电线、电器设备接触。

(11) 打扫卫生、擦拭设备时,严禁用水冲洗或用湿布擦拭电气设施,以防发生短路和触电事故。

(12) 地勘行业用电,执行《施工现场临时用电安全技术规范》(JGJ 46—2005)规定要求。

第三节　特种设备安全技术

一、特种设备使用安全概述

(一) 特种设备

特种设备,是指涉及生命安全、危险性较大的锅炉、压力容器(含气瓶)、压力管道、电梯、起重机械、客运索道、大型游乐设施和场(厂)内专用机动车辆这八大类设备。地勘单位使用较多的特种设备主要有压力容器、起重机械、场(厂)内专用机动车辆等。特种设备具有潜在危险性,国家对各类特种设备的生产、使用、检验检测三个环节都有严格的规定。特种设备使用单位在安装、使用和维保方面,也要严格管理,避免发生事故。

(二)特种设备的安全管理要求

(1)特种设备安装、操作、维修保养等作业人员,必须接受专业的培训和考核,取得地、市级以上质量技术监督行政部门颁发的《特种设备作业人员资格证》后,方能从事相应的工作。

(2)使用单位必须严格执行特种设备的维修保养制度,明确维修保养者的责任,对特种设备进行定期维修保养。特种设备的维修保养必须由持《特种设备作业人员资格证》的人员进行,人员数量应与工作量相适应。本单位没有能力维修保养的,必须委托有资格的单位进行维修保养。

(3)接受委托的特种设备维修保养单位,必须与使用单位签订维修保养合同,并对维修保养的质量和安全技术性能负责。使用单位自行承担特种设备维修保养的,维修保养的质量和安全技术性能由使用单位负责。

(4)使用单位必须制定并严格执行以岗位责任制为核心的特种设备使用和运营的安全管理制度。安全管理制度至少应当包括各种相关人员的职责、安全操作规程、常规检查制度、维修保养制度、定期报检制度、作业人员和相关运营服务人员的培训考核制度、应急处置措施制度、技术档案管理制度等。

二、压力容器安全使用技术措施

压力容器,是指盛装气体或者液体并承载一定压力的密闭设备。压力容器的范围规定为:① 最高工作压力大于或者等于 0.1 MPa(表压),且压力与容积的乘积大于或者等于 2.5 MPa·L 的气体、液化气体和最高工作温度高于或者等于标准沸点的液体的固定式容器和移动式容器;盛装公称工作压力大于或者等于 0.2 MPa(表压),且压力与容积的乘积大于或者等于 1.0 MPa·L 的气体、液化气体和标准沸点等于或者低于 60 ℃液体的气瓶。② 医用氧舱。

(一)压力容器的分类

压力容器种类繁多,有多种分类方法,通常可将压力容器做如下分类。

1. 普通固定式压力容器

普通固定式压力容器的工作压力均在中、高压以下(一般小于 100 MPa),使用环境固定,不能移动。工作介质种类繁多,大多为有毒、易燃、易爆和具有腐蚀性的各类化学危险品。这类压力容器有球形储罐、各种换热器、合成塔、反应器、干燥器、分离器、管壳式余热锅炉等。

2. 超高压压力容器

超高压压力容器主要用在一些有工艺要求的场合,一般为固定使用,不能移动,工作处在高温、高压状态,工作压力一般在 100 MPa 以上。超高压压力容器储存巨大能量,一旦发生爆炸将是灾难性的,这类压力容器的典型代表是人造晶釜。

3. 移动式压力容器

移动式压力容器一般为中、低压力容器,主要是在移动中使用,作为某种介质的包装搭载运输工具,如各种气体汽车槽车、铁路罐车等。移动式压力容器工作介质多是易燃、易爆或有毒物质。

4. 气瓶类压力容器

气瓶类压力容器的工作压力范围较大,既有高压气瓶(如氢、氧、氮气瓶),也有低压气瓶(如民用液化气石油气钢瓶),工作介质有许多也是易燃、易爆或有毒物质。常见气瓶类压力容器有液化气石油气钢瓶、氧气瓶、氢气瓶、液氯气瓶、氨气瓶、乙炔气瓶等。

5. 医用氧舱类压力容器

医用氧舱是一种特殊的载人压力容器,一般由舱体、配套压力容器、供排系统、电供排氧系统、电气系统、空调系统、消防系统及所属的仪器、仪表和控制台等部分组成。

(二)压力容器主要附件与装置

压力容器的主要作用就是盛装有压力的气体或液化气体,或者是为这些介质的传热、传质或化学反应提供一个密闭的空间,因此其主体结构比较简单,但制造材料均为专用材料。压力容器一般由筒体、封头、法兰、密封元件、开孔与接管、安全附件及支座等部分组成,其主要安全附件与装置有安全阀、爆破片、爆破帽、易熔塞、压力表、温度计、液位计、紧急切断装置和快开门式压力容器的安全连锁装置等。

1. 安全阀

安全阀的主要作用是控制压力容器的工作压力,一旦压力超过规定的要求,安全阀自动开启,释放超过的压力,使压力容器回到正常的工作压力状态。工作压力正常后,安全阀自动关闭。

2. 爆破片

爆破片的主要作用与安全阀一样,但爆破片是压力容器上最薄弱点,一旦压力容器超压,爆破片破裂,使容器内压力下降。爆破片不可自动关闭,只能等压力或介质放完后重新更换。

3. 爆破帽

爆破帽为一端封闭、中间有一薄弱层面的厚壁短管。爆破帽的爆破压力误差较小,泄放面积较小,多用于超高压容器。

4. 易熔塞

易熔塞属于"熔化型"(温度型)安全泄放装置,它的动作取决于容器壁的温度,主要用于中、低压的小型压力容器,在盛装液化气体的钢瓶中应用较多。

5. 压力表

压力表的主要作用是监测压力容器的工作压力,一旦超压便提示操作者采取相应措施。压力表还可以记录压力容器的中间工况状态,可在一定程度上反映介质储存量。

6. 温度计

温度计的主要作用是监测压力容器的工作温度,一旦超高即提示操作者采取相应措施,同时也可以记录压力容器的温度工况状态。

7. 液位计

液位计的主要作用是监测盛装液态介质压力容器内介质的液位高低,即介质的存量多少。

8. 紧急切断装置

紧急切断装置的主要作用是当管道及附件发生破裂、误操作或罐车附近发生火灾事故时,可紧急关闭阀门迅速切断气源,防止事故蔓延扩大。紧急切断装置通常装设在液化汽车罐车、铁路罐车的汽、液相出口的管道上。

9. 快开门式压力容器的安全连锁装置

快开门式压力容器的安全连锁装置的主要作用是在任何情况下,快开门未关到位,蒸汽不能进入该压力容器,以及压力容器内有压力时快开门打不开。快开门式压力容器的安全连锁装置是防止快开门式压力容器发生爆炸事故的有效措施。

（三）压力容器爆炸的危害

1. 冲击波及其破坏作用

冲击波超压会造成人员伤亡和建筑物的破坏。冲击波超压大于 0.10 MPa 时,在其直接冲击下大部分人员会死亡;0.05～0.10 MPa 的超压可严重损伤人的内脏或引起死亡;0.03～0.05 MPa的超压会损伤人的听觉器官或产生骨折;超压 0.02～0.03 MPa 也可使人体受到轻微伤害。

2. 爆破碎片的破坏作用

压力容器破裂爆炸时,高速喷出的气流可将壳体反向推出,有些壳体破裂成块或片向四周飞散。这些具有较高速度或较大质量的碎片,在飞出过程中具有较大的动能,会对人和物造成较大的危害。

3. 介质伤害

压力容器盛装的多是毒性介质液化气体或高温蒸汽,压力容器一旦发生破裂,毒性介质液化气体将瞬间汽化并向周围大气中扩散,造成人员中毒致死致病,同时严重破坏生态环境;喷逸出的高温蒸汽会造成人和物的烫伤。

4. 二次爆炸及燃烧危害

容器所盛装的介质为可燃液化气体时,压力容器一旦破裂,可燃液化气体将瞬间汽化并向周围大气中扩散,迅速与空气混合形成可燃可爆混合气,在扩散中遇明火即形成二次爆炸或燃烧。

（四）压力容器事故的主要预防措施

（1）在设计方面,应采用全焊透、能自由膨胀等合理的结构,避免应力集中、几何突变;选用塑性强度高、韧性较好的材料;强度计算及安全阀排量计算符合标准。

（2）在制造、修理、安装、改造方面,加强焊接管理,提高焊接质量并按规范要求进行热处理和探伤,避免采用有缺陷的材料和用错材料。

（3）在使用方面,加强操作和使用管理,避免操作失误或超温、超压、超负荷运行以及失检、失修、安全装置失灵等情况发生。

（4）在检验检测方面,及时进行检验检测,发现缺陷时应采取有效措施处理。

三、电梯

电梯,是指动力驱动,利用沿刚性导轨运行的箱体或者固定线路运行的梯级（踏步）,进行升降或者平行送人、货物的机电设备,包括载人（货）电梯、自动扶梯和自动人行道等。

（一）电梯的分类

电梯可按其用途、拖动方式、提升速度及控制方式的不同进行分类。按用途可分为乘客电梯、客货（两用）电梯、载货电梯、病床电梯、住宅电梯、杂货电梯、观光电梯、船舶电梯、其他用途电梯(如防爆电梯、矿井电梯、冷库电梯等);按拖动方式可分为曳引式电梯、液压式电梯及齿轮条式电梯等;按提升速度快慢可分为低速电梯、快速电梯、高速(超高速)电梯等;按控制方式可分为手柄操纵控制电梯、按钮控制电梯、信号控制电梯、集选控制电梯、下集选控制电梯、并联控制电梯、梯群控制电梯等。

（二）电梯的基本构成

不同规格型号的电梯,其部件组成情况也不同,但一般都由机房部分、井道及地坑部分、轿厢部分、层站部分等四大空间和曳引系统、导向系统、轿厢系统、门系统、重量平衡系统、电力拖动系统、电气控制系统和安全保护系统等八个系统组成。

（三）电梯的安全保护装置

电梯的安全保护装置,主要包括防超速和断绳保护装置、防越程保护装置、缓冲装置、轿厅门保护装置、超载保护装置、报警及救援装置、消防功能装置和其他安全保护装置。电梯正常运行时它们不起作用,只有当相关部件动作超出规定值时才起作用。

（四）电梯的主要危险因素

电梯可能发生的危险因素主要有:人员被挤压、剪切、碰击和发生坠落,人员被电击、轿厢超越极限行程发生撞击,轿厢超速或断绳造成坠落,由于材料失效、强度丧失而造成破坏等。其中,人员被运动的轿厢剪切或坠入井道的事故所占的比例较大,而且这些事故后果十分严重,所以防止人员剪切和坠落的保护十分重要。

（五）电梯的安全管理

（1）电梯管理员必须经过安全技术培训,具有必需的安全操作知识,经考试合格后持证上岗。

（2）电梯轿厢内应张贴电梯管理员(司机)职责和乘员守则以及应急处理措施。电梯的照明设备、通风设备必须保持良好,轿厢内照明必须有足够的亮度,电梯在运行中,必须将照明设备开亮。

（3）加强电梯的日常维护保养工作,经常检查电梯的重要安全装置、主机、油位和各部位润滑情况等。按规定对电梯性能进行检验,并做好日常维护保养工作并做好记录和检验记录,发现异常及时处理。

（4）电梯出现故障或发生异常情况,及时进行全面检查,消除事故隐患。每次故障修理后做好检修记录。

（5）电梯出现紧急情况时,应正确处置:电梯因某种原因失去控制,司机和乘客应保持镇静,切勿盲目行动打开轿厢,应借助各种安全装置自动发生作用将轿厢停止;电梯在行驶中发生停车时,轿厢内人员应先用警铃、电话等通知维修人员,由专业维修人员在机房设法移动轿厢至附近楼层门口,再由专职人员打开层门,使人员撤离轿厢;轿厢因超越行程或突然中途停驶,由专业维修人员在机房内用人力驱动飞轮转动曳引机作短程升降时,必须先将电动机的电源开关断开,同时在转动曳引机时,应该使制动器处于张开状态。

四、起重机械

起重机械是指垂直升降或者垂直升降并水平移动重物的机电设备。起重机械的工作能力主要技术参数包括额定起重量、起升高度、跨度和轨距、幅度、工作速度等。

（一）起重机械的分类

起重机械按其功能和构造特点，分为轻小型起重设备、起重机和升降机等三类。

1. 轻小型起重设备

特点是轻便，构造紧凑，动作简单，作业范围投影以点、线为主，包括千斤顶、滑车、起重葫芦、卷扬机、绞车等。

2. 起重机

特点是可以挂在起重吊钩或其他取物装置上的重物在空间实现垂直升降和水平运移。起重机是起重机械的主要组成部分，种类很多。

3. 升降机

特点是重物或其他取物装置只能沿导轨升降，如电梯、施工升降机和简易升降机等。

（二）起重机的安全装置

起重机的安全装置主要有：上升极限位置限制器和下降极限位置限制器；运行极限位置限制器、缓冲器、夹轨器和锚定装置、超载限制器、力矩限制器、防碰撞装置和防偏斜与偏斜指示器。

（三）起重作业的主要伤害形式

起重作业的主要伤害形式包括重物坠落、碰撞、安全装置失灵、起重机失稳倾翻、触电、挤压和其他伤害等。

1. 坠落

吊具或吊装容器损坏、物件捆绑不牢、挂钩不当、电磁吸盘突然失电、起升机构零件故障（特别是制动器失灵、钢丝绳断裂）等，都会引发重物坠落。

2. 碰撞

因操作工看不清周围环境或吊件摆动、急刹车、启动过猛等，导致起吊过程中发生吊件与物或人的碰撞。

3. 安全装置失灵

起重机械的安全装置如制动器、限制器、限位器、防护罩失灵或欠缺又不及时检修，常会引起事故。

4. 起重机失稳倾翻

造成起重机失稳倾翻的主要原因有两种：一是由于操作不当（如超载、臂架变幅或旋转过快等）、支腿未找齐或地基沉陷等原因使倾翻力矩增大，导致起重机倾翻；二是由于坡度或风力作用而使起重机沿路面或轨道滑动，导致脱轨翻倒。

5. 触电

流动式起重机在输电线附近作业时，起重机的任何部位和吊物与带电体接触或与高压带电体距离过近，会引发触电伤害。

6. 挤（碾）压

当起重机轨道两侧缺乏良好的安全通道或与建筑结构之间缺少足够的安全距离时，运行或回转的金属结构机体对人体造成夹挤伤害。操作失误或制动器失灵引起溜车，会造成碾压伤害。

7. 其他伤害

其他伤害，是指人体与运动零部件接触引起的绞、碾、戳等伤害，高压液体飞溅的喷射伤害,飞出物件的打击伤害,装卸高温液体金属、易燃易爆、有毒、腐蚀等危险品引起的伤害,等等。

(四)起重作业安全操作技术要求

1.起重作业的安全管理要点

(1)持证上岗。司机必须经过专门考核合格并取得上岗证后方可独立操作,起重机械维修人员必须进行安全培训,并考核合格。

(2)培训教育。吊装作业人员不仅应具备基本文化和身体条件,还必须了解有关法规和标准,学习起重作业安全技术理论和知识,掌握实际操作和安全救护的技能。指挥人员和司机、司索工也应经过专业技术培训和安全技能训练,了解所从事工作的危险和风险,并有自我保护和保护他人的能力。

(3)按期检查。使用单位应加强起重机械检查工作,包括日检、月检和年检等。

2.起重作业通用的安全准备工作要求

(1)作业前准备。确定搬运路线,检查清理作业场地。室外作业要了解当天的天气预报。流动式起重机要将支撑地面垫实垫平,防止作业中地基沉陷。

(2)设备及吊件检查。对起重机械、吊装工具、辅件和吊件等进行安全检查;熟悉吊物的种类、数量、包装状况以及所处状态;确定合理的吊点位置和捆绑方式。

(3)佩戴防护用品。正确佩戴个人防护用品,包括安全帽、工作服、工作鞋和手套,高处作业还必须佩戴安全带和工具包。

(4)编制作业方案。对于大型、重要物件的吊运或多台起重机共同作业的吊装,应编制作业方案和应急处置措施,必要时报请有关部门审查批准。

3.起重指挥安全作业要求

(1)技术准备。掌握起重、吊运任务的技术要求,向参加吊运的人员进行安全与技术交底,认真交代指挥信号的运用。选择和确定吊点及吊运器具,并组织司机进行起重机检查、注油、空转和必要时的试吊,检查索具的完好程度。

(2)现场踏勘。对作业现场进行地貌踏勘,排除起重吊运的障碍物,检查作业区内是否有高压线路及触电危险,是否必须迁移。检验地面平整程度和耐压程度。

(3)正确指挥。在作业中,起重指挥要认真贯彻执行起重吊运方案及技术要求,要正确运用手势、音响、旗语等指挥信号,严格执行在吊装作业区内不准闲人进入的规定。

(4)禁止事项。室外作业时,遇有6级以上大风以及重雾、雨雪等不良天气,应停止作业。夜晚作业时,应有足够的照明条件且经有关部门批准。严禁超负荷使用起重机与工具和索具。因故停止作业,必须采取安全可靠措施,严禁吊物长时间悬空停留。

4.起重机司机安全操作要求

(1)作业前检查。有关人员应认真交接班,对吊钩、钢丝绳、安全防护装置的可靠性进行认真检查,发现异常情况及时报告。

(2)现场查看。开机作业前认真巡视作业区内是否有无关人员,作业人员是否撤离到安全区。检查起重机附近是否有(高压)供电线路,与高压线路是否达到安全距离。流动式起重机是否按要求平整好场地,检查支脚是否牢固可靠。

(3)按规范操作。开车前必须鸣铃或警示。操作中接近人时,应给断续铃声或示警。严格按指挥信号操作,无论何人发出紧急停止信号,都必须立即执行。吊装过程中,必须保证起重机各部位和吊件与输电线保持安全距离。

（4）禁止事项。司机不得酒后上岗。在正常操作过程中,不得利用极限位置限制器停车,不得利用打反车进行制动,不得在起重作业过程中进行检查和维修,不得带载调整起升、变幅机构的制动器或带载增大作业幅度,吊物不得从人头顶上通过,吊物或起重臂下不得站人。

5.行吊的操作安全技术要求

（1）行吊使用前,必须检查吊装物体的挂钩、绳索是否牢固,否则不准起吊。

（2）行吊使用时,不准超过负荷,不准斜吊、斜放起吊的物体,被吊物体要捆绑牢固,否则不准起吊。

（3）被吊物体升起高度,在运行中一般不准超过 1 m。特殊情况时（越障碍物）被吊物体周围严禁有人,否则不准起吊。

（4）行吊运行中,吊件严禁在人头顶上越过,吊件下也不准站人,不准用行吊吊着工件进行机械加工。行吊动作未完全停止严禁改开倒车。行吊行近道轨两端时,切勿开得过猛,以免碰撞损坏行吊。

第四节　焊接与切割作业安全知识

焊接,是一种通过加热或与高压相结合、使用或不用填充材料而使金属工件达到结合的方法。切割,是一种通过加热使金属得到分开的方法。焊接与切割是一种相互对应的金属加工方法,应用范围很广,已成为不可缺少的加工手段。

一、焊接、切割的分类

（一）焊接的分类

按照焊接过程中金属所处的状态及工艺的特点,可以将焊接分为熔化焊、压力焊和钎焊三大类。

1.熔化焊

熔化焊,是一种利用局部加热的方法将连接处的金属加热至熔化状态而完成的焊接方法。常见的熔化焊接方法主要有气焊、电弧焊、电渣焊、气体保护焊、等离子弧焊等。

2.压力焊

压力焊,是一种利用焊接时施加压力而完成焊接的方法。第一种是将被焊金属接触部分加热至塑性状态或局部熔化状态,然后施加一定压力以使金属原子间相互结合形成牢固的焊接接头,如锻焊、接触焊、摩擦焊和气压焊等焊接方法。第二种是不进行加热,仅在被焊金属接触处施加足够大的压力,借助于压力所引起的塑性变形而使原子间相互接近而获得牢固的压挤接头,这种压力焊的方法有冷压焊、爆炸焊等。

3.钎焊

钎焊,是一种把比被焊金属熔点低的钎料金属加热熔化到液态,然后使其渗透到被焊金属接缝的间隙中从而达到结合的方法。钎焊是一种古老的金属永久连接工艺,常见的钎焊有烙铁钎焊、火焰钎焊、感应钎焊等。

（二）切割的分类

1. 火焰切割

火焰切割,是指利用气体火焰将被切割的金属预热到燃点,使其在纯氧气流中剧烈燃烧,形成熔渣并放出大量的热,在高压氧的吹力作用下,将氧化熔渣吹掉,所放出的热量又进一步预热下一层金属,使其达到熔点。金属的气割过程,就是预热、燃烧、吹渣的连续过程,其实质是金属在纯氧中燃烧的过程,而不是熔化过程。

气割形式主要有乙炔、液化石油气、氢氧源、氧熔剂等。

2. 电弧切割

电弧切割,是指用电弧作为热源的热切割。按生成电弧的不同可分为等离子弧切割和碳弧气割。与火焰切割相比,电弧切割质量较差,但因电弧温度较高,能量较集中,能切割的材料种类比火焰切割广泛。

3. 冷切割

冷切割是一种切割过程不产生高温的技术手段或方法,能够使被切割物保持原有材料的特性。冷切割过程温度没有剧烈的升温变化,通常温升不超过 40 ℃。冷切割的主要优点是切割后工件变形相对较小。冷切割主要方法有激光切割、水射流切割等。

二、焊接与切割作业通用安全要求

(一)气焊和气割的基本安全操作要求

(1)使用乙炔时,最高工作压力禁止超过 147 kPa 表压。

(2)禁止使用紫铜、银或含铜量超过 70％的铜合金制造与乙炔接触的仪表、管子等零件。

(3)乙炔发生器、回火防止器、氧气和液化石油气瓶、减压器等均应采取防止冻结措施,一旦冻结应用热水或水蒸气解冻,禁止采用明火烘烤或用铁器敲打解冻。

(4)瓶、容器、管道、仪表等连接部位应采用涂抹肥皂水方法检漏,严禁使用明火检漏。

(5)氧气瓶、乙炔瓶等均应稳固竖立,或装在专用胶轮车上使用。气瓶应防止曝晒、雨淋、水浸,并应避免放在受阳光暴晒或受热源直接辐射及易受电击的地方,环境温度超过40 ℃时,应采取遮阳等措施降温。禁止使用电磁吸盘、钢绳、链条等吊运各类焊接与切割用气瓶。

(6)施工作业时,氧气瓶、乙炔瓶要与动火点保持 10 m 的距离,氧气瓶与乙炔瓶的距离应保持 5 m 以上。

(7)瓶内气体严禁用尽,气瓶内必须留有余气,必须不低于规定要求(乙炔为 0.05～0.1 MPa,氧气为 0.1～0.2 MPa),用过的瓶上应写明“空瓶”

(8)工作完毕、工作间隙、工作点转移之前,都应关闭瓶阀,戴上瓶帽。

(9)气瓶漆色的标志应符合国家颁发的《气瓶安全技术监察规程》的规定,禁止改动,严禁充装与气瓶漆色标志不符的气体。

(二)焊条电弧焊的操作安全要求

在进行焊条电弧焊焊接作业时,要满足防火要求,可燃、易燃物料与焊接作业点火源距离不小于 10 m。焊接场所要有通风除尘设施,防止焊接烟尘和有害气体对焊工造成危害。焊接作业人员应按规定穿戴个人防护用品和符合作业条件的遮光镜片和面罩。同时,电焊机、焊接电缆、电焊钳等主要装置要满足安全要求。

（1）电焊机的工作环境应与电焊机技术说明书上的规定相符,防止电焊机受到碰撞或剧烈振动(特别是整流式焊机)。室外使用的电焊机必须有防雨雪的防护设施。

（2）电焊机必须装有独立的专用电源开关,其容量应符合要求,禁止多台焊机共用一个电源开关。当焊机超负荷时,应能自动切断电源。

（3）电焊机外露的带电部分应设有完好的防护(隔离)装置,电焊机裸露接线柱必须设有防护罩。使用插头插座连接的焊机,插销孔的接线端应用绝缘板隔离并装在绝缘板平面内。

（4）各种交流、直流电焊机以及电阻焊机等设备或外壳、电气控制箱、焊机组等,均应按《交流电气装置的接地设计规范》(GB/T 50065—2011)的要求接地,禁止用连接建筑物金属构架和设备等作为焊接电源回路,防止触电事故。

（5）为保护设备安全又能在一定程度上保护人身安全,应装设熔断器、断路器(过载保护开关)、触电保安器等。

（三）焊接电缆的安全要求

（1）焊机用的软电缆线应采用多股细铜线电缆,其截面要求应根据焊接需要的载流量选用,长度一般不宜超过 20～30 m。

（2）必须使用整根软电缆线连接焊机与焊钳,且外皮完整、绝缘良好、柔软,能任意弯曲或扭转,便于操作。禁止焊接电缆与油脂等易燃物料接触。

（3）禁止利用厂房的金属结构、轨道、管道、暖气设施或其他金属物体搭接起来作为电焊导线电缆。

（4）电缆线要横过马路或通道时,必须采取保护套等保护措施,严禁搭在氧气瓶、乙炔瓶或其他易燃物品的容器上。

（四）电弧切割操作安全要求

除遵守手工电弧焊的有关规定外,还应注意以下几点:电弧切割时电流较大,要防止焊机过载发热;电弧切割时烟尘大,操作者应佩戴送风式面罩;电弧切割时大量高温液态金属及氧化物从电弧下被吹出,要注意安全;电弧切割时噪声较大,操作者应戴耳塞并保证更换焊条安全方便,应防止烫伤和火灾。

（五）埋弧焊操作安全要求

（1）埋弧自动焊机的小车轮子要有良好的绝缘,导线应绝缘良好,工作过程中应理顺导线,防止扭转及被熔渣烧坏。

（2）控制箱和焊机外壳应可靠地接地(零)和防止漏电,接线板罩壳必须盖好。半自动埋弧焊的焊把应有固定放置处,以防短路。

（3）焊接过程中,焊工应戴普通防护眼镜,防止焊剂突然停止供给而发生强烈弧光裸露灼伤眼睛。

（4）埋弧自动焊熔剂含有氧化锰等对人体有害的物质,应采取有效的防范措施。

（六）等离子弧焊接与切割操作安全要求

（1）防电击。等离子弧焊接和切割用电源的空载电压较高,因此焊枪枪体或割枪枪体与手触摸部分必须可靠绝缘。

（2）防电弧光辐射。操作者在焊接或切割时必须戴上良好的面罩、手套,最好加上吸收紫外线的镜片。自动操作时,可在操作者与操作区设置防护屏。等离子弧切割可采用水中切割方法,利用水来吸收光辐射。

(3)防灰尘与烟气。等离子弧焊接和切割过程中伴随有大量汽化的金属蒸气、臭氧和氮化物等,切割时,在栅格工作台下方可以安置排风装置,也可以采取水中切割方法。

(4)防噪声。等离子弧会产生高强度、高频率噪声,尤其采用大功率等离子弧切割时其噪声更大。在条件允许的情况下应尽量采用自动化切割,使操作者在隔音良好的操作室内工作,也可以采取水中切割方法,利用水来吸收噪声。

(5)防高频。等离子弧焊接和切割采用高频振荡器引弧,引弧频率应选择在 20~60 kHz较为合适。工件接地要可靠,转移弧引燃后,应立即切断高频振荡器电源。

(七)电阻焊操作安全要求

电阻焊的安全要求主要有预防触电、压伤(撞伤)、灼伤和空气污染等。

(1)防触电。电焊机必须可靠接地。电容放电类焊机如果采用高压电容,应加装门开关,在开门后自动切断电源。

(2)防压伤(撞伤)。电阻焊机须固定一人操作,防止多人因配合不当而产生压伤事故,脚踏开关必须有安全防护。多点焊机应在其周围设置栅栏。

(3)防灼伤。操作人员应穿防护服、戴防护镜,以防止灼伤。在闪光产生区周围宜用黄铜防护罩罩住,减少火花外溅。

(4)防污染。电阻焊焊接时,需采用一定的通风措施,防止毒物污染。

(八)置换动火作业安全要求

利用电弧或火焰对化工和燃料的容器、管道进行焊接或切割作业,称为置换动火作业。置换动火是一种比较安全妥善的办法,在容器和管道的生产检修工作中被广泛采用。

置换动火作业的主要安全措施是:划定固定动火区,实行可靠隔绝和彻底置换,正确清洗容器,对空气进行分析和监视,做好安全组织措施。

在坠落高度基准面 2 m 及以上有可能坠落的高处进行焊接与切割作业,称为高处(或登高)焊接与切割作业。高处作业的主要危险是坠落,因此,高处焊接与切割作业除应严格遵守一般焊接与切割的安全要求外,还要遵守高处作业的安全措施。

三、焊接与切割的动火管理

为防止焊接与切割时发生火灾和爆炸事故,确保生命和财产安全,必须加强焊接与切割的动火管理。

(一)建立防火岗位责任制

本着谁主管、谁负责的管理原则,制定各级领导和管理人员的岗位防火责任制,在自己所负责的范围内尽职尽责,认真贯彻并监督落实防火管理制度,真正做到"预防为主,防消结合"。

(二)划定禁火区域

根据生产特点,按原料、产品的危险程度以及仓库、车间的布局,划定禁火区域。在禁火区内需动明火时,必须办理动火申请手续。

(三)严格实行动火审批制度

根据危险程度和后果,动火审批分为一级、二级和三级。

1. 一级动火范围及审批

一级动火范围：包括禁火区域内；油罐、油箱、油槽车和储存过可燃气体、易燃气体的容器以及连接在一起的辅助设备；各种受压设备；危险性较大的登高焊、割作业；比较密封的室内、容器内、地下水等场所；堆有大量可燃和易燃物质的场所。

一级动火审批：《动火作业许可证》由动火场所（部位）所在单位（管理权限的分厂）分管安全领导或安全科长审查签字，并报公司安全、消防主管部门审核批准后方可实施。特别重要的，还应报公安消防部门备案或批准。

2. 二级动火范围及审批

二级动火范围：包括在具有一定危险因素的非禁火区域内进行临时焊、割等作业；小型油箱等容器；在外墙、电梯井、洞孔等部位垂直穿孔到底及登高焊、割作业。

二级动火审批：《动火作业许可证》由动火场所（部位）所在单位（管理权限的分厂）下属车间领导审查签字后，报分厂安全、消防主管部门审核批准后方可实施。

3. 三级动火范围及审批

三级动火范围：除一级动火、二级动火范围之外的属于三级动火范围。

三级动火不用办理《动火作业许可证》，动火作业由动火场所（部位）所在单位（管理权限的分厂）下属车间领导审查，落实安全防火措施后方可实施。

4.《动火作业许可证》时限

审批后的动火作业必须在 48 h 内实施，逾期应重新办理《动火作业许可证》。

（四）动火作业六大禁令

（1）未经批准，禁止动火。

（2）不与生产系统可靠隔绝，禁止动火。

（3）不清洗、置换不合格，禁止动火。

（4）不清除周围易燃物，禁止动火。

（5）不按时做动火分析，禁止动火。

（6）没有消防措施，禁止动火。

参 考 文 献

柴建设,别凤喜,刘志敏.安全评价技术·方法·实例[M].北京:化学工业出版社,2008.

傅贵.安全管理学:事故预防的行为控制方法[M].北京:科学出版社,2013.

管志川,陈庭根.钻井工程理论与技术[M].2版.青岛:中国石油大学出版社,2017.

国家煤矿安全监察局.煤矿防治水细则[M].北京:煤炭工业出版社,2018.

何学秋.安全工程学[M].徐州:中国矿业大学出版社,2000.

河北省建筑业协会建筑安全专业委员会.建筑施工企业安管人员安全生产管理知识读本[M].北京:中国建材工业出版社,2014.

蒋向明.地勘单位安全管理与技术[M].徐州:中国矿业大学出版社,2013.

罗云.安全生产理论100则[M].北京:煤炭工业出版社,2018.

罗云.风险分析与安全评价[M].3版.北京:化学工业出版社,2016.

全国中级注册安全工程师职业资格考试配套辅导用书编写组.安全生产法律法规考点速记:2020版[M].北京:应急管理出版社,2020.

全国中级注册安全工程师职业资格考试配套辅导用书编写组.安全生产管理考点速记:2020版[M].北京:应急管理出版社,2020.

全国中级注册安全工程师职业资格考试配套辅导用书编写组.安全生产技术基础考点速记:2020版[M].北京:应急管理出版社,2020.

全国注册安全工程师执业资格考试辅导用书编写组.安全生产事故案例分析[M].煤炭工业出版社,2018.

石智军,胡少韵,姚宁平,等.煤矿井下瓦斯抽采(放)钻孔施工新技术[M].北京:煤炭工业出版社,2008.

王宏伟.新时代应急管理通论[M].北京:应急管理出版社,2019.

吴宗之,高进东,魏利军.危险评价方法及其应用[M].北京:冶金工业出版社,2001.

武强.煤矿防治水细则解读[M].北京:煤炭工业出版社,2018.

赵平.新时代煤炭地质勘查工作发展方向研究[M].北京:科学出版社,2019.